新型雷达遥感应用丛书

农业雷达遥感方法与应用

邵 芸 李 坤 等 著

科学出版社

北 京

内 容 简 介

本书系统介绍了作者在农作物微波散射机理方面的认识，以及在农作物分类识别、参数反演、长势监测与估产等方面的研究成果。具体介绍了我国农业生产特点与农业雷达遥感应用研究现状；基于微波散射模型，研究分析了我国典型农作物散射机理，奠定了应用研究的理论基础；基于极化 SAR 数据，定量分析了我国典型农作物的散射机理；基于典型农作物雷达响应特征与散射机理特点，分别利用机载和星载 SAR 数据实现了农作物信息增强与分类识别；基于极化 SAR 数据实现了典型农作物的下垫面土壤水分反演、长势监测与产量估算；基于新型 TanDEM-X 双站极化 SAR 数据，利用极化干涉测量技术实现了典型农作物植株高反演。

本书可供从事雷达遥感技术、农业应用研究以及其他相关领域的科技人员阅读，也可供高等院校遥感科学与技术、地图学与地理信息系统、农业遥感等专业的师生参考、使用。

图书在版编目（CIP）数据

农业雷达遥感方法与应用／邵芸等著 . —北京：科学出版社，2023.2
（新型雷达遥感应用丛书）
ISBN 978-7-03-073692-5

Ⅰ.①农… Ⅱ.①邵… Ⅲ.①雷达–遥感技术–应用–农业 Ⅳ.①S127

中国版本图书馆 CIP 数据核字（2022）第 205559 号

责任编辑：王　运　张梦雪／责任校对：何艳萍
责任印制：赵　博／封面设计：图阅盛世

科学出版社 出版
北京东黄城根北街 16 号
邮政编码：100717
http://www.sciencep.com

涿州市殷润文化传播有限公司印刷
科学出版社发行　各地新华书店经销

*

2023 年 2 月第　一　版　　开本：787×1092　1/16
2025 年 3 月第三次印刷　　印张：12 1/4
字数：300 000
定价：168.00 元
（如有印装质量问题，我社负责调换）

丛 书 序

合成孔径雷达（synthetic aperture radar，SAR）具有全天时、全天候对地观测能力，并对表层地物具有一定的穿透特性，对于时效性要求很高的灾害应急监测、农情监测、国土资源调查、海洋环境监测与资源调查等具有特别重要的意义，特别是在多云多雨地区发挥着不可替代的作用。我国社会发展和国民经济建设的各个领域对雷达遥感技术存在着多样化深层次的需求，迫切需要大力提升雷达遥感在各领域中的应用广度、深度和定量化研究水平。

2016 年，我国首颗高分辨率 C 波段多极化合成孔径雷达卫星的成功发射，标志着我国雷达遥感进入了高分辨率多极化时代。2015 年，国家发布的《国家民用空间基础设施中长期发展规划（2015—2025 年）》，制订了我国未来"陆地观测卫星系列发展路线"，明确指出"发展高轨凝视光学和高轨 SAR 技术，并结合低轨 SAR 卫星星座能力，实现高、低轨光学和 SAR 联合观测"是我国"十三五"空间基础设施建设的重点任务。其中，L 波段差分干涉雷达卫星星座已经正式进入工程研制阶段，国际上第一颗高轨雷达卫星"高轨 20m SAR 卫星"也已经正式进入工程研制阶段。与此同时，中国的雷达遥感理论、技术和应用体系正在形成，将为我国国民经济的发展做出越来越大的贡献。

随着一系列新型雷达卫星的发射升空，新型雷达遥感数据处理和应用研究不断面临新的要求。SAR 成像的特殊性使得 SAR 图像的成像原理与人类视觉系统和光学遥感有着本质差异，因此，雷达遥感图像在各个领域中的应用和认知水平亟待提高。

本丛书包括六个分册，是邵芸研究员主持的国家重点研发计划、国家自然科学基金重点项目、国家自然科学基金面上项目等多个国家级项目的长期研究成果结晶，代表着我国雷达遥感应用领域的先进成果。她和她的研究团队及合作伙伴，长期以来辛勤耕耘于雷达遥感领域，心无旁骛，专心求索，锐意创新，呕心沥血，冥思而成此作，为推动我国雷达遥感科学技术发展和服务社会经济建设贡献智慧和力量。

本丛书侧重于罗布泊干旱区雷达遥感机理与气候环境影响分析，农业雷达遥感方法与应用，海洋雷达遥感方法与应用，雷达地质灾害遥感，星载合成孔径雷达非理想因素及校正，微波地物目标特性测量与分析等六个方面，聚焦于高分辨率、极化、干涉 SAR 数据处理技术，涵盖了基本原理、算法模型和应用方法，全面阐述了高分辨率极化雷达遥感在多个领域的应用方法与技术，重点探讨了新型雷达遥感数据在干旱区监测、农业监测、海洋环境监测、地质灾害监测中的应用方法，展现了在雷达遥感应用方面的最新进展，可以为雷达遥感机理研究和行业应用提供有益借鉴。

在这套丛书付梓之际，笔者有幸先睹为快。在科技创新不断加速社会进步和地球科学发展的今天，新模式合成孔径成像雷达也正在展现着科技创新的巨大魅力，为全球的可持续发展发挥越来越重要的作用。相信读者们阅读丛书后能够产生共鸣，期待各位在丛书中寻找到雷达遥感的力量。祈大家同行，一起为雷达遥感之路行稳致远贡献力量。

2020 年 12 月 31 日

民以食为天，农业生产是关系到世界和平、国家稳定、社会安定、人民安居乐业的重大问题。我国是一个人口大国，尽管我国的粮食总产量逐年增长，但是由于人口的快速增长，经济的迅猛发展占用了很多耕地，粮食的供销形势依然相当严峻，如何确保14亿中国人的饭碗牢牢端在自己手上仍然是个严峻的挑战。同时农业生产受自然灾害、全球疫情、技术水平、资金投入等诸多因素的制约，经常出现波动。所以每年的粮、棉、油，以及各类经济作物的种植和可能获得的收成是各界人士都非常关注的。应用遥感技术监测农作物种植面积与长势，预测农作物产量，使国家决策部门和相关领导能够及时、准确地掌握我国的粮食生产状况，对于粮食宏观调控和国际国内粮食安全具有重大的意义。

遥感作为当代高新技术的重要组成部分，作为新兴的对地观测技术手段，具有时效性好、宏观性强、信息量丰富等优势，已被广泛应用于国民经济生产的各领域。农业一直是遥感的重要用户之一，农作物的遥感动态监测一直是一个挑战性的难题。我国自然条件复杂，作物类型繁多，种植结构多样，地块小而分散，各地农业生产技术水平差距较大，因此很难用单一的模式估算某种特定农作物的产量。受天气条件的限制，及时获取光学遥感信息有相当大的难度，给种植面积提取和粮食产量估算造成了很大的困难。

合成孔径雷达（synthetic aperture radar，SAR）遥感，不受或很少受云、雨、雾的影响，不依赖太阳光照，具有全天候、全天时快速成像的能力，大大弥补了光学遥感在夜间和多云多雨情况下无法获取数据的不足，能够快速精确地获取农作物的生长变化信息，而且微波电磁波因其极化、穿透能力，以及对农田结构、作物形态和下垫面含水量的敏感性，在农作物种植面积提取、长势动态监测和产量估算中发挥着不可替代的作用。

本书系统总结了邵芸研究员及其研究团队多年以来利用先进的合成孔径雷达遥感技术，特别是近年来快速发展的极化测量和极化干涉测量雷达遥感技术，在农作物散射机理研究、农作物分类识别、农作物长势动态监测和产量估算等方面取得的系统性研究成果。本书是邵芸研究员及其研究团队在农业雷达遥感领域多年研究成果和科研经验的分享，属"中国科学院大学研究生/本科生教学辅导书系列"，期盼能为从事相关领域科研工作的同仁提供专业的科学参考数据与案例，为有志于从事相关领域科研工作的学者和研究生提供启发性的科学研究素材。

本书第1章介绍了我国农业生产特点与农业雷达遥感应用研究现状，由邵芸、李坤、卞小林、吴学睿编写；第2章介绍了基于微波散射模型的典型农作物散射机理分析，由邵芸、李坤、刘龙、蔡爱民、刘相臣编写；第3章介绍了基于极化SAR数据的农作物散射机理分析，由邵芸、李坤、蔡爱民、刘龙、杨知编写；第4章介绍了基于SAR数据的农作物分类识别，由李坤、邵芸、张凤丽、蔡爱民、杨知、原君娜编写；第5章介绍了基于SAR数据的农作物长势监测与估产，由邵芸、蔡爱民、李坤编写；第6章介绍了基于极化干涉SAR数据的农作物株高反演，由李坤、邵芸、国贤玉编写。全书由邵芸、李坤统合定稿。

本书是国家自然科学基金重点项目"多时相极化 SAR 与作物生长模型耦合的区域水稻产量差当季估算方法研究"（41871272），面上项目"复杂散射机制场景的 SAR 图像认知方法研究"（61471358）与"可控环境下多层介质目标微波特性全要素测量与散射机理建模"（41431174）系列研究成果的总结，相关研究工作得到了中国科学院空天信息创新研究院、浙江省微波目标特性测量与遥感重点实验室和浙江大学城市学院城市大脑空天信息研究院的大力支持，得到了郭华东院士、加拿大雷达遥感领域资深科学家 Brian Brisco、Ridha Touzi 和西班牙阿利坎特大学 Juan M. Lopez-Sanchez 教授的悉心指导和鼓励，在此表示衷心感谢。感谢 GEO（Group on Earth Observations）国际合作项目"JECAM"（Joint Experiment for Crop Assessment and Monitoring）、加拿大国际合作项目"SOAR"（Science and Operational Applications Research），以及德国宇航中心为本研究提供的雷达遥感数据支持。同时，感谢所有关心本书撰写出版的同仁们。本书疏漏之处在所难免，敬请读者批评指正。

邵 芸

2021 年 2 月于北京

目　录

第1章 我国农业生产特点与农业 雷达遥感应用研究现状

农业是人类的衣食之源、生存之本，没有农业就没有人类的现代文明。我国是一个拥有14亿人口的发展中农业大国，农业在我国历来被认为是安天下、稳民心的战略产业。农作物种植面积变化、长势好坏以及产量丰歉等农情信息已成为国家农业政策制定以及宏观决策的重要依据。及时了解、准确掌握农作物种植面积、生长状况和产量等信息，对国家各级管理部门正确制定农业生产和农村政策、科学指导农业生产、确保我国粮食安全和社会可持续发展具有重要意义。

遥感以其宏观性、时效性、周期性等特点，成为农情信息获取的重要手段。我国气候资源、地形土壤条件，以及生产方式等因素，为农业发展提供了基础条件，同时也影响着我国农业生产布局，形成了我国农业生产特点。我国农业生产特点给遥感监测带来了一定的困难和挑战。雷达遥感以其可全天时、全天候成像、穿透能力强等优势，在农业应用研究中发挥着不可替代的作用。

1.1 我国农业生产特点

气候资源、地形土壤条件以及生产方式是决定农业生产的基本要素，农业生产以作物生长发育为基础（覃志豪等，2013），为农业发展提供了基础条件，影响农业生产布局，进而形成农业生产特点。我国的农业生产特点给遥感监测带来一定的困难和挑战。

1.1.1 我国农业气候资源特点

农业气候资源是指为农业生产提供物质和能量，并影响农业生产发展的自然资源。它是农业自然资源的组成部分，也是农业生产的基本条件，包括光能资源、热量资源、水分资源、大气资源和风资源。由于我国地域辽阔，地形复杂，具有从北温带到南温带、从湿润到干旱的不同气候带，气候变化复杂，对农业气候资源的影响明显，使得农业气候资源在空间上分布不均，热量资源、光资源和水分资源存在区域性差异（郭佳等，2019）。

1. 雨热同季，光温水资源利用潜力大

我国大部分地区太阳辐射强，光照充足，年总辐射量多在 $3760 \sim 6680 \mathrm{MJ/m^2}$，一般西部多于东部，高原多于平原。绝大多数地区的光能对于农作物的生长发育和产量形成是充裕的，但光能利用率不高。单产为 $3450 \mathrm{kg/hm^2}$ 的粮食作物，光能利用率一般仅为 $0.4\% \sim$

0.5%；单产超过7500kg/hm²的两季高产作物（小麦、玉米），光能利用率不超过1%；单产超过11250kg/hm²的南方三熟制高产田，光能利用率也不超过2%。

农作物生长期内的热量条件，除东北的寒温带和青藏高原外，72%的地区冬季冷凉，夏季温热，季节变化明显。积温自北向南逐渐增多，种植制度由一年一熟演变为两年三熟、一年两熟甚至三熟。通常0℃以上积温大于4000d·℃的地区有实行复种的可能，大于5700d·℃的地区可种植双季稻或实行三熟制。多数地区冬半年种植喜凉作物，夏半年种植喜温作物。复种面积广是中国农业气候资源的一大优势，这使我国成为世界同纬度地区复种指数最高的国家。

我国东部受夏季风影响，雨量充沛，降水量集中在农作物生长活跃的夏季（6~8月），有利于农、林、牧、渔多种经营的全面发展，是我国农业气候潜力大的地区。高温多雨同季出现并与农作物生长旺季相契合，光、热、水资源得到充分利用，使我国喜温作物的种植纬度高于世界其他地区。30°N以南地区由于受副热带高压的控制，大多为沙漠或荒漠草原，但我国东部的同纬度地区夏季风带来了丰沛降水，使江南广大地区成为"鱼米之乡"。我国西北地区年降水量多在400mm以下，虽有较丰富的光热资源，但受水分不足的影响，农业生产受到限制，成为我国主要的草原牧区。河西走廊和新疆的部分地区，因有天山、祁连山、昆仑山及阿尔泰山的冰雪融水补给，形成"绿洲农业"，具有独特的气候优势，成为小麦、棉花、甜菜以及瓜果的优质产地。

2. 地形复杂多样，气候垂直地带性明显

我国地形复杂，高山、丘陵、平原、河谷、盆地纵横交错，地形对光、热、水资源的分配影响很大。高大山体对冷空气的阻滞作用、沟谷和盆地的冷湖作用、江湖水体的热效应，以及海拔、山脉走向、坡度、坡向不同而引起的垂直气候差异，形成复杂多样的农业气候环境和相应农业布局及熟制类型。东西走向的山脉（如秦岭、南岭等）对冷空气南下的屏障作用和气流越山下沉增温作用，常使背风侧具有明显的冬暖气候特征，甚至成为气候的分界线，这在亚热带地区尤为明显。

山区随海拔增高存在温度的垂直递减，年平均气温垂直递减率为0.4~0.6℃/100m，积温也随之下降。其他因子也有一定的垂直分布规律，从而形成立体气候，在不同海拔出现不同的气候带，并有南北坡之别，植物分布也随高度而变化。如云南高原地形的热量呈热带—亚热带—暖温带—温带—寒温带的垂直分布，10℃以上积温从8000d·℃减少到1300d·℃，作物种植从三熟制逐渐过渡到一季喜凉作物，形成独特的立体农业气候类型。

3. 气象灾害频繁是农业发展的主要障碍因素

我国各地降水量季节分配很不均匀，全国大多数地区降水量集中在5~10月，这个时期的降水量一般占全年的80%。就南北不同地区来看，南方雨季开始早结束晚，北方雨季开始晚而结束早，中国季风气候特征显著，气候要素变率大，旱涝低温等气象灾害频繁多发。同时，我国农业基础比较薄弱，抵御灾害的能力较差，气候波动，特别是气候异常对我国农业的发展会产生较大的不利影响，其中旱灾、洪灾、寒潮、台风等是对我国影响较大的灾害性天气。

由于每年夏季风势力的强弱变化大，所以常常出现"北旱南涝"或相反的灾害。还极易产生寒潮、霜冻和台风引起的灾害性天气，危害农作物。我国旱涝灾害平均每年发生一次，北方以旱灾居多，南方则旱涝灾害均有发生。从干旱的季节分布看，春旱以黄淮流域以北和东北的西辽河流域最为严重，夏旱在长江流域较为常见，秋旱影响华北地区晚秋作物后期生长和秋耕秋种，冬旱主要发生在华南南部和西南地区。旱灾的特点是发生面积大、时间长，不仅危害农作物，而且影响林业和畜牧业。我国洪涝灾害分布特征总体而言是：东部多，西部少；沿海地区多，内陆地区少；平原地区多，高原地区少。黄淮海平原、长江中下游、东南沿海和东北平原是洪涝灾害发生较多的区域。洪涝灾害不仅会造成严重的经济损失，而且大雨和暴雨还是水土流失的气象原因。

在夏秋季节，中国东南沿海常常受到热带风暴/台风的侵袭，以 6~9 月最为频繁。在我国的秋冬季节，来自内蒙古、西伯利亚的冷空气不断南下，冷空气特别强烈时，气温骤降，出现寒潮。寒潮可造成低温、大风、沙暴、霜冻等灾害（郭卫华等，2010）。

1.1.2　我国农业地形土壤条件

我国地形复杂多样，高原和山地面积大，地形种类齐全，各种地形交错分布，山地约占全国土地面积的 33%，高原约占 26%，盆地约占 19%，平原约占 12%，丘陵约占 10%，多种多样的地形为中国农业因地制宜发展和经营提供了有利条件。东北平原土地平坦、肥沃，以种植玉米、大豆、水稻、高粱、粟和春小麦为主。黄淮海平原地区是中国较大的平原地区，是小麦、棉花、玉米、大豆的主要产地。长江中下游丘陵地区人多地少、土地肥沃，以种植水稻为主，兼产棉、麻、油菜、蚕丝、茶等。华南地区水分和热量资源十分丰富，以种植双季稻为主，具有种植热带经济作物和热带水果的独特条件。西南高原盆地地区海拔 200~3000m，大部分为山地和高原，其间穿插着丘陵、盆地和平坝，具有立体农业的特点。河西走廊、银川平原以及河套灌区则以发展灌溉农业为主，主要种植小麦、玉米、水稻，还有少量棉花、甜菜。青藏高原地区的耕地主要分布在海拔 1000~4700m 的河谷地带，主要种植青稞、小麦、莜麦、马铃薯、豌豆、油菜等作物（贾学铭，2012）。此外，地形还会通过气温、降水、光热和土壤条件等来影响农业生产。另外，我国山地面积广，交通不便，耕地面积小、平整度差，而且南方部分地区虽地形平坦，但河网密布、地块零散、空间连续性不足，这些都不利于我国规模化、机械化农业生产的发展。

我国土壤类型多样，不同农业区的土壤类型不同。南方农业区为红壤、砖红壤，含水量高，透气性能差，风化淋溶作用强烈，易溶性无机养分大量流失，铁、铝残留在土中，颜色发红，土层深厚，质地黏重，肥力差，呈酸性至强酸性，非常适合水稻生长，故又称水稻土。另外还能生长油菜、棉花、甘蔗等热带和亚热带作物。北方农业区为黄壤和棕黄壤，土壤的黏化作用强烈，还能产生较明显的淋溶作用，使钾、钠、钙、镁都被淋失，黏粒向下淀积，土层较厚，质地比较黏重，表层有机质含量较高，呈微酸性反应，适合小麦、玉米生长，还有大面积谷类作物及棉花种植，并且此类土壤还能进行各种蔬菜培育。东北农业区黑钙土、钙土广布，腐殖质最为丰富，腐殖质层厚度大，土壤颜色以黑色为主，呈中性至微碱性反应，钙、镁、钾、钠等无机养分也较多，土壤肥力高，是世界三大黑土分布地区之一，也是我国重要商品粮食基地，种植小麦和玉米，以及甜菜、亚麻等经济作物,但冻土广布,下渗微弱,内涝严重。西部农业区水资源不足,农业类型为灌溉农业,土壤类型为荒漠土,风化作用强烈,有机质含量低,土质疏松,只能生长草类或沙生植物,但冲积扇(绿洲农业)土层深厚,肥力高,有灌溉水源,适合种植业发展,如南疆棉花种植。青藏高寒农业区土壤剖面由草皮层、腐殖质层、过渡层和母质层组成,土层薄、土壤冻结期长,通气不良,土壤呈中性反应,只能种植青稞等农作物,且由于积温较低,农业只能分布在藏南谷地当中。另外,四川盆地中的肥沃紫色土在频繁的风化和侵蚀作用下形成,土壤有机质、全氮含量相对较高,磷、钾含量稍低,主要农作物有水稻、紫薯等(李映辉,2014)。

1.1.3　我国农业生产方式

随着国家对粮食安全的重视和农业行政部门的引导,以及农业生产技术和经营管理的现代化水平提升,我国农业生产方式逐渐向多元化发展,主要包括以下四种方式。一是传统的农户经营,也可以叫作小农经济或者小农经营,其特点是在家庭联产承包责任制体制下,农户成为土地的承包经营单位,家庭劳动力直接从事农业生产。二是规模化的大户经营,即农户经营的升级版,在经济发达的苏南地区和东北地区相对普遍。所谓的规模经营大户是指每个劳动力经营 30 亩①以上,每个农户经营 60 亩以上,现在有的规模大户经营规模已经达到 3000~6000 亩。目前国家确定的粮食基地、农业农村部督导的高产创建主要采取这种形式。三是农村专业合作社(在经济发达地区也包括农民股份合作社)和股份合作社,有助于提高农业生产效率和效益,但其资金主要依靠自筹,技术也受到农民眼界和知识结构的限制。四是农业公司,其农业生产市场定位明确。农业公司是外来的资金、技术、管理、信息密集型的公司企业,这样的农业生产往往是规模经营的设施农业、标准农业,或者是超大规模的畜牧业。现在的国家粮食基地农业园区、蔬菜大棚、现代化养猪场、养鸡场、奶牛场、特定和特种农产品种植基地多是采用这种经营组织方式(樊平等,2012)。

虽然我国的农业生产方式呈现多元化发展的趋势,但是目前我国大多数地方仍然是精耕细作的小农经营模式,尤其是在一些不发达地区,小农经济存在以下特点。

(1)农业生产规模小,生产效率低下。小农经济生产方式是以土地及生产资料的分散为前提的,它既排斥生产资料的积聚,也排斥协作,排斥同一生产过程内部的分工,排斥社会对自然的统治和支配,排斥社会生产力的自由发展。土地面积太小难以实现规模经济,土地"豆腐块"形式的存在使得绝大多数农户的生产还停留在人力加畜力的水平上,各种大型机械化设备和先进的科学技术无法使用,产出的增加还是依靠更大比例的投入,成本快于收益的上升速度使得规模效应根本无法实现。

(2)农业生产缺乏整体规划、抗风险能力差。小农经济由于是个体经营,家家户户各自决定种植作物类型、播种时间、耕作方式等,农业田间管理水平差异大;而且生产单位

---

① 1 亩 ≈ 666.67m²。

小、散、多，在遇到天灾时，无法有效组织大规模的抗灾救险行动，往往只能依靠宗亲关系进行一对一救助，而不能在集体的框架下由大家帮助解决。在小农经济基础上，无法建立起完善的公共福利机制，也就导致了个体的抗风险能力的降低。

（3）技术进步慢。例如，农民生产无公害和绿色农产品的收入本可以比种植普通农产品高很多，可是这无法在个体的、小规模的生产中推广。农民即使能够种出绿色产品，也会因为个体种植的产量太少，送检产品的成本高过种植产品的成本而得不到社会认可。家庭承包制一定程度上还阻碍新品种的推广。我国研究出的各种高产水稻至今在广大农村还得不到普及，这主要因为单个农民对于这种产品的信任程度低而不愿意去冒险种植（张树敏，2012）。

1.1.4　我国农业生产特点给遥感监测带来的问题与挑战

由 1.1.1～1.1.3 节内容可知，我国气候复杂多样，世界上大多数农作物都能在这里找到适宜生长的地方，我国农作物类型非常丰富。我国季风气候显著的特征，也为农业生产提供了有利条件。我国夏季气温高、热量条件优越，这使许多对热量条件需求较高的农作物在我国的种植范围的纬度远比世界上其他同纬度国家的要高。复种面积广是中国农业气候资源的一大优势，这使我国成为世界同纬度地区复种指数最高的国家。夏季多雨，高温期与多雨期一致，有利于农作物生长发育。但我国复杂多变的气候特点也导致气象灾害频繁多发。我国地形复杂多样、土壤类型丰富，为我国农业因地制宜发展多种模式提供了有利条件；但我国山地面积广，交通不便，耕地面积小，平整度差，而且南方部分地区虽地形平坦，但河网密布、土地零散、空间连续性不足，这些都不利于我国规模化、机械化农业生产的发展。目前我国农业生产方式处于从粗放传统农业向绿色现代农业的转型期，大部分区域依然采用小农经济的农业生产模式，农户地块大小不均，分布零散，农业生产集约化水平不高，资源协调利用率低，集体耕作率低，农田管理水平差异大。

我国农业生产的各种特点，给遥感监测提出了更高的要求和挑战。第一，农作物类型繁多，共生环境复杂，农作物和农业环境变化快，复种指数高，种植结构复杂，这些特点对遥感数据的时间分辨率、频谱分辨率、遥感信息提取算法等提出了更高的要求。第二，生产方式仍以传统的农户经营为主，生产规模小，而且高原、山地面积广，南方平原区域水网密布，导致地块面积小，形状不规则，空间连续性不足，对遥感数据的空间分辨率等提出了更高的要求。第三，高原、山地、丘陵区域，受地形起伏影响，出现各种干扰畸变，给遥感解译带来很大困难。第四，南方地区云雨天气多，制约了光学卫星遥感数据的获取，需要雷达遥感数据。第五，干旱、洪涝、台风、寒潮等灾害频发，对遥感应急监测能力提出了更高的要求。第六，各地区农业生产特征不同，对应的参数、模型等也不同，这限制了遥感产品的推广应用，需要更先进的方法获取适应不同区域的算法模型。第七，缺少规模化、标准化、高精度、持续性的农业空间基础设施，如缺少大范围高精度农田基础数据、长期持续的地面真实性检验同步观测网络等用于遥感算法的普适性和鲁棒性验证。

1.2 雷达遥感的特点及在农业应用中的优势

雷达遥感是利用传感器发射微波电磁波，并接收地物目标散射回来的微波信号，用以探测地物目标、提取所需的信息的科学技术。微波的波长在 1mm 到 1m，比可见光、近红外、热红外的波长要长，因此，雷达遥感与可见光、近红外、热红外遥感存在较大差异。

1.2.1 雷达遥感的特点

1.2.1.1 雷达遥感的优势

（1）具有全天时工作能力。雷达遥感传感器可主动发射微波电磁波，并接收地物目标反射回来的微波信号，因而它不依赖于太阳辐射，不论白天黑夜都可以工作，故称全天时。

（2）具有全天候工作能力，不受云、雾和小雨的影响。微波电磁波对于氧气和水汽的透过率很高，尤其是 X 波段及波长更长的波段，透过率接近 100%，如图 1.1 所示。因此，微波电磁波能够穿透云、雾和小雨，基本不受云雨天气的影响，实现全天候成像。

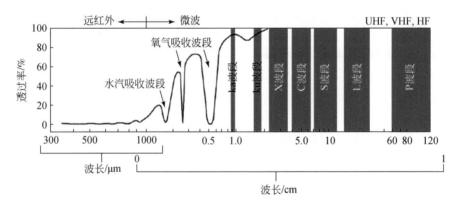

图 1.1　微波频段的穿透能力

UHF-特高频；VHF-基高频；HF-高频

（3）微波电磁波对地物有一定的穿透能力，可在一定程度上获取目标内部及隐伏的特征信息。选择适当的工作频率和波束入射角，除极茂密的森林外，其他大多数植被均可被微波穿透。一般说来，微波电磁波对各种地物的穿透深度因波长和物质不同存在很大差异，波长越长，穿透能力越强；地物含水量和介电常数越大，穿透能力越弱；地物组成越疏松，穿透深度越大。图 1.2 表示了不同波长的微波对不同土壤的穿透能力，可以看出，同一种土壤，波长越长（频率越低），穿透越深；同一种土壤，湿度越小，穿透越深。微波电磁波对干沙可穿透几十米，对冰层能穿透 100m 左右，但对潮湿的土壤只能穿透几厘米到几米，对金属和良导体几乎无穿透能力。

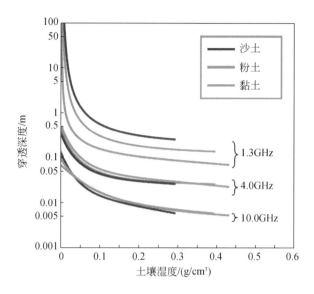

图 1.2　穿透深度与土壤湿度、入射波频率、土壤类型的关系（Ulaby and Long，2014）

（4）微波信号对地物目标的结构、表面粗糙度、介电特性敏感，其对应的回波数据能够反映目标的几何结构、表面粗糙程度、介电特性及相关信息。

（5）雷达传感器具有精确测距的能力，而且不仅能够接收地物目标回波强度，还包括回波的相位信息，因此可以进行干涉测量、极化特征信息挖掘。

（6）雷达传感器具有多频段、多极化、多角度、多时相等工作模式，能够获取地物目标的多维度信息。

1.2.1.2　合成孔径雷达的成像机理

合成孔径雷达是目前应用最广泛的雷达传感器之一，可用于测绘、农业、气象、国土资源勘察、灾害监测与环境保护、国防、能源、交通、工程等诸多学科及领域。它是一种高分辨率成像雷达遥感系统，在距离向，合成孔径雷达通过发射线性调频脉冲，利用传统的脉冲压缩技术获得高分辨率；在方位向，记录平台在不同运动位置接收的目标回波数据，并利用目标回波的相干性，通过相位校正得到等效的窄波束天线，从而实现方位向的高分辨率。除了具有微波电磁波的特点之外，合成孔径雷达还具有独特的成像机理和图像特征。

图 1.3 是合成孔径雷达系统成像几何示意图。其中天线照射方向与飞行方向垂直，入射角为 θ。沿雷达视线的坐标轴称为距离向，与距离向正交的坐标轴称为方位向。雷达平台可以是机载或星载。随着平台在方位向以固定速度前进，雷达以固定间隔 T（脉冲重复频率 PRF $= 1/T$）向雷达照射区域发射电磁脉冲，并记录相应回波。雷达的照射区域定义为天线半功率宽度在地表的范围。由于天线波束在方位向有一定的宽度，雷达飞行通过其足迹需要一定的时间，在这段时间内发射了许多脉冲，每个脉冲都代表着雷达图像上的一条扫描线。

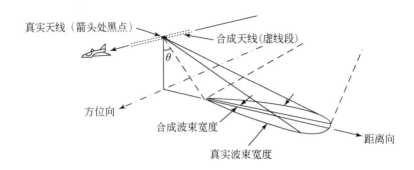

图 1.3   SAR 成像几何示意图（徐茂松等，2012）

根据天线原理，n 个间距为 d 的小天线所组成的线性阵列天线的波束角与长度 $L=n×d$ 的大天线的波束角相同。合成孔径雷达的基本原理是利用一个小天线，在雷达沿直线飞行时的不同位置上将同一目标的回波信号接收并储存起来，等雷达移动一段距离 L 后，再将所有不同时刻接收的同一目标信号消除因时间和距离不同所引起的相位差，修正到同时接收的情况，如同阵列天线一样。

实现距离向和方位向的高分辨率后，SAR 系统就能更好地确定散射目标在二维空间的位置分布，但要成像，还需要定义一个物理量作为待成像的对象，一般为功率图像，与地表的后向散射系统 σ^0 存在对应关系。

SAR 最初接收的散射场为复数信号（$e^{j\varphi}$），包括幅度和相位，对复信号幅度和相位的检测在实际系统中一般用正交解调（图 1.4）实现，或称 I-Q 解调，其中 I 为 In-phase，代表同相分量，Q 为 Quadrature-phase，代表正交相位分量。

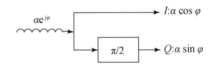

图 1.4   正交解调（徐茂松等，2012）

SAR 观测数据是把雷达天线发射出的宽幅脉冲到达地表后的后向散射信号以时间序列记录下来的数据。在原始数据中，来自地表某一点的后向散射信号被拉长记录到仅相当于脉冲宽度的距离向上。此外随着平台的移动，在微波波束穿过该点期间的不同位置上都可以接收到它的后向散射信号，所以其反射信号在方位向上也被拉长记录下来。合成孔径雷达得到的原始数据还不能叫作图像，只是一组包含强度、位相、极化、时间延迟和频移等信息的大矩阵，叫作（原始）信号数据（raw signal data）。从信号数据到图像产品，要经过复杂的步骤。

在生成单视复图像前，必须进行辐射纠正和平台的状态纠正，如天线的辐射模式校正等。通过距离压缩和方位压缩可以把距离方向和方位方向上分布记录的地面上一点的接收信号压缩到一点上。为了进行压缩，一般先求出接收信号与参考函数的互相关。距离压缩时的参考函数是与发射信号复共轭的信号；而方位压缩时的参考函数是与多普勒效应引起的线性调频信号的复共轭信号。为了提高处理速度，接收信号与参考函数互相关的计算通常在频率域中进行。随着平台的移动，地面上的一点到雷达天线的距离是以时间为自变量的二次函数，这样雷达在不同时刻和位置接收到的同一地面目标的信号就不在一条直线上，这种现象称为距离迁移（range migration）。由于距离迁移的影响，在与方位向有关的二次曲线上分布记录了地面上一点的信号，把这些信号纠正到一条直线上的处理过程称为距离单元迁移改正（range cell migration correction）。图 1.5 给出了 SAR 数据成像处理流程示意图。

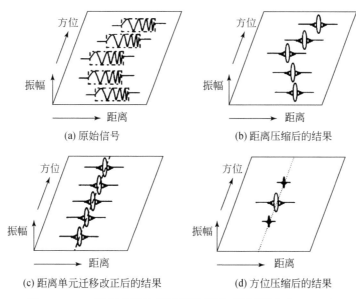

(a) 原始信号　　　　　　　　　　　(b) 距离压缩后的结果

(c) 距离单元迁移改正后的结果　　　　(d) 方位压缩后的结果

图 1.5　SAR 数据成像处理流程示意图（遥感研究会，1993）

　　为消除斑点噪声的影响，可将合成孔径分为若干个子孔径，在每个子孔径内分别进行方位压缩，再将多个子孔径的处理结果求和平均，这称为多视处理，子孔径的数目称为视数，一般在频域内进行。这样做可以消除或减少斑点噪声，但这样做的同时降低了方位向上的分辨率。上述流程可以生成单视图像和多视图像，其中单视复图像（single look complex，SLC）不仅包含振幅信息，而且包含位相信息，可以用于极化、干涉雷达应用研究。在单视复图像的基础上，还可进行多视处理、地距斜距转换、地学编码（按一定的地图投影进行图像重采样）等处理。依据用户的需求，可进行不同级别的处理，生产出相应的图像产品。

1.2.1.3　合成孔径雷达的图像特征

1. 合成孔径雷达图像的几何特性

1）SAR 图像斜距投影与距离向比例失真

合成孔径雷达采用侧视雷达成像几何是按地面点到天线中心的斜距进行投影的，如图 1.6 所示。地表三个目标 A、B、C 的长度相等，即 $A=B=C$；在地距图像上有 $A_2=B_2=C_2$；但在侧视雷达斜距图像上 $A_1<B_1<C_1$。一般而言，地面距离 R_g 与其在电磁波传播方向上的斜距 R_s 之间的关系为

$$R_s \approx R_g \cdot \sin\theta \tag{1.1}$$

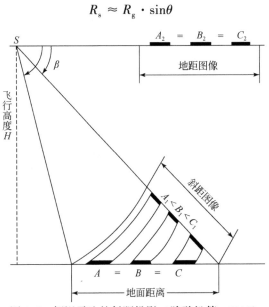

图 1.6 侧视雷达的斜距投影（陈劲松等，2010）

所以斜距 R_s 比地面距离 R_g 小，而且同样大小的地面目标，离天线正下方越近，在 SAR 图像上的尺寸越小，这种现象称为距离向比例失真。近距目标在 SAR 图像中压缩更严重，远距目标压缩较轻微。

2）透视收缩与顶底位移

当雷达波束照射到位于雷达天线同一侧的斜面时，雷达波束到达斜面顶部的斜距 R_s 和到达底部的斜距 R'_s 之差 ΔR 要比斜面对应的地观距离 ΔX 小。所以在 SAR 图像上的斜面长度被缩短了，这种现象称为透视收缩。由图 1.7 可知：

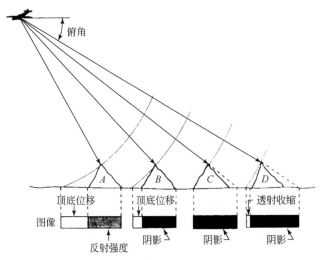

图 1.7 透视收缩与顶底位移（陈劲松等，2010）

A、B、C、D 表示 4 个山体

$$\varphi = \theta - a \tag{1.2}$$

$$\Delta R \approx \Delta X \frac{\sin\varphi}{\cos\alpha} \tag{1.3}$$

则收缩比 l 为

$$l = \frac{\Delta R}{\Delta X} = \frac{\sin\varphi}{\cos\alpha} \tag{1.4}$$

式中，θ 为侧视角；α 为斜面的坡度。由此可以看出：当侧视角 θ 大于地面坡度 α 时会出现透视收缩现象，而 $\theta = \alpha$ 时 l 达到极小值。

另外，当雷达波束到斜坡顶部的时间比雷达波束到斜坡底部的时间短的时候，顶部回波先被记录，底部回波后被记录，这种斜坡顶部图像和底部图像被颠倒显示的现象（和中心投影时的点位关系相比较而言）称为顶底位移，如图 1.7 所示。它是透视收缩的进一步发展，由式（1.2）~式（1.4）可以看出：当 $\theta < \alpha$ 时会发生顶底位移现象。

同样，对于背向天线的地面斜坡也存在透视收缩，只不过斜面长度看起来被拉长，如图 1.8 所示。当 $\theta + \alpha \leqslant 90°$ 时会出现背坡的透视收缩，此时有

$$\varphi = \theta + \alpha \tag{1.5}$$

$$\Delta R \approx \Delta X \frac{\sin\varphi}{\cos\alpha} \tag{1.6}$$

则收缩比 l 为

$$l = \frac{\Delta R}{\Delta X} = \frac{\sin\varphi}{\cos\alpha} \tag{1.7}$$

由此可以看出：当 $\theta + \alpha < 90°$ 时会出现背坡的透视收缩现象。

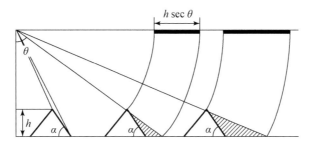

图 1.8　背坡的透视收缩（陈劲松等，2010）

3）雷达阴影

光学图像上阴影的方向取决于太阳的方位，阴影总是出现在地面目标背着太阳的那一边，阴影的长度取决于地物自身的高度和太阳高度角。而侧视雷达图像上阴影的方向和长短与太阳方位和太阳高度角无关。如图 1.9 所示，β 为俯角，$\beta + \theta = 90°$。当 $\theta + \alpha > 90°$ 时，在斜坡的背后有一地段雷达波束不能到达（如晕线部分），形成雷达盲区，因此地面上该部分没有回波返回到雷达天线，从而在图像上形成阴影。阴影的图像呈黑色。阴影的长度 L 与地物高度 h 和侧视角 θ 有如下关系：

$$L = h \cdot \sec\theta \tag{1.8}$$

雷达阴影的方向与雷达波发射方向一致，目标越高，雷达阴影越长；侧视角越大，即

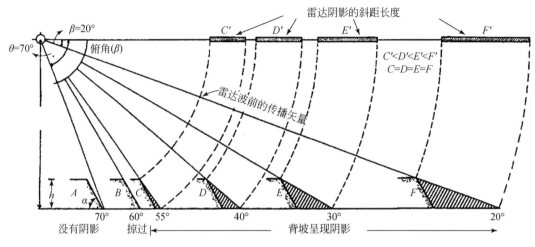

图 1.9　雷达阴影（陈劲松等，2010）

目标距天底点越远，则雷达阴影也越长。为了有利于雷达图像判读，最好以大的侧视角取得平坦地区的侧视雷达图像，以小的侧视角取得山区的雷达图像。

总之，无论顶底位移、透视收缩及阴影都是地形起伏所致。图 1.7 表示了地形不同起伏状态与其图像之间的关系。A 处前坡出现顶底位移，而后坡拉长且能够成像；B 处前坡出现顶底位移，而后坡为雷达盲区，雷达图像上对应位置出现阴影；C 处前坡完全重合为一点，而后坡被阴影遮盖；D 处前坡出现透视收缩，而后坡被阴影遮盖。

2. 合成孔径雷达图像的辐射特性

合成孔径雷达的基本观测量不仅包含地物目标的回波强度，还包含回波相位信息。因此，SAR 图像每个像元的值一般是由实部（real）和虚部（imaginary）构成的复数，也可以用振幅（amplitude）和相位（phase）来表示，如图 1.10 所示。

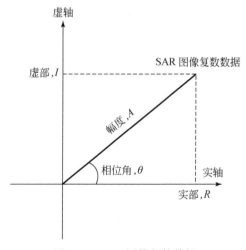

图 1.10　SAR 图像复数数据

对于地物目标的 SAR 回波强度，通常利用后向散射截面或后向散射系数来表示。后

向散射截面通常用来表示点目标对入射 SAR 信号的散射能力，其表达式为

$$\sigma = 4\pi R^2 \frac{P_s}{P_i} \tag{1.9}$$

式中，R 为 SAR 系统与目标之间的距离；P_i 为入射波功率；P_s 为散射回波功率。后向散射系数则通常用来表示分布式目标的散射能力，其表达式为

$$\sigma^0 = \frac{4\pi R^2}{\Delta A}\frac{P_s}{P_i} \tag{1.10}$$

式中，ΔA 为波束照射面积。

1）SAR 图像相干斑点噪声

SAR 是相干成像系统，斑点噪声是 SAR 图像的固有属性，其形成机理如图 1.11 所示。当雷达波束照射到一个与雷达波长尺度相当的粗糙面时，返回的信号包含了一个分辨单元内的多个散射体的回波。由于同一像元内的多个散射体与 SAR 传感器之间的距离不一样，其散射回波具有一定的相位差，当相位差满足相干增强的条件时，得到较强的回波信号，在图像上呈现为亮点；当相位差不满足相干增强的条件时，得到较弱的回波信号，在图像中呈现暗点，这样就导致图像上存在亮暗相间的颗粒，即为斑点噪声。

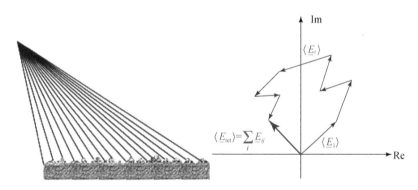

图 1.11　SAR 图像相干斑点噪声的形成机理

相干斑点噪声的存在，使得 SAR 图像看起来破碎、连续性差，严重干扰了 SAR 图像的解译与应用分析。通常通过多视处理和图像滤波来降低斑点噪声的影响，提高 SAR 图像的辐射特性。

2）影响 SAR 图像辐射特性的因素

影响 SAR 图像辐射特性的因素有两大类：一是雷达系统参数，包括频率/波长、极化方式、入射角等；二是地物目标特征参数，包括表面粗糙度、介电常数等。

A. 频率/波长

频率/波长是一个很重要的系统参数，短波长 SAR 系统的空间分辨率高，能量要求也高。因此早期的机载系统常用短波长（K、X）波段，而星载 SAR 系统只能用 L 波段，以降低对能量的要求。另外，频率/波长也影响了微波电磁波的穿透能力，目标粗糙度，以及这些参数变化引起的目标后向散射特性变化。

雷达波长可以从两个方面影响目标的回波功率：第一，按波长去衡量地物表面的有效

粗糙度,对于同一地物表面粗糙度,波长不同,其有效粗糙度不同,对雷达波束的作用不同;第二,波长不同,介电常数不同,介电常数不同会影响到地物目标的反射能力和电磁波穿透力。当波长增加时,大多数目标表面的回波功率减弱,这是由于波长增加时,目标表面的有效粗糙度降低,其后向散射功率减弱。

B. 极化方式

不同极化的回波是相应的电场方向与地物目标相互作用的结果,目标的性质影响着不同极化的回波。多极化雷达数据会加深我们对信号/目标相互作用的理解,增进我们对数据解译的正确性,由于这些数据是多维的,可以把它们用于生成多极化雷达图像。NASA/JPL 的研究表明,同极化图像反映了波长与表面粗糙度有关,而交叉极化图像反映体散射的结果,特别是 L 波段 HV 极化图像主要反映树林和密集植被的体散射,C 波段 HV 极化反映农作物的体散射,L 波段和 C 波段 HH 极化则主要反映面散射特征。

C. 入射角

入射角定义为雷达入射波束与当地大地水准面垂线间的夹角,是影响雷达后向散射及图像上目标因叠掩或透视收缩产生位移的主要因素。一般来说,来自分布式散射体的反射率随着入射角的增加而减小。图 1.12 (a) 说明了入射角、视角和地球曲率之间的关系。此模型假设了坡度为 a 常数的地形。与此对照,图 1.12 (b) 给出了本地入射角,并且考虑到本地坡度角 α,如表面粗糙度的变化是随本地入射角变化的函数,本地入射角的改变也会影响雷达的后向散射,这取决于目标物的粗糙度及其变化的程度。

D. 表面粗糙度

表面粗糙度是描述地表几何体大小的计量单位,仅仅指一个雷达分辨率单元之内表面的粗糙程度,如矿石、砾石、植物枝叶的大小、细微地形的高差等。

一般将地面分为三种粗糙度类型:①光滑表面,反射角等于入射角,即呈镜面反射表面;②中等粗糙表面,程度不同地散射和反射入射能量,后者的回波大于前者;③非常粗糙表面,各向散射入射能量。地面粗糙度与地物的平均高度变化 h_{rms},入射波长 λ,以及雷达视角 φ 密切相关。平滑地物产生镜面反射,只有当入射角小于 10° 时,才能接收到大量的后向散射回波(图 1.13);并且随着入射角的增大,回波强度迅速减小,极粗糙的地物产生漫散射,各个方向上的回波强度相等。

E. 介电常数

介电常数是表示物体导电、导磁性能的一个参数。介电常数越大,反射雷达波束的作用越强,穿透作用越小。水是自然界中介电常数 ε 值最高的,其代表值为 80,而干燥土壤的 ε 值一般只有 2 ~ 5。介电常数相对于单位体积内液态水含量呈线性变化,水分含量低,雷达波束穿透力大,反射小,当地物含水量大时,穿透力就大大减小,反射能量增大。在雷达图像解译中,含水量常常是介电常数的代名词。一般情况下,金属物体比非金属物体的介电常数大;潮湿的土壤比干燥的土壤介电常数大。因此,在雷达图像上,粗糙的、非镜面反射的金属表面的色调比非金属表面色调浅;含水量大的土壤,比含水量小的土壤色调浅。介电常数大的物体比介电常数小的物体在雷达图像上色调浅。

F. 典型地物的微波散射特性

对雷达工作频率而言,地球大气几乎和真空一样,电磁波入射到介电常数为 ε 的电介

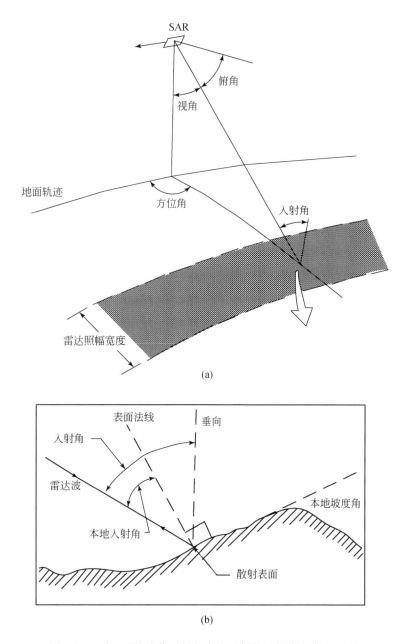

图 1.12　雷达系统成像几何与本地入射角（郭华东等, 2000）

质上，一部分能量射向上半空间，另一部分能量射向下半空间。如果表面是粗糙的，部分能量经再辐射而射向各个方向，形成散射场。除镜面反射外，其他方向上散射能量的大小取决于表面的粗糙度相对于入射波长的大小。对雷达而言，后向散射能量至关重要，其大小可用后向散射截面度量。后向散射截面定义为传感器接收到的能量与当入射能量以各向同性的方式散射时传感器接收的能量之比。一般说来，后向散射回波与入射角关系密切，小角度时后向散射回波受角度影响较大，回波信号包含大尺度（与工作波长相比）的地貌

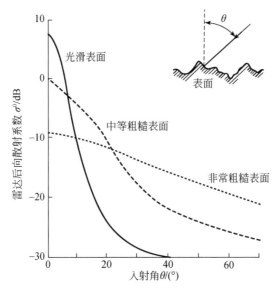

图 1.13　雷达后向散射不同表面的函数（徐茂松等，2012）

表面分布信息；大角度时回波中包含大量有关小尺度结构（粗糙度）的信息。在入射波与表面的相互作用中，入射波的频率（波长）直接影响电磁波对地物的穿透能力以及地物的面散射、体散射特性。

对于光滑表面，如平静的水面、水泥路面等，它们常形成镜面反射，在 SAR 图像上呈黑色，但随着入射角的变化，信号有所不同，在接近垂直入射的情况下，信号非常强，σ^0 值可高达 20dB，而在入射角为 50°~60° 时，回波很弱。对于光滑表面，HH 极化与 VV 极化方式下的散射系数差大约有 5dB，但同极化与交叉极化的散射系数相差较大，可达 10~15dB。

大多数地物都可以认为是粗糙表面，只是粗糙程度不同。根据瑞利准则，随着粗糙度与波长相对大小的变化，地物所表现出的散射特性是极其复杂的。一般说来，粗糙表面的散射特性曲线是比较平缓的，图 1.14 是几种粗糙面的散射系数曲线，可以看出，在接近垂直入射（入射角为 0°）和切向入射（入射角为 90°）时，曲线斜率变化都很小。曲线斜率的变化小说明对于入射角的敏感性小。另外，同极化与交叉极化散射系数之间差异也变小，只在 5~15dB 的变化幅度内。

对于非均匀介质，可以看成是由大量均匀分布的后向散射截面为 σ_i、消光面积为 α_i 的散射体组成。如果考虑介质的极化效应，也就是说，自然表面的后向散射截面同时依赖于入射波的极化方式，后向散射场同时包含水平和垂直两种极化方式。通过引入 Stokes 矢量（Ulaby and Elachi，1990）描述波的不同极化状态之间的相互关系，通过散射矩阵来描述后向散射系统中各极化矢量的关系。可以从中提取极化度、相位差、交叉极化率、同极化率等反映地面散射特征的物理量，进而获取更多、更全面的回波信息，更有利于解释地物的散射特性。

G. 地物走向

雷达视向以及地物走向的不同对后向散射回波有很大影响。人工地物，如建筑物、铁

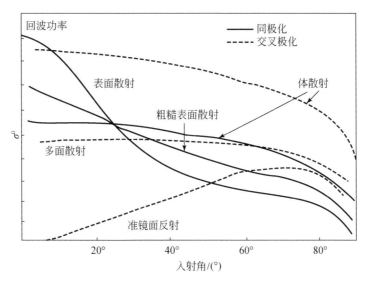

图 1.14 几种粗糙面的散射系数（舒士畏，1989）

路、电力线、桥梁，以及成行成垄的农作物，表现得更为明显。当地物不对称且飞行平行于构造主轴线时，回波很强；当雷达照射方向与地物走向平行时，回波较弱。

1.2.2 雷达遥感在农业应用中的优势

1.2.1 节内容简要介绍了雷达遥感的特点，这些特点在农业应用中具有以下几方面独特优势。

1. 全天时、全天候观测能力，能够精确监测农作物生长变化的全过程

SAR 具有全天时、全天候成像能力，能够为农作物监测提供高频率、长时间序列的数据。SAR 高频率重访更容易捕捉到农作物生长变化的细微过程，尤其是对于生长季内多云雨天气的作物，大大提高了数据获取的频率。此外，由于微波受大气影响较小，在开展农作物长时间序列研究时，大气条件差异对分析结果造成的干扰更小。

2. 具有对农作物及其下垫面的含水量敏感特性

由于微波电磁波对地物目标的介电特性敏感，而植被、土壤目标的介电常数与其含水量密切相关，如图 1.15（a）所示，可以看出介电常数的实部（real part）和虚部（imaginary part）都与目标的含水量呈正相关关系。因此，微波信号对农作物及其下垫面的含水量变化敏感。图 1.15（b）给出了不同含水量的农田在 SAR 图像上特征，可以看出高含水量的农田，在 SAR 图像上表现为高亮区域，其回波强度大；低含水量的农田在 SAR 图像上则比较暗，回波信号较弱。这是由农田含水量越大，介电常数越大，其对微波电磁波的散射能力越强导致的。

3. 具有干涉测量能力，为农业监测应用提供了一种新手段

SAR 干涉测量已广泛应用于地表形变监测等领域，在农业监测中也可以利用 SAR 干涉测量技术进行农田区域变化监测。图 1.16 给出了农田复相干系数图，可以看出农田内

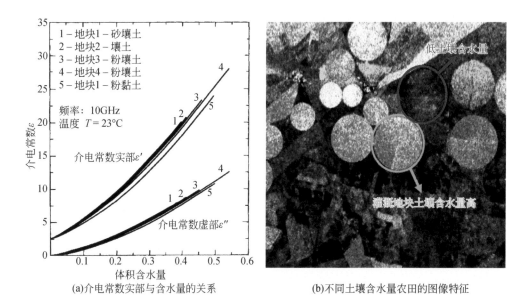

(a)介电常数实部与含水量的关系　　　(b)不同土壤含水量农田的图像特征

图 1.15　微波电磁波对目标含水量敏感（Hallikainen et al.，1985；Le Toan，2007）

部由于农作物生长变化，相干性低；田埂相对稳定，相干性高。因此，能够利用干涉相干性快速地提取农田面积和田埂信息。此外，干涉测量与极化测量相结合的极化干涉测量技术在农作物垂直结构参数反演中具有独特的优势。近几年来，国外科学家开始利用极化干涉测量技术进行农作物高度反演的探索性研究（Lopez-Sancheza et al.，2017）。

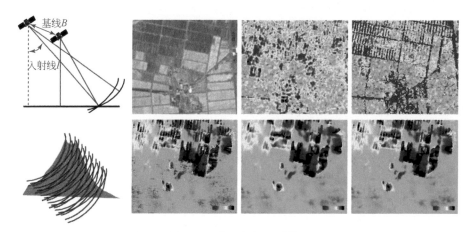

图 1.16　农田复相干系数图

4. 具有对目标几何结构敏感特性

SAR 具有极化测量能力，能够同时发射并接收不同极化的电磁波，而不同极化的电磁波对不同的几何结构敏感性不同，因此 SAR 对地物目标的几何结构具有一定的敏感性。图 1.17 展示了蟹塘在不同极化 SAR 图像上的特征。由于蟹塘这种目标几何结构特征突出，包括水平结构的水面和垂直结构的围栏，其在不同极化 SAR 图像中的特征非常突出。

可以看出，在同极化（HH/VV）SAR 图像中，蟹塘的围栏结构非常明显，但是在交叉极化（HV/VH）SAR 图像中，就几乎看不到这种特征；此外，在 VV 极化 SAR 图像中，水面的亮度最高，响应最强，其他极化中水面的信号都很弱。

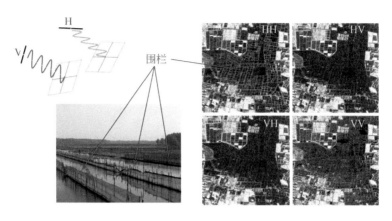

图 1.17　不同极化电磁波对蟹塘几何结构的敏感性及差异

5. 具有一定的穿透能力，能够探测农作物冠层及下垫面的信息

微波电磁波对地物目标具有一定的穿透能力，因此应当选择适当的工作频率和波束入射角，除极茂密的森林外，其他大多数植被均可被微波穿透。对于农作物而言，微波不仅能够探测到表层的信息，还能够进入作物冠层与植株结构相互作用，反映作物冠层内部的信息，而且当波长达到一定程度，微波信号还可以穿透作物冠层与农田下垫面相互作用，反映下垫面的信息。图 1.18 给出了微波电磁波穿透农作物冠层，与作物植株结构和下垫面相互作用的过程。

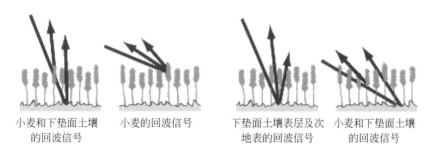

小麦和下垫面土壤　　　小麦的回波信号　　　下垫面土壤表层及次　　小麦和下垫面土壤
的回波信号　　　　　　　　　　　　　　　地表的回波信号　　　的回波信号

图 1.18　微波电磁波穿透作物层（Ulaby and Long，2014）

1.3　雷达遥感在农业监测中的应用现状

农业是雷达遥感的重要应用领域之一。自微波遥感传感器诞生以来，科学家进行了大量的地面实验，研究微波对农作物的敏感性，主要采用从 L 波段到 Ka 波段的微波辐射计和散射计（Ulaby et al.，1986）。NASA-JPL 的 AIRSAR 系统在全球许多农林实验区进行了大量的飞行实验及理论和应用探讨（Zebker and van Zyl, 1991）。1986～1991 年，欧洲开展了多项航空雷达遥感实验，并召开了雷达技术农林应用研讨会（Churchill and Attema, 1992）。1993 年，加拿大遥感中心（CCRS）以双波段机载全极化雷达系统 CV-580 为数据源发起了全球雷达遥感计划（Campbell et al., 1995; Guo et al., 1995），将农业列入该计划的主要应用目标之一。1994 年 4 月和 10 月，SIR-C 搭载 C 波段和 X 波段 SAR 系统在全世界范围内进行了两次飞行，取得了很多重要的应用成果（Stofan et al., 1995; Guo et al., 1996），农业雷达遥感应用研究成为这个大型国际对地观测计划的重要研究命题之一。农业雷达遥感研究主要分为三大类：一是农作物雷达响应机理研究；二是农作物分类识别方法；三是农作物长势监测与估产。

1.3.1 农作物雷达响应机理研究

地物目标微波散射特性研究是雷达遥感应用的基础，由于微波电磁波与地物目标间相互作用机理的复杂性，在利用雷达遥感进行农业应用之前，首先需要了解清楚微波电磁波与农作物目标的相互作用机理。地物目标散射机理的研究方法主要包括微波散射模型、基于全极化数据的散射机理分析等。

1. 基于微波散射模型的农作物散射机理研究

微波散射模型是深入认知微波电磁波与地物目标相互作用机理的有效手段，它可以将复杂的地物目标简化，找到影响散射机理的主要因素。对于雷达遥感应用来说，借助微波散射模型进行目标散射机理认知是必不可少的（Ferrazzoli, 2002; Blaes et al., 2006）。对于农田目标来说，主要涉及农作物和下垫面的散射模型。

1）植被散射模型

农作物属于植被，一般的植被散射模型可以通过调整模型结构和植株特征参数用于农作物散射特性模拟。早期的植被模型多为非相干散射模型，仅能模拟植被的后向散射强度信息，如 Attema 和 Ulaby（1978）提出的水云模型。水云模型把植被描述为分布于空间中的均匀含水介电体，该模型的关键是植被层信息的处理，得到了很多成功应用（Graham and Harris, 2002, 2003; Dabrowska-Zielinska et al., 2007; Gherboudj et al., 2011）。其他模型，如 Lang 和 Sighu（1983）提出的基于变形波恩近似的单层随机离散介质模型；Saatchi 等（1994）提出的针对草地冠层的微波后向散射模型等，这些模型通常将植被简化为均匀随机介质集合体（Karam and Fung, 1988; Karam et al, 1988; Ulaby et al., 1990）。

为了更精细地刻画植被层结构，Fung 和 Ulaby（1978）提出了植被叶片散射计算模型，Karam 和 Fung（1988）提出了植被茎秆散射计算模型，为分层植被散射模型奠定基础。密歇根植被微波散射（MIMICS）模型首次将植被层划分为树冠层、树干层和下垫面地表层，在此基础上描述植被层的散射机理（Ulaby et al., 1990），该模型目前已成为最经典的植被微波散射模型，为后续研究植被散射特性和散射机理提供了强有力的手段。MIMICS 模型虽然是基于森林建立的，但通过模型的简化处理，能够用于水稻、小麦、玉米、蓖麻等作物的散射机理分析（Toure et al., 1994; Lin et al., 2009）。MIMICS 模型对作物散射分量的刻画很细致，但不具备模拟回波相位信息的能力。

相干散射模型具有获取不同极化方式下散射回波强度和相位信息的能力，通常根据地面测量数据生成虚拟三维植被景观，然后通过对不同散射单元的叠加或者通过 Monte Carlo（蒙特卡罗）采样方法模拟雷达后向散射的信息（Thirion et al.，2006）。Lin 和 Sarabandi（1999）利用分形理论实现了树的植株结构模拟，并利用 Monte Carlo 采样方法建立了森林相干散射模型。Chiu 和 Sarabandi（2000）以大豆为例，研究了短枝植被整个物候期内的相干散射模型，并对比了 C 波段和 L 波段的差异。Cloude 和 Willians（2003）与 Williams（2006）利用相干散射模型建立了 L ~ P 波段多种树型的极化散射特性模拟方法。Liu 等（2017）将水稻层分为穗子层、叶子层和茎秆层，利用双圆柱模型精细刻画穗子层，构建了考虑稻穗层的相干水稻微波散射模型。随着全极化 SAR 的日益丰富，能够精细刻画植被目标的相干散射模型将是植被微波模型的发展趋势。

2）农田下垫面散射模型

农田下垫面主要分为两类，旱田下垫面为潮湿土壤，水田下垫面为水面。土壤散射模型分为 Kirchhoff 模型（Ulaby et al.，1981）和小扰动模型（SPM）（Tsang L et al.，1985）两种，各自适用于不同尺度的地表粗糙度类型。Fung 在归纳了随机介质的电磁散射模型后，给出了多尺度地表散射模型——IEM（Fung et al.，1992；Fung，1994），使之适用于更广的地表粗糙度状况。该模型基于电磁波辐射传输方程，较准确地反映了一定粗糙度范围内的地表后向散射情况，已成为微波遥感领域应用最广的模型之一。经过不断改进（Chen et al.，2000），后期的积分方程模型（AIEM）还解决了表面粗糙度和 Fresnel（菲涅耳）反射系数等的不连续的问题，能够比较准确地描述出裸露地表的散射特征（Fung and Chen，2010），Wu 和 Zhang（2003）用实测数据、Monte Carlo 方法计算结果对 AIEM 进行验证取得了很好的效果。在 AIEM 中，系统参数包括波长（频率）和入射角，地表参数主要是土壤介电常数和表面粗糙度，后者又包括表面均方根高度、相关长度和自相关函数（Ulaby et al.，1981），而土壤湿度可以通过 Dobson（多布森）模型（Hallikainen et al.，1985；Dobson et al.，1985）转换为 AIEM 中的介电常数。所以，在模拟后向散射系数随角度变化时，必须考虑其他参数的影响，在频率高于 C 波段时，大多数地表状况符合指数相关函数规律（Fung，1994）。水田下垫面通常利用菲涅尔反射系数模拟其散射特性。

2. 基于全极化 SAR 数据的散射机理分析

在全极化 SAR 数据出现之前，散射模型模拟分析是进行农田散射机制分析的主要手段。但是，由于散射模型是在很多简化和假设的基础上建立起来的，与真实情况存在一定的差异，所以仅仅依靠散射模型模拟进行散射机制的研究是远远不够的。全极化 SAR 数据是对地物目标散射特性的最全面、最完备的描述，不仅包含地物目标的后向散射强度信息，还包含相位信息。与多极化 SAR 数据相比，全极化 SAR 数据提供的信息更加完备，相应的信息提取方法更加科学、更加丰富，不仅仅局限于简单的几何运算，因此，全极化数据和一些先进的极化处理方法出现以后，为地物目标散射机制的研究及其应用提供了更加可靠的手段。

全极化 SAR 数据可以合成任一极化状态的数据，比如圆极化。圆极化 RL 与地表的粗糙程度有关（Evans et al.，1988；de Matthaeis et al.，1992），而右旋圆极化与左旋圆极化之比 RR/LL 与体散射/多次散射有关，当散射机理以面散射为主导时会有 RL≫RR，而 RL>

RR 可以认为是面散射减弱，多次散射增强的标志。当地表被作物覆盖时，散射源变得复杂，同极化衰减的差异，会出现 HH>VV 的现象，而当多次散射增强后，比如粗糙的地表、致密的冠层植被，多次散射/体散射占据主导地位时，会有 HH ≈ VV 和 RL ≈ RR（Baronti et al.，1995）。

极化响应图给出了任一极化状态下目标回波强弱，其形状特征可以协助散射机理分析。van Zyl 等（1987）在分析了几种面散射理论模型的极化响应图，与实验测量比较后，认为依据极化响应图可以分析出有效的散射机理信息；McNairn 等（2002）以极化响应图分析了不同农田的散射机理。与极化响应图紧密联系的参量是基高，基高表达了体散射或多次散射的程度，Evans 等（1988）认为基高与植被密度直接相关，对于裸露地表，基高会随着地表粗糙度的增加而增加。

极化分解将目标的散射矩阵或协方差矩阵分解为若干简单散射机理（如面散射、二次散射、体散射）的组合（Cloude and Pottier，1996），为基于全极化 SAR 数据定量分析目标散射机理提供了可能。Li 等（2012）基于 4 个时相的 RADARSAT-2 全极化数据，利用 Freeman、Cloude 和 Touzi 分解分析不同物候期水稻的散射机理及其变化规律，并在此基础上评价了不同分解方法在水稻识别中的应用潜力。Liu 等（2013）基于多时相 RADARSAT-2 数据，利用 Pauli 分解分析玉米、春小麦、大豆等作物的散射机理，发现物候期的变化会使散射机理发生显著变化，有助于识别作物类型。Riedel 等（2002）基于 3 个不同时相的机载 SAR 数据，利用 Cloude 分解分析小麦、大麦、玉米、马铃薯、油菜、甜菜等作物的散射机理随时间变化的规律，结果表明小麦、大麦等成熟时，由于穗粒的重量使作物高度和形态发生改变，散射机制出现明显变化，而玉米、马铃薯、油菜、甜菜等成熟时期并没有出现明显变化。Huang 等（2017）基于多时相的 RADARSAT-2 数据，分析了不同时相下地物散射机理及其差异。

1.3.2　农作物分类识别方法

农作物识别与分类型制图是农业雷达遥感最基本，也是最重要的内容之一。早在 1978 年，Bush 和 Ulaby（1978）利用间隔 10 天左右的多时相雷达数据对玉米、高粱、小麦、大豆和紫花苜蓿进行分类研究，分类精度可以达到 90%。Brisco 和 Protz（1980）的研究表明利用单一时相双波段（X、L）机载雷达数据进行玉米识别，精度达到 90% 以上。邵芸（2000）在科技部 "863 计划" 308 主题的支持下，首次揭示了水稻后向散射系数的规律，并利用水稻及其共生植被和其他目标的时域散射特性，识别出生长周期仅差 5～10 天的早熟稻、中晚熟稻、晚熟稻以及其他多种植被和目标物，结果优于国外已有报道。之后，很多研究都表明了利用雷达后向散射信息进行作物分类识别的有效性，同时也指出农作物识别效果依赖于数据获取时间、雷达系统参数、农作物的长势和间作程度等因素。多维度 SAR 数据（多波段、多时相、多极化、光学与雷达融合等）能够大大改善农作物分类识别的精度。Bouman 和 Uenk（1992）的研究表明利用多波段雷达数据可以有效地提高农作物分类精度。Le Toan 等（1997）利用多时相 ERS-1 数据分析水稻后向散射特性的时域变化，在此基础上进行水稻识别，取得了较好的结果。Wang 等（2006）利用时域变化特征进行农业土地分类。Shao 等（2002）基于大量地面实测数据利用散射模型模拟水稻在不同极化方式上的响应特征，并提出多极化雷达数据对水稻分类识别更有利。Bouvet 和 Le Toan（2011）在越南获取宽刈幅模式的 ENVISAT/ASRA 数据，并根据水稻的时域变化特征进行大范围水稻制图研究。董彦芳（2005）利用 ASAR 数据，根据水稻在 HH 极化和 HV 极化上的差异进行水稻识别。Bouvet 等（2009）在越南获取 ENVISAT/ASRA 数据，根据水稻在 HH 极化和 VV 极化上的差异进行分类识别，精度可达 90%。McNairn 等（2009）将光学与雷达数据结合在一起对小麦、大麦、玉米、大豆、土豆、向日葵等 20 种不同类型的农作物进行分类识别，20 种农作物的分类精度都在 85% 以上。陈军等（2014）基于 ALOS 全极化数据，提出了一种基于 Pauli 分解并结合支持向量机（SVM）的全极化 SAR 监督分类算法，对研究区域内农田、建筑、水体、森林进行了分类，能够有效地提高分类精度，分类精度达到 94.67%，Kappa 系数为 0.89。Jiao 等（2014）基于 19 幅全极化的 RADARSAT-2 数据，使用面向对象的分类方法，比较了 Cloude 分解和 Freeman-Durden 分解在该地区的分类精度，小麦、大豆、油料等作物的整体分类精度达到 95%。Huang 等（2017）基于多时相的 RADARSAT-2 数据，在散射机理分析的基础上，利用二叉树方法对玉米、小麦、大豆、森林和城市进行分类，最终分类精度为 87.5%，Kappa 系数为 0.85。

1.3.3　农作物长势监测与估产

农作物长势监测与估产是农业雷达遥感核心内容。农作物长势监测与估产是通过研究一些与农作物生长变化和产量形成密切相关的生理结构参数来实现的。因此，农作物长势监测与估产研究的核心就是参数反演。早在 1976 年，Ulaby 和 Bush（1976）就开始探索雷达回波信号与农作物长势和产量之间的关系，并认为在入射角较小时，X 波段 VV 极化的后向散射系数与小麦成熟前一个月的生理参数变化存在较强的相关关系，这表明了利用雷达数据进行农作物监测和估产的可能性。Le Toan 等（1984）研究发现雷达后向散射系数与叶面积指数（LAI）存在一定的相关性，通过 LAI 可以建立雷达后向散射系数与农作物长势之间的关系。日本科学家利用多频极化散射计测量水稻在不同极化方式下的后向散射系数，测量结果表明 C 波段交叉极化与水稻的生物物理参数存在一定的相关性（Inoue et al., 2002）。雷达后向散射系数对农作物的生物量也很敏感（Freeman et al., 1994；Wegmuller, 1994；Dobson et al., 1995；Schotten et al., 1995；Shao et al., 1996；郭华东和邵芸，1997）。农作物参数反演的前期研究主要是通过统计分析建立农作物参数与雷达后向散射系数之间的相关关系，进而实现农作物参数反演。由于雷达回波来自农田这一散射场景，而非简单孤立的单一农作物，其强度取决于农田各组分的介电特性和空间几何特征。因此，仅仅通过统计分析建立雷达后向散射系数与农作物参数之间的定量关系缺乏理论基础，普适性比较差。

20 世纪八九十年代，遥感科学家发展了许多地物微波后向散射模型，其中植被散射模型的应用最为广泛。散射模型的研究旨在用数学物理方法精细刻画目标物的介电特性和空间几何特征以及它们与雷达后向散射系数之间的相互作用关系。Lang 和 Sidhu（1983）首次将变形波恩近似法用于研究单层随机离散介质，进而用于植被冠层研究。Ulaby 等详细系统地研究了植被的介电特性、衰减特性以及极化特征对植被的后向散射特性的影响（Allen and Ulaby，1984；Le Toan et al.，1984；Ulaby and Jelicka，1984；Ulaby and Wilson，1985），并在此基础上发展了著名的植被微波散射模型 MIMICS（Ulaby et al.，1990；McDonald and Ulaby，1993）。Karam 和 Fung（1988）研究了部分植被样本的电磁波散射特征。植被微波散射模型主要研究电磁波与植被的相互作用机制和过程，这些模型的研究大大提高了人们对于植被散射机制物理含义的理解，并使人们对植被雷达遥感有了更深刻的认识。鉴于此，研究者引入植被散射模型分析农作物参数与雷达回波信号之间的关系，在此基础上进行参数反演研究。Chauhan 等（1994）将离散散射模型用于玉米的散射特性研究。De Roo 等（2001）基于辐射传输模型并考虑到植被层的散射和衰减，发展了一种适用于 C、L 波段雷达数据的半经验前向散射模型，用来进行大豆土壤含水量的反演。Dabrowska-Zielinska 等（2007）利用水云模型分析 C、L 入射波条件下，地表和农作物对后向散射的贡献，并分析植被参数与后向散射系数的相关性，在此基础上建立参数反演的方法。Jiao 等（2011）利用 RADARSAT-2 全极化数据，提取并优选极化变量借助水云模型进行 LAI 反演，取得了较好的结果。化国强（2011）基于 RADARSAT-2 全极化数据，分析了后向散射特征参数与玉米生长参数之间的关系，并构建了玉米长势监测经验模型，用于监测玉米在不同生长期的长势情况。蔡爱民（2011）基于 RADARSAT-2 全极化数据，分析了极化特征参数与冬小麦、玉米 LAI、植株密度等参数之间的关系，并构建了冬小麦、玉米长势监测模型，实现对冬小麦、玉米在不同生长期的长势监测。

在农作物参数反演的基础上，通过构建作物参数与产量之间的关系可以实现农作物估产。目前主要是通过作物生理参数，如生物量（干重/鲜重）、叶面积指数，以及穗参数（如穗粒数、穗生物量）等，构建与产量之间的关系。Meriem 等（2016）研究了 RADARSAT-2 SAR 数据后向散射系数和小麦生物量之间的关系，并以此来反演小麦的产量。研究发现，小麦产量与 HH 极化呈线性关系，和 HH/VV 极化、HV/VV 极化以及 HV/HH 极化呈多项式关系，且相关系数均优于 0.6。Paurul 等（2006）ENVISAT C 波段交叉极化 SAR 后向散射系数对小麦进行逐步分析，揭示出冬小麦穗粒和其关系，从而进行产量评估。此外，由于产量除跟作物本身密切相关之外，还受到田间管理、气象、土壤等环境因素的影响，杨沈斌等（2008）、申双和等（2009）、Yang 等（2012）以及金秀良（2015）引入生长模型，通过考虑田间管理、气象、土壤、农田管理等因素的影响，实现高精度水稻、小麦等作物产量估算。

近年来，随着对地观测 SAR 系统的日益丰富以及干涉测量与极化干涉测量技术的不断成熟，干涉测量和极化干涉测量技术逐渐开始被用于农作物参数反演研究，主要进行农作物植株高度参数反演。Erten 等（2015）、Rossi 和 Erten（2015）、Zalite 等（2016）以及 Erten 等（2016）认为 TanDEM-X 干涉测量数据在农作物株高变化监测上有很大的潜力。然而该方法只有在后向散射特性非常稳定的区域才能提供足够高的干涉质量，在长时间周期内，农作物区域的相干性会降低（Bamler and Hartl，1998；Hanssen，2001；Erten et al.，2016）。另外，该方法未考虑植被相干性对 SAR 极化状态的强烈依赖性，限制了 SAR 干涉测量水稻株高反演的发展。

极化干涉（PolInSAR）研究始于 20 世纪 90 年代中期。Papathanassiou 和 Moreira

（1996）第一次利用美国 NASA/JPL 实验室的 SIR-C/X-SAR 数据详细研究了极化对相干性的影响，发现了相干性对极化存在强烈的依赖，并且提出极化干涉的概念。紧接着，提出了极化干涉的相干最优算法和基于相干最优的目标分解理论，进一步促进了极化干涉的理论基础的发展（Cloude and Papathanassiou，1997；Papathanassiou and Cloude，1997）。随后不同的研究者从不同的角度进行了基础理论、研究方法以及应用研究。目前基于 PolInSAR 的植被高度反演方法主要有两大类：通道差分法和模型解算法。通道差分法是通过直接选择或计算得到代表植被冠层散射和代表地表散射相位并作差，进而得到水稻株高。该方法计算简单，但选择和计算得到的代表植被冠层散射和代表地表散射分量并不准确，存在较大误差。模型解算法是基于极化干涉 SAR 散射模型开展的反演算法，该方法有其严密的物理模型的支撑，反演精度较为准确。目前采用的极化干涉 SAR 散射模型主要以双层散射模型应用最为广泛，而双层体散射主要有随机体散射/地表二层（RVoG）模型（Treuhaft and Siqueira，2000；Papathanassiou and Cloude，2001）、方向体散射（OVoG）模型（Treuhaft et al.，1996；Treuhaft and Cloude，1999）。对于农作物而言，作物层内部结构具有一定方向性，虽然 OVoG 模型更贴合真实场景，消光系数极化状态存在依赖性，但是这种依赖性并不强烈，而且 OVoG 模型应用需要许多假设，涉及参数多，导致对模型的推演和应用较困难。Erten 等（2016）、Lopez-Sanchez 等（2017）将 RVoG 模型用在水稻株高反演上。

目前，基于 PolInSAR 农作物株高反演主要有三点限制因素。

（1）极化干涉 SAR 数据获取困难，起初基于 PolInSAR 植被株高反演主要是利用微波暗室测量数据，目前更多地利用机载 SAR 数据，然而机载极化干涉 SAR 数据获取也比较困难。星载 SAR 数据对于农作物株高反演也有很多的限制因素。

（2）空间基线的影响。空间基线决定了在垂直坐标系下对微波散射剖面的系统敏感度，基线越长敏感度越高。对于森林树高反演来说，大部分树高超过 10m，因此不需要太长的空间基线。TanDEM-X 常规数据的空间基线为 200～300m，适用于森林树高估计（Kugler et al.，2014；Lee and Fatoyinbo，2015；Abdullahi et al.，2016），然而，对于相对低矮的农作物，如水稻、小麦等，TanDEM-X 的空间基线太短无法满足需求（Lopez-Sanchez and Ballester-Berman，2009）。Lopez-Sanchez 等（2017）基于 TanDEM-X 实验模式数据，空间基线为 2～3km，发展了极化干涉水稻植被株高反演算法，实现了水稻株高的高精度反演。

（3）时间去相干影响，主要是由植被生长、物候变化、气候因素（如风的影响）造成的（李震等，2014；Zhang et al.，2016）。机载 SAR 重访周期为几小时，因此时间去相干几乎可以忽略，但目前在轨的商业卫星大多是单站模式，重访周期较长，如 TerraSAR-X 重访周期为 11 天，Sentinel-1A 重访周期为 12 天，RADARSAT-2 重访周期为 24 天，对于生长相对较快的农作物目标而言，必须考虑时间去相干的影响。对于 TanDEM-X 双站模式，可以忽略时间去相干的影响。

参 考 文 献

蔡爱民，2011. 基于全极化 SAR 的典型旱作物散射机制分析与应用研究. 北京：中国科学院遥感应用研究所.

陈劲松，林辉，邵芸，2010. 微波遥感农业应用研究——水稻生长监测. 北京：科学出版社.

陈军，杜培军，谭琨，2014. 一种基于 Pauli 分解和支持向量机的全极化合成孔径雷达监督分类算法. 科学技术与工程，14（17）：104-108.

董彦芳，2005. 基于 ENVISAT ASAR 的水稻参数反演和面积测算研究. 北京：中国科学院遥感应用研究所.

樊平，宓小雄，吴建瓴，等，2012. 农地政策与农民权益. 北京：社会科学文献出版社.

郭华东，邵芸，1997. 航空双波段全极化 SAR 信息分析. 遥感学报，1（2）：32-39.

郭华东，等，2000. 雷达对地观测理论与应用. 北京：科学出版社.

郭佳，张宝林，高聚林，等，2019. 气候变化对中国农业气候资源及农业生产影响的研究进展. 北方农业学报，47（1）：105-113.

郭卫华，袁爱民，高民，等，2010. 浅议中国气候特点对农业发展的影响. 甘肃农业，2：54-55.

化国强，2011. 基于全极化 SAR 数据玉米长势监测及制图研究. 南京：南京信息工程大学.

贾学铭，2012. 中国气候的基本特征及其对农业发展的影响. 中学政史地：教学指导版，12：88-89.

金秀良，2015. 基于 Aqoa Crop 模型与多源遥感数据的北方冬小麦水分利用效率估算. 北京：中国农业科学院.

李映辉，2014. 浅议"土壤类型对农业生产的影响"——以我国典型农业区为例. 新课程教学（下），10：223.

李震，郭明，汪仲琼，等，2014. 星载重轨极化干涉 SAR 反演森林植被高度. 中国科学：地球科学，（4）：680-692.

邵芸，2000. 水稻时域散射特征分析及其应用研究. 北京：中国科学院遥感应用研究所.

申双和，杨沈斌，李秉柏，等，2009. 基于 ENVISAT ASAR 数据的水稻估产方案. 中国科学（D 辑：地球科学），39（6）：763-773.

舒士畏，1989. 雷达图像及其应用. 北京：中国铁道出版社.

覃志豪，唐华俊，李文娟，等，2013. 气候变化对农业和粮食生产影响的研究进展与发展方向. 中国农业资源与区划，34（5）：1-7.

徐茂松，张凤丽，夏忠胜，等，2012. 植被雷达遥感方法与应用. 北京：科学出版社.

杨沈斌，2008. 基于 ASAR 数据的水稻制图与水稻估产研究. 南京：南京信息工程大学.

遥感研究会，1993. 遥感精解. 刘勇卫，贺雪鸿译. 北京：测绘出版社.

张树敏，2012. 浅析我国农业的集约化经营. 中国经贸导刊，10：27-28.

Abdullahi S, Kugler F, Pretzsch H, 2016. Prediction of stem volume in complex temperate forest stands using TanDEM-X SAR data. Remote Sensing of Environment, 174：197-211.

Allen C T, Ulaby F T, 1984. Modeling the polarization dependence of the attenuation in vegetation canopies. Serasbourg: Proceedings of the 1984 International Geoscience and Remote Sensing Symposium (IGARSS 84).

Attema E P W, Ulaby F T, 1978. Vegetation models as cloude. Radio Science, 13（2）：357-364.

Bamler R, Hartl P, 1998. Synthetic aperture radar interferometry. Inverse Problems, 14（4）：1-54.

Baronti S, Delfrate F, Ferrazzoli P, et al., 1995. Sar polarimetric features of agricultural areas. International Journal of Remote Sensing, 16（14）：2639-2656.

Blaes X, Defourny P, Wegmuller U, et al., 2006. C-band polarimetric indexes for maize monitoring based on a validated radiative transfer model. IEEE Transactions on Geoscience and Remote Sensing, 44（4）：791-800.

Bouman B A, Uenkl D, 1992. Crop classification possibilities with radar in ERS-1 and JERS-1 configuration.

Remote Sensing of Environment, 40 (1): 1-13.

Bouvet A, Le Toan T, 2011. Use of ENVISAT/ASAR wide-swath data for timely rice fields mapping in the Mekong River Delta. Remote Sensing of Environment, 114 (1): 1090-1101.

Bouvet A, Le Toan T, Lam- Dao N, 2009. Monitoring of the rice cropping system in the Mekong Delta using ENVISAT/ASAR dual polarization data. IEEE Transactions on Geoscience and Remote Sensing, 47 (2): 517-526.

Brisco B, Protz R, 1980. Corn field identification accuracy using airborne radar image. Canadian Journal of Remote Sensing, 6 (1): 15-24.

Bush T F, Ulaby F T, 1978. An evaluation of radar as a crop classifier. Remote Sensing of Environment, 7 (1): 15-36.

Campbell F, Ryerson R, Brown R, 1995. A Canadian radar remote sensing program. CEOCARTO International, 10 (3): 3-8.

Chauhan N S, LeVine D M, Lang R H, 1994. Discrete scatter model for microwave radar and radiometer response to cone: comparison of theory and data. IEEE Transactions on Geoscience and Remote Sensing, 32 (2): 416-426.

Chen K S, Wu T D, Tsay M K, et al., 2000. A note on the multiple scattering in an IEM model. IEEE Transactions on Geoscience and Remote Sensing, 38 (1): 249-256.

Chiu T, Sarabandi K, 2000. Electromagnetic scattering from short branching vegetation. IEEE Transactions on Geoscience and Remote Sensing, 38 (2): 911-925.

Churchill P N, Attema E P W, 1992. The MAESTRO-1 European airborne polarimetric Synthetic Aperture Radar campaign. Proceedings of MAESTRO- 1/AGRISCATT final workshop. Noordwijk, The Netherlands: European Space Agency (ESA), 31: 1-11.

Cloude S R, Papathanassiou K P, 1997. Coherence optimization in polarimetric SAR interferometry. IEEE 1997 International Geoscience and Remote Sensing Symposium, Singapore, 4: 1932-1934.

Cloude S R, Pottier E, 1996. A review of target decomposition theorems in radar polarimetry. IEEE Transactions on Geoscience and Remote Sensing, 34 (2): 498-518.

Cloude S R, Williams M L, 2003. A coherent EM scattering model for dual baseline PolInSAR. Igarss 2003: IEEE International Geoscience and Remote Sensing Symposium, Vols I - Vii, Proceedings.

Dabrowska-Zielinska K, Inoue Y, Kowalik W, et al., 2007. Inferring the effect of plant and soil variables on C- and L-band SAR backscatter over agricultural fields, based on model analysis. Advances in Space Research, 39 (1): 139-148.

de Matthaeis P, Ferrazzoli P, Schiavon G, et al., 1992. Agriscatt and MAESTRO: multifrequency radar experiments for vegetation remote sensing. Proceedings of MAESTRO- 1/AGRISCATT: Radar Techniques for Forestry and Agricultural Applications, Final Workshop, The Netherlands. Paris, France: European Space Agency: 231-248.

De Roo R D, Du Y, Ulaby F T, et al., 2001. A semi-empirical backscattering model at L-band and C-band for a soybean canopy with soil moisture inversion. IEEE Transactions on Geoscience and Remote Sensing, 37 (4): 864-872.

Dobson M C, Ulaby F T, Hallikainen M T, et al., 1985. Microwave dielectric behavior of wet soil . 2. Dielectric mixing models. IEEE Transactions on Geoscience and Remote Sensing, 23 (1): 35-46.

Dobson M C, Ulaby F T, Pierce L E, 1995. Land- cover classification and estimation of terrain attributes using sythetic aperture radar. Remote Sensing of Environment, 51 (1): 199-214.

Erten E, Rossi C, Yuzugullu O, 2015. Polarization impact in TanDEM-X data over vertical oriented vegetation: the paddy-rice case study. IEEE Geoscience and Remote Sensing Letters, 12 (7): 1501-1505.

Erten E, Lopez-Sanchez J M, Yuzugullu O, et al., 2016. Retrieval of agricultural crop height from space: a comparison of SAR techniques. Remote Sensing of Environment, 187: 130-144.

Evans D L, Farr T G, van Zyl J J, et al., 1988. Radar polarimetry—analysis tools and applications. IEEE Transactions on Geoscience and Remote Sensing, 26 (6): 774-789.

Ferrazzoli P, 2002. SAR for agriculture: advances, problems and prospects. Proceedings of the Third International Symposium on Retrieval of Bio- and Geo- physical Parameters from SAR Data for Land Applications, 11-14 September, 2001 in Sheffield, UK. Noordwijk, Netherlands: ESA Publications Division: 47-56.

Freeman A, Villasenor J, Klein J D, et al., 1994. On the use of multi-frequency and polarimetric radar backscatter features for classification of agriculture crops. International Journal of Remote Sensing, 15 (9): 1799-1812.

Fung A K, 1994. Microwave scattering and emission models and their applications. Norwood, MA: Arech House.

Fung A K, Chen K S, 2010. Microwave scattering and emission models for users. Norwood, MA: Artech House.

Fung A K, Li Z Q, Chen K S, 1992. Backscattering from a randomly rough dielectric surface. IEEE Transactions on Geoscience and Remote Sensing, 30 (2): 356-369.

Fung A K, Ulaby F T, 1978. Scatter model for leafy vegetation. IEEE Transactions on Geoscience and Remote Sensing, 16 (4): 281-286.

Gherboudj I, Magagi R, Berg A A, et al., 2011. Soil moisture retrieval over agricultural fields from multi-polarized and multi-angular RADARSAT-2 SAR data. Remote Sensing of Environment, 115 (1): 33-43.

Graham A J, Harris R, 2002. Estimating crop and waveband specific water cloud model parameters using a theoretical backscatter model. International Journal of Remote Sensing, 23 (23): 5129-5133.

Graham A J, Harris R, 2003. Extracting biophysical parameters from remotely sensed radar data: a review of the water cloud model. Progress in Physical Geography, 27 (2): 217-229.

Guo H D, Wang C, Liao J J, et al., 1995. Dual-frequency and Quad-polarization SAR observations in Zhaoqing region, China. Geocarto International, 10 (3): 79-86.

Guo H D, Zhu L P, Shao Y, et al., 1996. Detection of structure and lithological features underneath a vegetation canopy using SIR- C/X- SAR data in Zhaoqing test site of Southern China. Journal of Geophysical Research, 101 (E10): 23101-23108.

Hallikainen M T, Ulaby F T, Dobson M C, et al., 1985. Microwave dielectric behavior of wet soil- Part I: empirical models and experimental observations. IEEE Transactions on Geoscience and Remote Sensing, 23 (1): 25-34.

Hanssen F R, 2001. Radar interferometry: data interpretation and error analysis. Netherlands: Kluwer Academic Publishers.

Huang X, Wang J, Shang J, et al., 2017. Application of polarization signature to land cover scattering mechanism analysis and classification using multi-temporal C-band polarimetric RADARSAT-2 imagery. Remote Sensing of Environment, 193: 11-28.

Inoue Y, Kurosu T, Maeno H, et al., 2002. Season-long daily measurements of multifrequency (Ka, Ku, X, C, and L) and full- polarization backscatter signatures over paddy rice field and their relationship with biological variables. Remote Sensing of Environment, 81: 194-204.

Jiao X, Kovacs J M, Shang J, et al., 2014. Object- oriented crop mapping and monitoring using multi- temporal polarimetric RADARSAT-2 data. Isprs Journal of Photogrammetry & Remote Sensing, 96 (96): 38-46.

Jiao X F, McNairn H, Shang J L, et al., 2011. The sensitivity of RADARSAT-2 polarimetric SAR data to corn and soybean. Canadian Journal of Remote Sensing, 37 (1): 69-81.

Karam M A, Fung A K, 1988. Electromagnetic scattering from a layer of finite length, randomly oriented, dielectric, circular-cylinders over a rough interface with application to vegetation. International Journal of Remote Sensing, 9 (6): 1109-1134.

Karam M A, Fung A K, Antar Y M M, 1988. Electromagnetic-wave scattering from some vegetation samples. IEEE Transactions on Geoscience and Remote Sensing, 26 (6): 799-808.

Kugler F, Schulze D, Hajnsek I, et al., 2014. TanDEM-X Pol-InSAR performance for forest height estimation. IEEE Transactions on Geoscience and Remote Sensing, 52 (10): 6404-6422.

Lang R H, Sidhu J S, 1983. Electromagnetic backscattering from a layer of vegetation—a discrete approach. IEEE Transactions on Geoscience and Remote Sensing, 21 (1): 62-71.

Le Toan T, 2007. Introduction to SAR remote sensing. https://earth.esa.int/landtraining07/D1LA1-Le-Toan.pdf.

Le Toan T, Lopes A, Huet M, 1984. On the relationships between radar backscattering coefficient and vegetation canopy characteristics. Proceedings of the 1984 International Geoscience and Remote Sensing Symposium. Strasbourg, France. New York: Institute of Electrical and Electronics Engineers (IEEE), SP-215: 155-160.

Le Toan T, Ribbes F, Wang L F, et al., 1997. Rice crop mapping and monitoring using ERS-1 data based on experiment and modeling results. IEEE Transactions on Geoscience and Remote Sensing, 35 (1): 41-56.

Lee S K, Fatoyinbo T E, 2015. TanDEM-X Pol-InSAR inversion for mangrove canopy height estimation. IEEE Journal of Selected Topics in Applied Earth Observations and Remote Sensing, 8 (7): 3608-3618.

Li K, Brisco B, Shao Y, et al., 2012. Polarimetric decomposition with RADARSAT-2 for rice mapping and monitoring. Canadian Journal of Remote Sensing, 38 (2): 169-179.

Lin H, Chen J S, Pei Z Y, et al., 2009. Monitoring sugarcane growth using ENVISAT ASAR data. IEEE Transactions on Geoscience and Remote Sensing, 47 (8): 2572-2580.

Lin Y C, Sarabandi K, 1999. A Monte Carlo coherent scattering model for forest canopies using fractal-generated trees. IEEE Transactions on Geoscience and Remote Sensing, 37 (1): 440-451.

Liu C, Shang J, Vachon P W, et al., 2013. Multiyear crop monitoring using polarimetric RADARSAT-2 data. IEEE Transactions on Geoscience and Remote Sensing, 51 (4): 2227-2240.

Liu L, Yun Shao, Kun Li, et al., 2017. Modeling the scattering behavior of rice ears. IEEE Geoscience and Remote Sensing Letters, 14 (4): 579-582.

Lopez-Sanchez J M, Ballester-Berman J D, 2009. Potentials of polarimetric SAR interferometry for agriculture monitoring. Radio Science, 44 (2): 30-44.

Lopez-Sanchez J M, Vicente-Guijalba F, Erten E, et al., 2017. Retrieval of vegetation height in rice fields using polarimetric SAR interferometry with TanDEM-X data. Remote Sensing of Environment, 192: 30-44.

McDonald K C, Ulaby F T, 1993. Radiative transfer modeling of discontinuous tree canopies at microwave frequencies. International Journal of Remote Sensing, 14 (11): 2097-2128.

McNairn H, Duguay C, Brisco B, et al., 2002. The effect of soil and crop residue characteristics on polarimetric radar response. Remote Sensing of Environment, 80 (2): 308-320.

McNairn H, Shang J L, Jiao X F, et al., 2009. The contribution of ALOS PALSAR multipolarization and polarimetric data to crop classification. IEEE Transactions on Geoscience and Remote Sensing, 47 (12): 3981-3992.

Meriem B, Karem C, Riadh A, et al., 2016. Yield estimation of the winter wheat using Radarsat 2 polarimetric

SAR reponse. 2016 2nd International Conference on Advanced Technologies for Signal and Image Processing (ATSIP), Singapore, 4: 1932-1934.

Papathanassiou K P, Cloude S R, 1997. Polarimetric effects in Repeat-Pass SAR-interferometry. IEEE 1997 International Geoscience and Remote Sensing Symposium, Singapore, 4: 1926-1928.

Papathanassiou K P, Cloude S R, 2001. Single baseline polarimetric SAR interferometry. IEEE Transactions on Geoscience and Remote Sensing, 39 (11): 2352-2363.

Papathanassiou K P, Moreira J R, 1996. Interferometric analysis of multifrequency and multipolarization SAR data. IEEE 1996 International Geoscience and Remote Sensing Symposium, Lincoln, NE, USA, 2: 1227-1229.

Paurul P, Hari S S, Ranganath R N, 2006. Estimating wheat yield an approach for estimating number of grains using cross-polarised ENVISAT-1 ASAR data. Microwave Remote Sensing of the Atmosphere and Environment V, Proceeding of SPIE, India, 6410: 1-12.

Riedel T, Liebeskind P, Schmullius C, 2002. Seasonal and diurnal changes of polarimetric parameters from crops derived by the Cloude decomposition theorem at L-band. Geoscience and Remote Sensing Symposium. IGARSS'02, 5: 2714-2716.

Rossi C, Erten E, 2015. Paddy-rice monitoring using TanDEM-X. IEEE Transactions on Geoscience and Remote Sensing, 53 (2): 900-910.

Saatchi S S, Treuhalf R, Dobson M C, 1994. Estimation of leaf area index over agricultural areas from polarimetric SAR images. International Geoscience and Remote Sensing Symposium, 2: 826.

Schotten C G J, van Rooy W W L, Janssen L L F, 1995. Assessment of the capabilities of multi-temporal ERS-1 SAR data to discriminate between agricultural crops. International Journal of Remote Sensing, 16 (14): 2619-2637.

Shao Y, Guo H D, Liu H, et al., 1996. GlobleSAR data for agriculture application- potentials and limitations. Proceedings of Second Asia Regional GlobleSAR Workshop, Thailand: 32-45.

Shao Y, Liao J J, Wang C Z, 2002. Analysis of temporal radar backscatter of rice: a comparison of SAR observations with modeling results. Canadian Journal of Remote Sensing, 28 (2): 128-138.

Stofan E R, Evans D L, Schmullius C, 1995. Overview of results of spaceborne imaging radar- C, X- band synthetic aperture radar (SIR-C/X-SAR). IEEE Transactions on Geoscience and Remote Sensing, 33 (4): 817-828.

Thirion L, Colin E, Dahon C, 2006. Capabilities of a forest coherent scattering model applied to radiometry, interferometry, and polarimetry at P- and L-band. IEEE Transactions on Geoscience and Remote Sensing, 44 (4): 849-862.

Toure A, Thomson K P B, Edwards G, et al., 1994. Adaptation of the mimics backscattering model to the agricultural context-wheat and canola at L and C bands. IEEE Transactions on Geoscience and Remote Sensing, 32 (1): 47-61.

Treuhaft R N, Cloude S R, 1999. The structure of oriented vegetation from polarimetric interferometry. IEEE Transactions on Geoscience and Remote Sensing, 37 (5): 2620-2624.

Treuhaft R N, Siqueira P R, 2000. Vertical structure of vegetated land surfaces from interferometric and polarimetric data. Radio Science, 35 (1): 141-177.

Treuhaft R N, Madsen S N, Moghaddam M, et al., 1996. Vegetation characteristics and underlying topography from interferometric radar. Radio Science, 31 (6): 1449-1485.

Tsang L, Kong J A, Shin R T, 1985. Theory of microwave remote sensing. New York: Wiley-Interscience.

Ulaby F T, Elachi C, 1990. Radar polarimetry for geoscience applications. Boston：Artech House Inc.

Ulaby F T, Bush T F, 1976. Monitoring wheat growth with radar. Photogrammetric Engineering and Remote Sensing, 42（4）：557-568.

Ulaby F T, Jelicka R P, 1984. Microwave dielectric properties of plant materials. IEEE Transactions on Geoscience and Remote Sensing, GE-22（4）：406-414.

Ulaby F T, Long D G, 2014. Microwave radar and radiometric remote sensing. Ann Arbor：the University of Michigan Press.

Ulaby F T, Moore R K, Fung A K, 1982. Microwave remote sensing：active and passive. Volume 2- Radar remote sensing and surface scattering and emission theory. Norwood, MA：Addison-Wesley.

Ulaby F T, Moore R K, Fung A K, 1986. Microwave remote sensing：active and passive. Volume 3- From theory to applications. Dedham, Massachusetts：Artech House.

Ulaby F T, Sarabandi K, Mcdonald K, et al., 1990. Michigan microwave canopy scattering model. International Journal of Remote Sensing, 11（7）：1223-1253.

Ulaby F T, Wilson E A, 1985. Microwave attenuation properties of vegetation canopies. IEEE Transactions on Geoscience and Remote Sensing, GE-23（5）：746-753.

van Zyl J J, Zebker H A, Elachi C, 1987. Imaging radar polarization signatures：theory and observation. Radio Science, 22（4）：529-543.

Wang X Q, Wang Q M, Ling F L, et al., 2006. ENVISAT ASAR data for agriculture mapping in Zhangzhou, Fujian Province. China ESA Special Publications, 611：335-341.

Wegmuller U, 1994. Active and passive microwave signature catalogue on bare soil（2- 12GHz）. IEEE Transactions on Geoscience and Remote Sensing, 32（3）：698-702.

Williams M L, 2006. A coherent polarimetric SAR simulation of forests for PolSAR Pro-design document and algorithm specification：22-26.

Wu Z S, Zhang Y D, 2003. Backscattering enhancement from very rough surfaces based on integral equation model. Ocean Remote Sensing and Applications, 4892：455-461.

Yang S, Shen S, Zhao X, 2012. Assessment of RADARSAT-2 quad- polarization SAR data in rice crop mapping and yield estimation. Proceedings of SPIE—The International Society of Optical Engineering, 8513：6.

Zalite K, Antropov O, Praks J, et al., 2016. Monitoring of agricultural grasslands with time series of X- band repeat- pass interferometric SAR. IEEE Journal of Selected Topics in Applied Earth Observations and Remote Sensing, 9（8）：3687-3697.

Zebker HA, van Zyl J J, 1991. Imaging radar polarimetry：a review. Proceedings of the IEEE, 79（11）：1583-1606.

Zhang Q, Liu T D, Ding Z G, et al., 2016. A modified three- stage inversion algorithm based on R-RVoG model for Pol- InSAR data. Remote Sensing, 8（10）：861.

第2章 基于微波散射模型的
典型农作物散射机理分析

由于微波电磁波与农作物之间的相互作用十分复杂，而且微波波段比人眼可见光波段更长，所以雷达遥感不如光学遥感那样形象直观，易于理解。农作物雷达后向散射系数与系统参数、作物植株参数以及地表参数均相关，因此，深入理解农作物与微波电磁波的相互作用机理（散射机理）是利用雷达遥感开展农业应用的基础。为了对这个复杂的过程进行理解并开展应用研究，研究人员通过对植被微波散射特性的研究，建立了植被微波散射模型。植被微波散射模型可以较为真实地模拟农作物植株形态，并基于辐射传输等理论模拟植株与微波电磁波的相互作用，进而计算出农作物后向散射特性。

本章首先简单介绍几种植被微波散射模型，并利用积分方程模型、密歇根植被散射模型以及 Monte Carlo 模型，分析农作物的散射机理，阐述模型模拟在分析地物目标散射机理中的必要性和基于经典模型研究作物散射机理的不足与局限性。

2.1 植被微波散射模型

2.1.1 介电模型

微波遥感除了像光学和红外遥感一样测量地物的表面结构特征和频谱信息外，还可以利用微波的穿透性探测表层下一定深度的物质特性。微波遥感所获取的信息不仅包括了目标表面几何结构，而且还包括物质内部的物理特性。从电磁学的角度而言，物质的区别主要体现在相对介电常数的不同，而介电常数是描述电磁场与物质相互作用的一个宏观参量。

植被的介电特性研究是植被微波散射机理研究的主要内容之一，它是进行植被微波散射模型研究的基础。

植被是由不同种类物质组成的混合介质。如果对介质混合模型（Polder and van Santen, 1946; De Loor, 1968; Tinga et al., 1973; Ulaby et al., 1986）所要求的介质体小于波长的限制放宽，植被的介电常数可以利用各组成部分的介电常数及其体积百分率建立等效植被介电常数近似模型计算获得（Ulaby et al., 1983）。介质混合模型主要分为两大类，一类与介质的结构有关，根据介质的微观结构，对微粒极化进行理论建模；另一类与介质的结构无关，通过建立适当的数学函数模型来计算介电常数。最常用的与介质结构无关的

混合模型为

$$(\boldsymbol{\varepsilon}_{rm})^a = \sum_i v_i\,(\boldsymbol{\varepsilon}_{ri})^a \tag{2.1}$$

式中，$\boldsymbol{\varepsilon}_{rm}$ 为混合介质的有效介电常数，$\boldsymbol{\varepsilon}_{ri}$ 和 v_i 分别为第 i 个组分的介电常数及其体积百分率，故有 $\sum_i v_i = 1$，a 为经验常数，称为模型的幂次，$0 < a \leqslant 1$，当 $a = 1$ 时，混合介质的有效介电常数与各组分的体积比呈线性关系。对于水合干土的混合物，a 一般取值为 0.5。

一般认为，植被是空气和植物材料组成的混合物。根据植被两相混合物折射模型，植被的介电常数公式为（Ulaby and EL-Rayes，1987）：

$$\sqrt{\boldsymbol{\varepsilon}_c} = \boldsymbol{\varepsilon}_{air} + v_v(\sqrt{\boldsymbol{\varepsilon}_v} - \sqrt{\boldsymbol{\varepsilon}_{air}}) \tag{2.2}$$

式中，$\boldsymbol{\varepsilon}_c$、$\boldsymbol{\varepsilon}_{air}$ 和 $\boldsymbol{\varepsilon}_v$ 分别为植被、空气和植物材料的介电常数；v_v 为植物材料的体积含量。

空气的介电常数比较简单，因此，计算植被的介电常数关键在于计算植物材料的介电常数。一般情况下都将植物材料看成是植物本体与水的简单混合物，其中水又分为结合水和自由水两部分。结合水是指被物理力紧紧束缚在有机分子中的水分子；自由水则是能自由移动的水分子，二者的介电特性不同。因此，从介电性质上看，植物材料由植物本体、自由水和结合水三部分组成。

1. 植物本体的介电常数

将各种干植物材料的介电常数测量结果当作植物本体介电常数 $\boldsymbol{\varepsilon}_v$，得到 $1.5 \leqslant \varepsilon_v' \leqslant 2.0$，$\varepsilon_v'' \leqslant 0.1$，其中 ε_v' 为植物本体介电常数实部；ε_v'' 为植物本体介电常数虚部。这些值的有效范围是 $1.5\text{GHz} \leqslant f \leqslant 20\text{GHz}$，$T = 22℃$。可以看出，植物本体的介电常数与频率无关，一般认为 $\boldsymbol{\varepsilon}_v$ 也与温度无关。

2. 自由水的介电常数

自由水的介电特性与液态水相同。因为植物中的自由水含有溶解的盐，一般把这种自由水作为盐水处理，目前常用 Debye 公式来描述含盐水的介电常数与频率之间的关系：

$$\begin{aligned}
\varepsilon_f' &= \varepsilon_{f\infty} + \frac{\varepsilon_{fs} - \varepsilon_{f\infty}}{1 + (2\pi f \tau)^2} \\
\varepsilon_f'' &= \frac{2\pi f \tau(\varepsilon_{fs} - \varepsilon_{f\infty})}{1 + (2\pi f \tau)^2} + \frac{\sigma}{2\pi \varepsilon_0 f}
\end{aligned} \tag{2.3}$$

式中，下标 f 为自由水；ε_{fs} 和 $\varepsilon_{f\infty}$ 分别为静态介电常数和无限大频率时的介电常数，通常 $\varepsilon_{f\infty} = 4.9\text{F/m}$，$\varepsilon_0 = 8.854 \times 10^{-12}\text{F/m}$ 时，为自由空间介电常数；τ 为自由水松弛时间，s，它表示自由水从开始极化到达极化最终状态所用的时间；f 为电磁波频率，GHz；σ 为自由水溶液的离子电导率，S/m。

自由水溶液介电常数与温度及含盐量的关系主要体现在它们对 ε_{fs}、τ 和 σ 的影响上，其中 ε_{fs} 和 τ 随着温度 T 和盐度 s 的变化关系，由一多项式函数给出。σ 与盐度 s 的关系为

$$\sigma \approx 0.16s - 0.0013s^2 \tag{2.4}$$

在盐度 $s \leqslant 10‰$，温度 $T = 22℃$ 条件下，Debye 公式可以写成：

$$\boldsymbol{\varepsilon}_f = 4.9 + \frac{75}{1 + \mathrm{j}f/18} - \mathrm{j}\frac{18\sigma}{f} \tag{2.5}$$

3. 结合水的介电常数

由于水的松弛频率（松弛时间的倒数）在微波波段，水的介电常数在此频段受到频率

的强烈影响。而且水的介电常数受到温度的影响也主要由松弛频率随温度的迅速变化所致。如0℃时水的松弛频率为9GHz，20℃时变为17GHz。因此，水的松弛频率对水的介电常数影响至关重要。松弛时间由水分子与环境的相互作用和温度 T 决定。一般认为水分子在受到非电磁力（如物理力）的作用时，它对施加电场的响应受到这些力的阻碍。这些力具有与增加松弛时间相同的效果，因此结合水分子的松弛时间大于自由水分子的松弛时间。相应地，结合水的松弛频率 $f = (2\pi\tau)^{-1}$ 显著低于自由水的松弛频率。

为了得到结合水介电常数的实验数据，Ulaby 等测量了蔗糖水溶液的介电常数。根据实验结果得到的结合水介电常数的 Debye 方程为

$$\varepsilon_b = \varepsilon_{b\infty} + \frac{\varepsilon_{bs} - \varepsilon_{b\infty}}{1 + (jf/f_{bo})^{1-\alpha}} \tag{2.6}$$

式中，下标 b 为结合水；α 为松弛参数，它是描绘松弛时间分布的经验数；其他参数意义同式（2.3）说明。

通过选择适合测量数据的 *Debye* 公式参数，得到：

$$\varepsilon_{b\infty} = 2.9, \ \varepsilon_{bs} = 57.9, \ f_{bo} = 0.18GHz, \ \alpha = 0.5$$

因此式（2.3）可以写为

$$\varepsilon_b = 2.9 + \frac{55}{1 + (jf/0.18)^{0.5}} \tag{2.7}$$

由式（2.7）计算的结合水介电常数与通过测量蔗糖水溶液反演的结合水介电常数值非常符合，二者之间的线性相关系数为0.99（*Ulaby and EL-Rayes*, 1987）。

由此可见，*Debye* 方程中的参数对于自由水和结合水显著不同，结合水松弛频率比自由水低两个数量级，结合水的松弛参数 α 为0.5，自由水为0。

当把植物材料看作是植物本体、结合水、自由水三部分组成的混合物时，其介电常数公式为

$$\varepsilon_v = \varepsilon_r + v_{fw}\varepsilon_f + v_b\varepsilon_b \tag{2.8}$$

式中，ε_r 为植物本体的介电常数；v_{fw} 和 ε_f 为自由水的体积含量及其介电常数；v_b、ε_b 为结合水和与其结合的植物的体积含量及结合水的介电常数。将自由水、结合水介电常数公式代入，得到室温 $T = 22$℃时的植物介电常数公式：

$$\varepsilon_v = \varepsilon_r + v_{fw}\left[4.9 + \frac{75}{1 + jf/18} - j\frac{18\sigma}{f}\right] + v_b\left[2.9 + \frac{55}{1 + (jf/0.18)^{0.5}}\right] \tag{2.9}$$

一般把式（2.9）称为植物的 Debye-Cole 双频色散模型。

模型式（2.6）中自由水和结合水的体积含量 v_{fw} 和 v_b 很难确定，很多文献中给出的物理模型都是在不可能的假设条件下取得的。Ulaby 等对玉米叶子进行了广泛测量，测量的湿度范围是重量含水量 $M_g(\%)$ 的4%~68%，频率范围是0.5~20.4GHz，根据测量结果与 Debye-Cole 双频色散模型的比较，得到了模型参数与重量含水量 M_g 的关系：

$$\varepsilon'_r = 1.7 - 0.74M_g + 6.16M_g^2 \tag{2.10}$$

$$v_{fw} = M_g(0.55M_g - 0.076) \tag{2.11}$$

$$v_b = 4.64M_g^2/(1 + 7.36M_g^2) \tag{2.12}$$

$$\sigma = 1.27 \tag{2.13}$$

模型式（2.6）及其辅助公式［式（2.10）～式（2.13）］计算出的玉米叶子的介电常数与实测值的线性相关系数为 0.99。但是，该模型的建立只是基于对一种植物材料（玉米叶子）的测量，它不能完全反映所有植物材料的介电特性。此模型用于其他植物材料，介电常数的计算值与实测值的误差为 ±20%。

除此之外，植物材料介电常数的其他模型有如下几种。

（1）将植物材料看作由植物本体（ε_r）、空气（ε_a）和任意指向针形水内含物（ε_{we}）组成的，构建三相混合模型，公式为

$$\varepsilon_v = \varepsilon_r + v_a(1-\varepsilon_b)(5\varepsilon_r+1)/3(\varepsilon_r+1) + \\ m_v(\varepsilon_{we}-\varepsilon_b)(5\varepsilon_r+\varepsilon_{we})/3(\varepsilon_r+\varepsilon_{we}) \tag{2.14}$$

式中，m_v 为整个植物材料的体积含水量，%；v_a 为空气体积含水量，%。

（2）将植物材料看作由植物本体、空气、自由水、结合水四部分组成的，构建四相混合模型，公式为

$$\sqrt{\varepsilon_v} = v_a + v_{fw}\sqrt{\varepsilon_w} + v_{bw}\sqrt{\varepsilon_{bw}} + (1-m_v-v_a)\sqrt{\varepsilon_r} \tag{2.15}$$

式中，ε_{bw} 为结合水介电常数。

（3）将植物材料看作由干植物（ε_{dv}）与盐水（ε_{sw}）组成的两相混合物，应用折射模型，有

$$\sqrt{\varepsilon_v} = \sqrt{\varepsilon_{dv}} + m_v(\sqrt{\varepsilon_{sw}} - \sqrt{\varepsilon_{dv}}) \tag{2.16}$$

2.1.2　植被散射模型

目前，常用的植被微波散射模型大致分为两类，一是连续随机介质模型，二是离散随机介质模型，这两类模型都是将植被作为随机介质。

连续随机介质模型把植被模拟成地面之上连续的自由介质，植被层用体衰减和体散射系数，或相关函数描述。Bush 和 Ulaby 的模型中将植被层作为同构的介电平板，其介电常数由空气和植被的混合介电方程计算。植被层的衰减和散射系数可用经验公式计算，它们与植株水分含量的平方根和冠层高度的幂成比例（Bush and Ulaby，1976）。Attema 和 Ulaby（1978）提出的水云模型将植被层模拟成包含同质水珠的集合体。Hoekman 等（1982）将水云模型扩展成多层模型，用来模拟一些作物如抽穗的小麦、玉米等的雷达截面。这些模型中的衰减和散射系数可利用回归方程从水分含量估计出来。后来 Ulaby 等修改了叶子层的散射和衰减系数模型，将它们表示为叶面积指数（leaf area index，LAI）的函数，因此可以从雷达数据上估计 LAI（Ulaby et al.，1984）。上述模型中下地表的贡献用地表参数的经验表达式描述，用辐射传输理论求解后向散射系数。同时其他基于波动理论的连续植被模型也得到了发展，在这些模型中植被被当成介电常数连续波动的连续介质，因此植被组分之间的多次散射可以得到一定的解释描述。这些模型使用严格的理论计算后向散射系数，且不依赖于经验常数。但是某些模型参数难以测定，如植被所占的体积等。总的来说，波动理论适合于散射较弱的介质，它们的介电常数波动部分相对于介质的平均值比较小。

连续随机介质模型在微波信号与植被特征参数方面不够清晰、直观，往往达不到遥感

提取目标参数的目的，因而在植被散射研究中，离散随机介质模型受到越来越多的关注。

离散随机介质模型把植被层看作是自由分布的离散散射体的集合，如茎、叶等，它们被模拟成具有一定的介电特性、形状、大小、空间趋向及其方向分布的圆片、圆柱等几何体。因此，离散随机介质模型可以直观而确切地与植被的生物物理参数建立关系。离散随机介质模型的建立通常采用两种方式：波的解析理论和矢量辐射传输理论（VRT）。波的解析理论是基于 Maxwell（麦克斯韦）方程组分析地物的散射特性并建立模型，但是用该理论有一个前提：散射体的介电常数与背景的介电常数相差不大，并且散射体的占空也不大。在这样的前提条件下，散射模型所使用的植被结构种类受到很大的限制。因此，波的解析理论的应用范围并不大。

矢量辐射传输理论是研究电磁辐射在不均匀和随机介质中多次散射、吸收、传播的理论。近年来，随着探测手段和技术的不断发展，以及计算机数值计算的日益普遍，VRT 理论取得了很大的进展。Schuster 于 1905 年首先提出 VRT 理论，目的是解释恒星谱中吸收和发射线（Jin, 1993）。之后，辐射传输理论一直主要由物理学家研究。辐射传输理论是从散射介质的传输方程出发，由散射、吸收、多次散射和源的贡献，考虑强度的叠加，而不是场的叠加。它的方程物理意义明确，更重要的是它能计算多次散射，这一点优于严格的波的解析理论，因为用波的解析理论得到的多次散射场是一个无穷级数，很难在数值计算上，而不只是在形式上，得到多次散射的结果。

矢量辐射传输理论的基本思路是依据能量守恒原理，将电磁波在散射介质内发生的物理过程以微分量的形式表示出来，即散射介质中辐射强度的改变是由散射、吸收和辐射等作用共同决定的。在 VRT 中，用矢量强度 $\boldsymbol{I}$ 来描述电磁波在随机介质中的吸收、散射和传播。任意椭圆极化波均可以分解为两个线性极化波的叠加，即 $\boldsymbol{E}=\boldsymbol{E}_v v+\boldsymbol{E}_h h$，表示垂直与水平的极化分量，振幅不同，也有相位的不同，用矩阵表示为 $\boldsymbol{I}=(I_v,\ I_h,\ U,\ V)^{\mathrm{T}}$。

其中 I_v、I_h、U、V 分别表示四个修正的 Stokes 参数，定义为

$$\boldsymbol{I}=\begin{bmatrix} I_v \\ I_h \\ U \\ V \end{bmatrix}=\frac{1}{\eta_0}\begin{bmatrix} |\boldsymbol{E}_v|^2 \\ |\boldsymbol{E}_h|^2 \\ 2\mathrm{Re}(\boldsymbol{E}_v\boldsymbol{E}_h^*) \\ 2\mathrm{Im}(\boldsymbol{E}_v\boldsymbol{E}_h^*) \end{bmatrix} \tag{2.17}$$

1970 年以前，唯一的定性定量地描述植被覆盖地表散射的模型是 Peake 模型（Peake, 1959），假设植被层包括竖直自由分布的细长圆柱体。圆柱的直径远小于波长，被当作半无限长圆柱。Peake 模型忽视下地表的散射，认为圆柱对入射波有很强的衰减作用。这个模型在高频时是正确的，但是低频时不适合。Engheta 和 Elachi（1982）发展了一个理论模型，地表面与植被层间的多次散射得以考虑，植被层被当作均匀分布的球体，远小于波长。模型表明体散射和地表的斜反射是构成总体后向散射的重要成分。Lang 和 Sidhu（1983）将植被层当作圆片组成的厚板，圆片后向散射系数密度为一常数。Karam 和 Fung（1988）提出一个模型，将落叶植被看作是地面上随意分布的有限长介电圆柱的集合。用辐射传输方程的一阶解将圆柱的散射与地面的散射建立关系，发现角度分布和圆柱尺寸对后向散射信号都有显著的影响。这些模型都是假设植被层主要来自叶子和树枝的散射，比

较适合作物和森林冠层的研究。1988 年，Ulaby 等（1988）提出的 MIMICS 模型是离散物理模型的典型代表，它是根据一阶辐射传输理论提出的两层模型，即树冠层和树干层。

2.1.2.1　水云模型

水云模型是由 Attema 和 Ulaby（1978）最先提出的。该模型基于辐射传输理论，将植被处理为一层浮于土壤表面上的、形状和大小相同的、均匀分布的散射体，并由其构成具有一定厚度的消光介质，这些散射体类似于水分子一样，均匀地分布在整个植被空间，像云一样，如图 2.1 所示。

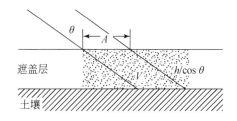

图 2.1　水云模型对遮盖层的模型化

θ-雷达波束入射角；A-照射面积；V-植被层体积含水量；h-遮盖层（植被层）高度

水云模型简洁地描述了植被覆盖地表的散射机理，认为植被覆盖地表的雷达回波由两部分组成，一是植被直接散射回来的体散射，二是经过植被双层衰减后的土壤后向散射。其常用表达式为

$$\sigma_{pp}^0 = \sigma_{ppv}^0 + L_{pp}^2 \sigma_{pps}^0 \tag{2.18}$$

式中，σ_{pp}^0 为总的后向散射系数；σ_{ppv}^0 为体散射部分；σ_{pps}^0 为地表散射部分；L_{pp}^2 为双层衰减系数。体散射和双层系数的表达式如下：

$$\sigma_{ppv}^0 = 0.75\omega\cos(1-L_{pp}^2) \tag{2.19}$$

$$L_{pp} = \exp(-2\tau\sec\theta) \tag{2.20}$$

式中，ω 为植被单散射反照率；τ 为植被光学厚度。

研究表明，τ 可由植被水获得

$$\tau = b \times W_c \tag{2.21}$$

式中，b 为植被结构参数；W_c 为植被水。

水云模型将后向散射系数直接用土壤含水量、植被含水量和植株高度等易获取的参数来描述，简洁而实用，得到广泛的应用，尤其是在植被参数反演方面（Attema and Ulaby，1978；Graham and Harris，2003）。但是，水云模型仅仅考虑单次散射，忽视了冠层-地表之间的多次散射，这在一些农作物覆盖下及特定波长情况下，会造成较大的误差。

2.1.2.2　MIMICS 模型

为了定量研究和正确理解植被结果各部分对微波后向散射的影响，Ulaby 于 1988 年首次提出了基于辐射传输理论一阶解的微波植被散射模型，即 MIMICS（michigan microwave canopy scattering）模型，它是目前应用最为广泛的植被散射模型（Ulaby et al.，1988）。

1. 模型结构及参数

MIMICS 模型把植被分为三个层，第一层为植被冠层，第二层为树干层，第三层为地表层，其中植被冠层又包含树枝、树叶或针叶。

MIMICS 模型中的每一层都用具体的参数模型化。植被冠层被模型化为椭球体，用高度和直径来衡量；其中的树枝还有针叶被模型化为具有一定介电常数的圆柱体，用圆柱体直径、长度和轴线方向为参数的联合概率密度函数来表达。叶子模型化为圆片，用直径、厚度和页面法向量为参数的联合概率密度函数来表达。对于针叶来说，模拟成圆柱体，用针叶直径和针叶长度两个参数来描述。树干层模型化为高度和直径相同的具有一定方向的圆柱体，也是用参数的概率密度函数来表达。单位面积上树木的数量用密度来衡量，而且假设树木在水平方向随机分布。地面认为是粗糙表面，粗糙度用相关长度和均方根高度来衡量，地表上面还可能有水等覆盖物。除了上述几何参数之外，还有各个组分的介电常数和含水量、干重等物理参数以及环境参数、传感器系统参数等。该模型共有 41 个输入参数。

2. 模型的适用条件及应用

现在 MIMICS 模型有三种。最早的是 MIMICS Ⅰ，它适用于冠层水平连续类型，也就是比较茂密的森林等，树与树冠层之间间隔很小。MIMICS Ⅰ 仅考虑了一级散射的一部分。MIMICS Ⅱ 适用于水平方向冠层不连续的植被，也就是比较稀疏的植被类型，个体之间的间隔较大。MIMICS Ⅱ 考虑到了所有的一级散射。MIMICS Ⅲ 融入了叶片弯曲度，树干表面粗糙度的影响，还考了了高次散射。MIMICS 模型可以广泛应用于各种树木散射场的估计。此外，去掉模型的某些组分，比如树干层，此模型还可以用来估计农作物（因为农作物没有像树木那样粗大的树干）等的散射系数。

MIMICS 模型对植被的刻画较为详细，因此能够比较真实地模拟植被的后向散射特性，相应的微波后向散射分为五个部分，参见图 2.2。

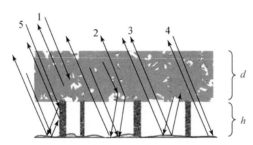

图 2.2　MIMICS 模型中包含的森林覆盖地表不同雷达后向散射机理（杨虎，2003）

d-植被冠层高度；h-植被树干高度；1-植被冠层直接后向散射；2-植被冠层–下垫面地表和下垫面地表–植被层相互耦合作用的后向散射部分；3-下垫面地表–植被–下垫面地表相互耦合作用的后向散射部分；4-经过植被层双程衰减的下垫面地表的直接后向散射部分；5-经过植被冠层衰减的树干层–地表和地表–树干层二面角反射

在 MIMICS 模型中，任意 pq 极化（pq 代表不同极化，v 为垂直极化 vertical polarization，h 为水平极化 horizontal polarization）植被覆盖地表微波后向散射系数可表示为如下形式：

$$\sigma_{pq}^0 = \sigma_{pq1}^0 + \sigma_{pq2}^0 + \sigma_{pq3}^0 + \sigma_{pq4}^0 + \sigma_{pq5}^0 \qquad (2.22)$$

式（2.22）中，等号左端代表来自植被覆盖地表任意 pq 极化总的雷达后向散射系数，其中脚标 p 代表发射极化，q 代表接收极化状态。等号右端各项代表式（2.22）中所示的各种地表雷达后向散射机理。

MIMICS 模型的优点是对植被结构刻画得较为详细，因此能够较为真实地模拟植被覆盖地表微波后向散射。但是，MIMICS 模型对植被覆盖下的地表假设为镜面反射，而且应用于该地表的模型是 Kirchhoff 模型（几何光学模型和物理光学模型）以及小扰动模型（SPM）等理论模型，这些模型适用的地表条件范围较小，并不能反映大部分自然地表状况；而且 MIMICS 模型是针对森林等高大植被覆盖地表建立的，应用于农作物等较为矮小的植被覆盖的地表时，植被茎秆和植被冠层没有明显区别，因此在实际应用时 MIMICS 模型则显得庞大而难于应用。

2.1.2.3　SBM 模型

圣巴巴拉植被微波散射模型（santa barbara microwave canopy backscatter model，SBM）的发展经历了一个不断完善改进的过程。Richards 等（1987）提出一个 L 波段针叶林分的雷达后向散射模型，图 2.3 描述了模型的散射机理。

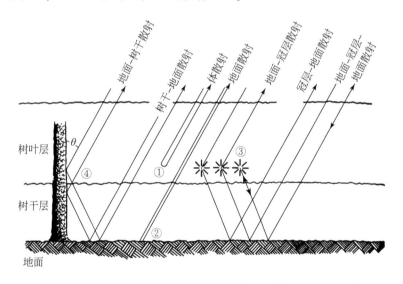

图 2.3　复合森林模型后向散射机理（Sun and Simonett, 1988）

模型表达见式（2.23），包括四项：树叶的体散射、地面的直接后向散射、树干到地面的双次反射到雷达的后向散射和树叶到地面再反射到雷达的后向散射。

$$\sigma^0 = \sigma_v^0 + \sigma_s^0 + \sigma_{v\text{-}s}^0 + \sigma_{t\text{-}g}^0 \qquad (2.23)$$

式中，σ^0 为森林目标总的后向散射系数；σ_v^0 为森林目标冠层体散射；σ_s^0 为森林目标面散射；$\sigma_{v\text{-}s}^0$ 为森林目标冠层与下垫面间的二次散射；$\sigma_{t\text{-}g}^0$ 为森林目标树干层与下垫面间的二次散射。

Sun 和 Simonet（1988）对上述模型在以下三方面做了改进，完成一个适用于 SIR-B 的 L 波段 HH 极化的复合森林后向散射模型。

（1）介电圆柱的双次散射用波传播方程的精确解，而不是再用角反射器模型；

（2）引入粗糙表面模型，使得下表面的后向散射和前向反射可以同时计算；

（3）假设林分内树的泊松分布和树高的对数分布。

模型的输入参数包括每个像元内树的平均数目、平均树高、树高方差，波长、树叶的衰减系数 κ、体散射系数 η、树干和土壤的相对介电常数、土壤表面的粗糙度参数。

随后 SBM 在 SIR-C 的不同阶段得到了相应的改进。1989～1996 年的 SBM 是基于辐射传输方程的，分为连续模型和离散模型。连续模型假设冠层覆盖率>60%，而离散模型适用于更开阔的冠层。连续模型将冠层、树干和地表面模拟成散射层和衰减层，主要包含四项：冠层散射、树干–地面相互作用、树冠–地面相互作用和直接地表后向散射。离散模型与连续模型相似，但是它将冠层模拟为随机分布于地面之上的离散椭球散射体（即树冠），散射体为同构体。树冠的散射和衰减通过 n 个树冠交叉的概率和通过树冠的路径长度来计算。

树干被模拟成光滑的介电圆柱，有一定的倾角分布。除了树干的高度和直径外，连续模型还需要树冠的宽度。树枝被模拟成圆柱，三级以上的枝可以看作有独立的尺寸和方向分布。树叶和针叶被模拟成薄片和细圆柱。通常，树干和冠层用密度、方位、尺寸和介电常数定义，输入的可能是数据直方图或函数。当前公开发表的土壤地表模型已得以实施，并且根据不同的地表条件选择适合的模型，包括小波绕模型和几何光学模型，以及 20 世纪 90 年代提出的模型（Fung et al., 1992；Oh et al., 1992, 1994）。

在应用中，SBM 将树的测量值、介电常数、土壤参数和雷达参数等进行参数化。由于森林数据以分布形式作为输入而不是固定数值，所以单个像元的模拟后向散射系数是随机的。重复运行程序建立一个代表性的样本，计算后向散射系数的统计量。模型输出结果包括像元值和 HH 极化、VV 极化、HV 极化的统计值，以及总体后向散射系数、HH-VV 相位差、HH-VV 相关系数。

通过分析后向散射系数如何受森林参数（如树高、枝密度、杆密度）的影响，以及如何随湿度条件和森林物候的变化而变化，可以发展出基于模型或者基于回归方程从图像上估测森林参数（尤其是生物量）的反演方法。

Sun 等（1991）提出了森林冠层的不连续模型来描述中低密度的森林雷达后向散射，引入雷达波束与树冠相交时各种情况的概率分布，用来计算每一项的衰减。模型中将每棵树看作是单个的散射体，一个林分就是一定环境背景下树的集合，树的形状、尺寸和泊松位置由给定的年龄阶段决定。主要的模型参数是森林的物理参数，即单位面积内的树个数和林分内的平均树高。模型中考虑的主要散射机理与 Richards 等提出的模型中一样。雷达波束与林分相交时有三种情况（图 2.4）：①至少与一个树冠相交；②不与树相交——直接通过树的间隙照射到地面形成直接地表后向散射；③碰到树干，由于镜面反射形成树干–地面的相互作用。由于各项之间没有相位关系，可以将各项的 Stokes 矩阵相加得到整个林分的 Stokes 矩阵。

后向散射系数的计算也同样包括四个部分，采用分层介质的辐射传输方程的解。雷达

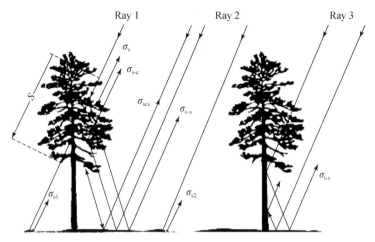

图 2.4　森林冠层的离散模型后向散射机理（Sun et al.，1991）

σ_{v} 为植被冠层；σ_{ses} 为下垫面–植被冠层–下垫面；σ_{c-s} 为植被冠层–下垫面；σ_{t-s} 为树干层–下垫面；σ_{s1} 为经过植被冠
层衰减后的下垫面后向散射；σ_{s2} 为下垫面直接的后向散射；σ_{s-c} 为下垫面–植被冠层

光束与 n 个树冠相交的概率用泊松分布函数表示，$P(n)=\mu n e^{-\mu} \mid n!$，其中 $\mu=cA$，μ 是单位面积内树冠投影面积，c 是单位面积内树的平均数目，A 是树冠在地面上的平均投影面积。树的尺寸假设为对数分布，树的位置服从泊松分布。总体 Stokes 矩阵由式（2.24）表示：

$$M^{0}=M_{v}^{0}+M_{v-s}^{0}+M_{s}^{0}+M_{t-s}^{0} \qquad (2.24)$$

式中，M_{v}^{0} 为森林冠层体散射；M_{v-s}^{0} 为植被冠层与下垫面之间的二次散射；M_{s}^{0} 为下垫面粗糙面散射的回波能量；M_{t-s}^{0} 为树干层–下垫面之间的二次散射。

后向散射系数如式（2.25）所示：

$$\sigma_{VV}^{0}=4\pi M_{11},\sigma_{VH}^{0}=4\pi M_{12},\sigma_{HV}^{0}=4\pi M_{21},\sigma_{HH}^{0}=4\pi M_{22} \qquad (2.25)$$

1993 年 Wang 等发展了半经验多次散射模型，将连续和离散模型结合起来，提高了原来模型的精度，模型模拟结果与 SAR 图像测量值和我们对森林微波散射的通常理解相符合。该模型对交叉极化的后向散射的改善比对同极化的改善要明显，对 SIR-C 的 C-HV 后向散射的改进最大，因为 C 波段的冠层散射占优势，使用多次散射模型明显提高了后向散射系数的模拟精度（Wang et al.，1993）。

1995 年 Sun 等提出一个森林冠层的 3D 雷达后向散射模型，模型考虑了林分中树的空间分布（Sun and Ranson，1995）。一个林分被分成小单元，根据树的形状、尺寸和位置，小单元可能包括树冠、树干和空隙，森林的地面用一层 "地表单元" 描述。用光束跟踪法计算后向散射的各项：直接树冠、直接地表、直接树干、树冠–地表、树干–地表的后向散射。衰减以及单元之间的时间延迟也用光线跟踪法计算。各部分之间相加得到一个像元的总体后向散射系数。图 2.5 和图 2.6 是对 3D 森林模型的详细描述。

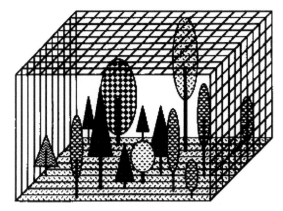

图 2.5　3D 森林模型概念的图表描述（Sun and Ranson, 1995）

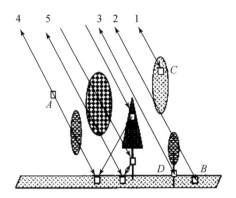

图 2.6　3D 模型距离向的剖面图（Sun and Ranson, 1995）
模型的散射单元包括 4 种类型：A- 空隙；B- 地面；C- 树冠；D- 树干。5 种后向散射机理：
1- 直接树冠；2- 直接地面；3- 直接树干；4- 树冠与地面的相互作用；5- 树干–地面的作用

2.1.2.4　Matrix-Doubling 方法

Matrix-Doubling 方法最早起源于 20 世纪 60 年代末 70 年代初，多用来计算大气中的多次散射。1981 年，Fung 和 Eom 把这种算法应用到多层介质的散射和辐射的计算中。Matrix-Doubling 算法是计算面散射和体散射的辐射传输方程的另外一种途径（Karam and Fung, 1988）。在辐射传输方程中，边界和非均匀介质之间的相互作用是通过施加边界条件来解决的。在 Matrix-Doubling 方法中，介质边界的相互作用是通过光跟踪技术来实现的，并且遵循能量守恒定律。跟其他方法相比，Matrix-Doubling 方法可以更加清楚地理解散射过程。已经有许多植被研究中采用 Matrix-Doubling 方法来计算植被层中的体散射和多次散射（Eom and Fung, 1984；Liu and Fung, 1988；Bracaglia et al., 1995）。

为了使用 Matrix-Doubling 方法，首先将冠层划分为一系列薄层，通过这些薄层之间的相互作用来计算多次散射。对于后向与前向散射矩阵 $\boldsymbol{S}$ 与 $\boldsymbol{T}$ 可表达为

$$\boldsymbol{S}(\theta_s,\varphi_s,\theta_i,\varphi_i)=\boldsymbol{U}^{-1}\boldsymbol{P}(\theta_s,\varphi_s,\theta_i,\varphi_i)\,\mathrm{d}\tau \tag{2.26}$$

$$T(\theta_f, \varphi_f, \theta_i, \varphi_i) = U^{-1} P(\theta_f, \varphi_f, \theta_i, \varphi_i) \mathrm{d}\tau \tag{2.27}$$

式中，U^{-1} 为对角阵，其元素为散射方向的余弦；$P(\theta_s, \varphi_s, \theta_i, \varphi_i)$ 为双站散射相矩阵。

图 2.7 给出了两个薄层之间的多次散射的过程。第 1 层厚度为 $\Delta\tau_1$，其后向与前向散射相矩阵分别为 S_1 和 T_1。第 2 层厚度为 $\Delta\tau_2$，其后向与前向散射相矩阵分别为 S_2 和 T_2。使用 Matrix-Doubling 方法，可以得到由上下两个微小薄层构成的厚度为 $\Delta\tau_1 + \Delta\tau_2$ 的薄层的后向与前向散射矩阵 S、T：

$$S = S_1 + T_1^* S_2 T_1 + T_1^* S_2 S_1^* S_2 T_1 + \cdots = S_1 + T_1^* S_2 (1 - S_1^* S_2)^{-1} T_1 \tag{2.28}$$

$$T = T_2 \left[1 + S_1^* S_2 + (S_1^* S_2)^2 + \cdots \right] T_1 = T_2 (1 - S_1^* S_2)^{-1} T_1 \tag{2.29}$$

$$S^* = S_1^* + T_1 S_2^* (1 - S_1 S_2^*)^{-1} T_1^* \tag{2.30}$$

$$T^* = T_2^* (1 - S_1 S_2^*)^{-1} T_1^* \tag{2.31}$$

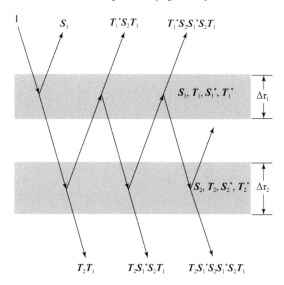

图 2.7　Matrix-Doubling 方法相邻两个薄层对于单位入射能量的多次散射过程

重复这一过程可得到任意厚度介质层的散射相矩阵。

研究表明，Matrix-Doubling 方法对不同波段、不同极化的效果是不同的。在 3 个极化通道中，对交叉极化的效果最为明显；对于不同波段，由于穿透性不同，X 波段与 C 波段都不能完全穿透冠层，但 C 波段的穿透深度较 X 波段深一些，C 波段的衰减效果对于 X 波段要弱一些，C 波段的多次散射较 X 波段明显。L 波段能够穿透冠层，其衰减效果相对于 C 波段要弱，因此其多次散射要更强一些。在 P 波段，树枝树叶的散射作用比较微弱，故而多次散射很弱，Matrix-Doubling 方法的效果不明显。

2.1.2.5　Monte Carlo 方法

Monte Carlo 方法是一种随机抽样方法，其名字来源于以赌场和赌博游戏而闻名的城市摩纳哥。很久以前，该方法就已经应用在赌博游戏中。1940 年，Monte Carlo 方法被用在原子弹研究工作中，这标志着 Monte Carlo 方法现代应用的开始。从此以后，Monte Carlo

方法的应用领域不断拓宽，应用深度也不断增加。

Monte Carlo 方法的核心思想是利用输入参数或变量的随机样本来研究复杂的系统和过程。它非常适用于解决估计、预测和决策等具有一定不确定性的问题。由于随机变量模拟是一个复杂的过程，其应用受到一定的限制。但是，近年来随着计算机技术的飞速发展，计算速度不断加快和存储能力不断增强，Monte Carlo 方法也受到越来越多的关注。

此外，由于当前面临问题或现象的数学模型越来越复杂，传统的计算方法无法满足需求。Monte Carlo 方法可以解决一些传统理论数学无法解决的问题，现在已经广泛应用于物理、化学、生物、医药和电子等领域。

利用 Monte Carlo 方法处理电磁散射问题时，是把电磁波与离散散射体相互作用的多体问题看作光子与散射体连续碰撞的链式问题，通过控制统计条件可对离散体的几何形状、空间分布做比较真实的描述，能够考虑多次散射并获得相干散射场。

在本书中，主要介绍利用 Monte Carlo 方法和波的解析理论建立的一种植被相干散射模型。通过 Monte Carlo 方法模拟获得植被后向散射特性。辐射传输理论是建立在散射粒子相互独立的假设的基础上，而 Monte Carlo 方法则考虑到植被的结构特征和植被组分之间的相互作用。自然植被组分的位置和方向信息被认为是一阶统计量，自然植被组分之间的相关性被认为是高阶统计量，实际测量很困难。由于 Monte Carlo 模型间接产生高阶统计量，因此，Monte Carlo 模型不需要假设植被组分之间的相关性。此外，Monte Carlo 模型还考虑到植被的复杂结构，因此该模型可以比较方便地与植被生长模型结合。

在 Monte Carlo 模拟中，第一步是植被场景的模拟。根据地面实际场景特征，如体积百分比、大小、茎秆和叶子的形状等，利用计算机技术模拟真实植被场景。每个植被组分的位置、方向和分布都可以通过计算机模拟获得。

植被结构特征是指植被场景的核心内容，而且植被结构特征对散射回波有重要的影响，因此准确地描述植被结构特征是微波散射模型需要考虑的首要问题。一般来讲，植被层包含很多不同尺度的结构，如树干、枝干和叶等。而且，每种植被类型都具有独特的结构和形式。农作物的植被结构比较简单，树木的植被结构相对复杂，它具有更多不同的尺度和形式。在 Monte Carlo 模型中，利用两种方法来表征植被结构特征。第一种方法需要明确每种植被组分的数量和它们之间相对方位。通过这种方法，不同尺度下的植被结构特征都可以被反映出来。通常，第一尺度主要包括树干或茎秆。第二尺度主要包括枝干，需要明确每个树干或茎秆上枝干的数量、方向角和枝干倾角。第三尺度主要包括叶子等，在这一尺度下，需要明确生长在每个枝干或茎秆上的叶子的数量、叶子的倾角以及详细描述叶子与枝干或茎秆之间的关系。随着植被的生长变化，一些植被会开花或结穗或结果，因此需要增加一个尺度，描述花或穗等的特征。另一种方法是利用植被生长规则描述植被结构特征。Lindenmayer 系统（L 系统）能够较好地模拟和描述植被随时间的生长状况。L 系统是由 Lindenmayer 提出的，用来模拟生命系统的生长和发展。L 系统的核心概念是重复更新，它定义一个复杂的系统，并利用更新和复制规则连续不断地更新系统中的某些部分。它在生成复杂结构树木时非常有效。利用 Lindenmayer 系统生成的树木与真实树木外表非常相似。

在植被场景模拟之后，后向散射特性就可以通过求解麦克斯韦方程组获得。假设某一植被场景中植被层最上方 $z=0$，植被层和地面的交界处 $z=-h$。给这一植被场景方向为 (θ_i,φ_i) 的入射波电场 $\bar{E}^i$，后向散射电磁场的一阶解可以表达为下面四项的和，这四项分别表示植被层的四种主要的散射机理，见图 2.8。

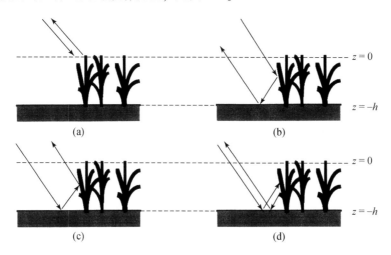

图 2.8　Monte Carlo 方法植被层的主要散射机理

$$E_q^s(\bar{r})=\frac{e^{ikr}}{r}(S_1+S_2+S_3+S_4)E_p^i \tag{2.32}$$

式中，k 为波数；r 为传播距离。

这里 q 和 p 分别表示散射波和入射波的极化方式（q，p＝H 或者 V）。S_1 表示植被层的直接后向散射，可以表示为

$$S_1=\sum_{\substack{t=stem,branch,\\leaf,or\,flower}}\sum_{j=1}^{N_t}f_{qp}^t(\pi-\theta_i,\pi+\varphi_i;\theta_i,\varphi_i)\,e^{i[\bar{k}_p^i(\theta_i,\varphi_i)-\bar{k}_q^s(\pi-\theta_i,\pi+\varphi_i)]\cdot\bar{r}_j^t} \tag{2.33}$$

式中，t 为不同的散射体类型——茎秆（stem）、枝干（branch）、叶子（leaf）或者是花、果实（flower）等；N_t 为散射体的数量；f_{qp}^t 为散射矩阵的元素；$\bar{k}_p^i$ 为入射波的传播向量；$\bar{k}_q^s$ 为后向散射场的传播向量；θ_i 为入射波束与垂直方向的夹角；φ_i 为方位角；$\bar{r}_j^t=\hat{x}x_j^t+\hat{y}y_j^t-\hat{z}z_j^t$ 为 t 型散射体的第 j 个元素的位置信息。第二项 S_2 表示植被层到下垫面之间的散射，表达式为

$$S_2=\sum_{\substack{t=stem,branch,\\leaf,or\,flower}}\sum_{j=1}^{N_t}R_q(\theta_i)f_{qp}^t(\theta_i,\pi+\varphi_i;\theta_i,\varphi_i)\,e^{i[\bar{k}_p^i(\theta_i,\varphi_i)-\bar{k}_q^s(\theta_i,\pi+\varphi_i)]\cdot\bar{r}_j^t} \tag{2.34}$$

第三项与第二项的过程刚好相反，表示下垫面到植被层之间的散射，其表达式为

$$S_3=\sum_{\substack{t=stem,branch,\\leaf,or\,flower}}\sum_{j=1}^{N_t}f_{qp}^t(\pi-\theta_i,\pi+\varphi_i;\pi-\theta_i,\varphi_i)R_p(\theta_i)\,e^{i[\bar{k}_p^i(\pi-\theta_i,\varphi_i)-\bar{k}_q^s(\pi-\theta_i,\pi+\varphi_i)]\cdot\bar{r}_j^t}$$

$$\tag{2.35}$$

$R_p(\theta_i)$ 和 $R_q(\theta_i)$ 是菲涅尔反射系数。地表的穿透性和植被的穿透性是相同的，因此

水平和垂直极化波的菲涅尔反射系数为

$$R_{\mathrm{H}} = \frac{k_0 \cos\theta_{\mathrm{i}} - k_1 \cos\theta_{\mathrm{i}}}{k_0 \cos\theta_{\mathrm{i}} + k_1 \cos\theta_{\mathrm{i}}}$$

$$R_{\mathrm{V}} = \frac{\varepsilon_1 k_0 \cos\theta_{\mathrm{i}} - k_1 \cos\theta_{\mathrm{i}}}{\varepsilon_1 k_0 \cos\theta_{\mathrm{i}} + k_1 \cos\theta_{\mathrm{i}}}$$

(2.36)

式中，k_0 为自由空间的波数；k_1 为介电常数为 ε_1 的地表的波数。

第四项 S_4 描述了下垫面–植被层–下垫面之间的相互耦合作用，可以表示为

$$S_4 = \sum_{\substack{t=\text{stem, branch,} \\ \text{leaf, or flower}}} \sum_{j=1}^{N_{\mathrm{t}}} R_{\mathrm{q}}(\theta_{\mathrm{i}}) f_{\mathrm{qp}}^t(\theta_{\mathrm{i}}, \pi + \varphi_{\mathrm{i}}; \pi - \theta_{\mathrm{i}}, \varphi_{\mathrm{i}}) R_{\mathrm{p}}(\theta_{\mathrm{i}}) \mathrm{e}^{\mathrm{i}[\bar{k}_{\mathrm{p}}^{\mathrm{i}}(\pi - \theta_{\mathrm{i}}, \varphi_{\mathrm{i}}) - \bar{k}_{\mathrm{q}}^{\mathrm{s}}(\theta_{\mathrm{i}}, \pi + \varphi_{\mathrm{i}})] \cdot \bar{r}_j^t}$$

(2.37)

对于茎秆和枝干，后向散射利用有限长圆柱近似计算，并假设有限长介电圆柱体内的感应电流与相等直径的无限长圆柱体的感应电流相同。这种假设对于计算长度大于入射波波长，半径远远小于入射波波长的介电圆柱体的散射特性非常有利。散射场通过感应电流的辐射场进行估计。

介电常数为 ε_{s} 的有限长圆柱体的散射矩阵元素可以用自由空间半径为 a，长度为 l 的圆柱体表示：

$$f_{\mathrm{HH}}^t = \frac{k_0^2(\varepsilon_{\mathrm{s}} - 1)u}{2}\left\{-B_0 \eta h_{0\mathrm{H}} + 2\sum_{n=1}^{\infty}(\mathrm{i}A_n \cos\theta_{\mathrm{i}} e_{n\mathrm{H}} - B_n \eta h_{n\mathrm{H}})\cos[n(\varphi_{\mathrm{s}} - \varphi_{\mathrm{i}})]\right\}$$

$$f_{\mathrm{VV}}^t = \frac{k_0^2(\varepsilon_{\mathrm{s}} - 1)u}{2}\left\{e_{0\mathrm{V}}(B_0 \cos\theta_{\mathrm{i}}\cos\theta_{\mathrm{s}} + Z_0 \sin\theta_{\mathrm{s}})\right.$$

$$\left. + 2\sum_{n=1}^{\infty}[(B_n \cos\theta_{\mathrm{i}} e_{n\mathrm{V}} + \mathrm{i}A_n \eta h_{n\mathrm{V}})\cos\theta_s + e_{n\mathrm{V}} Z_n \sin\theta_s]\cos[n(\varphi_{\mathrm{s}} - \varphi_{\mathrm{i}})]\right\}$$

$$f_{\mathrm{HV}}^t = \frac{k_0^2(\varepsilon_{\mathrm{s}} - 1)u}{2}2\mathrm{i}\sum_{n=1}^{\infty}[(\mathrm{i}A_n \cos\theta_{\mathrm{i}} e_{n\mathrm{V}} - B_n \eta h_{n\mathrm{V}})\sin[n(\varphi_{\mathrm{s}} - \varphi_{\mathrm{i}})]]$$

$$f_{\mathrm{VH}}^t = \frac{k_0^2(\varepsilon_{\mathrm{s}} - 1)u}{2}2\mathrm{i}\sum_{n=1}^{\infty}[(B_n \cos\theta_{\mathrm{i}} e_{n\mathrm{H}} + \mathrm{i}A_n \eta h_{n\mathrm{H}})\cos\theta_s + e_{n\mathrm{H}} Z_n \sin\theta_s]\sin[n(\varphi_{\mathrm{s}} - \varphi_{\mathrm{i}})]]$$

(2.38)

其中

$$u = \frac{\mathrm{e}^{\mathrm{i}(k_{zi} - k_{zs})l} - 1}{\mathrm{i}(k_{zi} - k_{zs})}$$

(2.39)

k_{zi} 和 k_{zs} 分别是入射波向量和散射波向量在 $\hat{z}$ 上的分量。Z_n、A_n 和 B_n 分别表示为

$$Z_n = \frac{a}{k_{1\rho i}^2 - k_{\rho s}^2}[k_{1\rho i} J_n(k_{\rho s}a) J_{n+1}(k_{1\rho i}a) - k_{\rho s} J_n(k_{1\rho i}a) J_{n+1}(k_{\rho s}a)]$$

$$A_n = \frac{k_0}{2k_{1\rho i}}(Z_{n-1} - Z_{n+1})$$

$$B_n = \frac{k_0}{2k_{1\rho i}}(Z_{n-1} + Z_{n+1})$$

(2.40)

系数 $e_{n\mathrm{H}}$、$e_{n\mathrm{V}}$、$h_{n\mathrm{H}}$ 和 $h_{n\mathrm{V}}$ 分别表示为

$$e_{n\mathrm{H}}=\left(\frac{k_{\rho\mathrm{i}}}{k_0}\right)\frac{1}{R_nJ_n(k_{1\rho\mathrm{i}}a)}\left[\frac{1}{(k_{\rho\mathrm{i}}a)^2}-\frac{1}{(k_{1\rho\mathrm{i}}a)^2}\right]\frac{k_{z\mathrm{i}}}{k_0}n$$

$$\eta h_{n\mathrm{H}}=-i\left(\frac{k_{\rho\mathrm{i}}}{k_0}\right)\frac{1}{R_nJ_n(k_{1\rho\mathrm{i}}a)}\left[\frac{\varepsilon_sJ_n'(k_{1\rho\mathrm{i}}a)}{k_{1\rho\mathrm{i}}aJ_n(k_{1\rho\mathrm{i}}a)}-\frac{H_n^{(1)'}(k_{\rho\mathrm{i}}a)}{k_{\rho\mathrm{i}}aH_n^{(1)}(k_{\rho\mathrm{i}}a)}\right]$$

$$e_{n\mathrm{V}}=i\left(\frac{k_{\rho\mathrm{i}}}{k_0}\right)\frac{1}{R_nJ_n(k_{1\rho\mathrm{i}}a)}\left[\frac{J_n'(k_{1\rho\mathrm{i}}a)}{k_{1\rho\mathrm{i}}aJ_n(k_{1\rho\mathrm{i}}a)}-\frac{H_n^{(1)'}(k_{\rho\mathrm{i}}a)}{k_{\rho\mathrm{i}}aH_n^{(1)}(k_{\rho\mathrm{i}}a)}\right]$$

$$\eta h_{n\mathrm{V}}=e_{n\mathrm{H}}$$

(2.41)

其中

$$R_n=\frac{\pi(k_{\rho\mathrm{i}}a)^2H_n^{(1)}(k_{\rho\mathrm{i}}a)}{2}\left\{\left(\frac{k_{z\mathrm{i}}}{k_0}\right)^2\left[\frac{1}{(k_{\rho\mathrm{i}}a)^2}-\frac{1}{(k_{1\rho\mathrm{i}}a)^2}\right]^2n^2\right.$$
$$\left.-\left[\frac{\varepsilon_sJ_n'(k_{1\rho\mathrm{i}}a)}{k_{1\rho\mathrm{i}}aJ_n(k_{1\rho\mathrm{i}}a)}-\frac{H_n^{(1)'}(k_{\rho\mathrm{i}}a)}{k_{\rho\mathrm{i}}aH_n^{(1)}(k_{\rho\mathrm{i}}a)}\right]\left[\frac{J_n'(k_{1\rho\mathrm{i}}a)}{k_{1\rho\mathrm{i}}aJ_n(k_{1\rho\mathrm{i}}a)}-\frac{H_n^{(1)'}(k_{\rho\mathrm{i}}a)}{k_{\rho\mathrm{i}}aH_n^{(1)}(k_{\rho\mathrm{i}}a)}\right]\right\}$$

(2.42)

$$k_{1\rho\mathrm{i}}=\sqrt{k_0^2\varepsilon_s-k_{z\mathrm{i}}^2}$$

$$k_{\rho\mathrm{i}}=\sqrt{k_0^2-k_{z\mathrm{i}}^2}$$

式中，k_0 为自由空间的波数；J_n 和 $H_n^{(1)}$ 分别为贝塞尔函数和第一类汉克尔函数。

对于叶子的散射计算，利用物理光学关于椭圆盘的近似方法计算散射回波。它认为圆盘内部场与相同厚度的无限延展的介电层电磁场一样。对于自由空间一个介电常数为 ε_l 的薄圆盘，其散射矩阵如下：

$$f_{\mathrm{HH}}^t=\frac{k_0^2(\varepsilon_l-1)}{4\pi}\cos(\varphi_s-\varphi_\mathrm{i})\frac{d}{2}V\left\{A_{1\mathrm{H}}\mathrm{sinc}\left[(k_{1z\mathrm{i}}-k_{zs})\frac{d}{2}\right]+B_{1\mathrm{H}}\mathrm{sinc}\left[(k_{1z\mathrm{i}}+k_{zs})\frac{d}{2}\right]\right\}$$

$$f_{\mathrm{VV}}^t=\frac{k_0^2(\varepsilon_l-1)}{4\pi}\frac{k_0}{k_1^2}\frac{d}{2}V\left\{\begin{array}{l}[k_{1z\mathrm{i}}\cos\theta_s\cos(\varphi_s-\varphi_\mathrm{i})+k_0\sin\theta_\mathrm{i}\sin\theta_s]A_{1\mathrm{V}}\mathrm{sinc}\left[(k_{1z\mathrm{i}}-k_{zs})\frac{d}{2}\right]\\+\left[-k_{1z\mathrm{i}}\cos\theta_s\cos(\varphi_s-\varphi_\mathrm{i})+k_0\sin\theta_\mathrm{i}\sin\theta_s\right]B_{1\mathrm{V}}\mathrm{sinc}(k_{1z\mathrm{i}}+k_{zs})\frac{d}{2}\end{array}\right\}$$

$$f_{\mathrm{HV}}^t=\frac{k_0^2(\varepsilon_l-1)}{4\pi}\frac{k_0}{k_1^2}k_{1z\mathrm{i}}\sin(\varphi_s-\varphi_\mathrm{i})\frac{d}{2}V\left[-A_{1\mathrm{V}}\mathrm{sinc}(k_{1z\mathrm{i}}-k_{zs})\frac{d}{2}+B_{1\mathrm{V}}\mathrm{sinc}(k_{1z\mathrm{i}}+k_{zs})\frac{d}{2}\right]$$

$$f_{\mathrm{VH}}^t=\frac{k_0^2(\varepsilon_l-1)}{4\pi}\cos\theta_s\sin(\varphi_s-\varphi_\mathrm{i})\left[A_{1\mathrm{h}}\mathrm{sinc}(k_{1z\mathrm{i}}-k_{zs})\frac{d}{2}+B_{1\mathrm{H}}\mathrm{sinc}(k_{1z\mathrm{i}}+k_{zs})\frac{d}{2}\right]$$

(2.43)

其中

$$k_{1z\mathrm{i}}=\sqrt{k_0^2\varepsilon_l-k_{x\mathrm{i}}^2-k_{y\mathrm{i}}^2}\qquad(2.44)$$

$k_{x\mathrm{i}}$、$k_{y\mathrm{i}}$ 和 $k_{z\mathrm{i}}$ 分别是入射波矢量在 $\hat{x}$、$\hat{y}$ 和 $\hat{z}$ 上的分量。$A_{1\mathrm{H}}$、$B_{1\mathrm{H}}$ 分别是上行和下行水平极化入射波的幅度，其表达式如下：

$$A_{1\mathrm{H}}=\frac{2\mathrm{e}^{\mathrm{i}(-k_{z\mathrm{i}}+k_{1z\mathrm{i}})\frac{d}{2}}(\rho_{01}-1)}{(1+\rho_{01\mathrm{H}})^2\mathrm{e}^{-\mathrm{i}k_{1z\mathrm{i}}d}-(1-\rho_{01})^2\mathrm{e}^{\mathrm{i}k_{1z\mathrm{i}}d}}\qquad(2.45)$$

$$B_{1H} = \frac{2e^{i(-k_{zi}+k_{1zi})\frac{d}{2}}(\rho_{01}+1)}{(1+\rho_{01H})^2 e^{-ik_{1zi}d}-(1-\rho_{01})^2 e^{ik_{1zi}d}} \tag{2.46}$$

其中，$\rho_{01H}=k_{1zi}/k_{zi}$。$A_{1V}$ 和 B_{1V} 分别是上行和下行垂直极化入射波的幅度值，其计算公式与式（2.45）和式（2.46）类似，只是需要用 $\rho_{01V}=k_{1zi}/\varepsilon_l k_{zi}$ 替换掉 ρ_{01H}。对于圆盘：

$$V=\pi a^2 \frac{2J_1(|\bar{k}_{\rho i}-\bar{k}_{\rho s}|a)}{|\bar{k}_{\rho i}-\bar{k}_{\rho s}|a} \tag{2.47}$$

其中，

$$\begin{aligned}
\bar{k}_{\rho i}&=\hat{x}k_{xi}+\hat{y}k_{yi}\\
\bar{k}_{\rho s}&=\hat{x}k_{xs}+\hat{y}k_{ys}
\end{aligned} \tag{2.48}$$

k_{xs}、k_{ys} 和 k_{zs} 分别是散射波矢量在 $\hat{x}$、$\hat{y}$ 和 $\hat{z}$ 上的分量。

介质的不均匀性引起相干回波的衰减，这种衰减作用可以利用 Foldy 近似估计（Varadan and Varadan，1980；Tsang et al.，1985；王志良和任伟，1994）。衰减通过对每个散射组分的前向散射回波取平均来获得。沿着（θ，φ）方向传播的相干波遵循下面的公式：

$$\frac{dE_H}{ds}=(ik_0+M_{HH})E_H+M_{HV}E_V \tag{2.49}$$

$$\frac{dE_V}{ds}=M_{VH}E_H+(ik_0+M_{VV})E_V \tag{2.50}$$

式中，E_H 和 E_V 为电场的水平和垂直极化分量；s 为沿传播方向的距离。在式（2.49）和式（2.50）中：

$$M_{qp}=\frac{i2\pi}{k_0 Ah}\sum_{\substack{t=\text{stem, branch,}\\ \text{leaf, or flower}}} N_t <f_{qp}^t(\theta,\varphi;\theta,\varphi)> \tag{2.51}$$

其中 q 和 p 还是表示极化分量（q、p=H 或者 V）。尖括号表示整体平均值，h 是植被层的高度，A 是植被的面积，k_0 是自由空间的波数。水平和垂直极化波沿（θ，φ）方向入射到植被层，水平和垂直极化分量的传播常数分别为

$$k_H=k_0-iM_{HH} \tag{2.52}$$
$$k_V=k_0-iM_{VV} \tag{2.53}$$

由于 k_H、k_V 的值域 k_0 非常接近，在植被层上缘的反射和折射作用可以忽略不计。式（2.32）可以写成：

$$\begin{aligned}
E_q^s(\bar{r})=\frac{e^{ikr}}{r}&\sum_{\substack{t=\text{stem, branch,}\\ \text{leaf, or flower}}}\sum_{j=1}^{N_t}\Big[f_{qp}^t(\pi-\theta_i,\pi+\varphi_i;\theta_i,\varphi_i)e^{-M_{qq}\frac{z_j^t}{\cos\theta_i}}e^{-M_{pp}\frac{z_j^t}{\cos\theta_i}}e^{2i(k_x^i x_j^t+k_y^i y_j^t-k_z^i z_j^t)}\\
&+R_q(\theta_i)f_{qp}^t(\theta_i,\pi+\varphi_i;\theta_i,\varphi_i)e^{M_{qq}\frac{2h+z_j^t}{\cos\theta_i}}e^{-M_{pp}\frac{z_j^t}{\cos\theta_i}}e^{2i(k_x^i x_j^t+k_y^i y_j^t+k_z^i h)}\\
&+f_{qp}^t(\pi-\theta_i,\pi+\varphi_i;\pi-\theta_i,\varphi_i)R_p(\theta_i)e^{-M_{qq}\frac{z_j^t}{\cos\theta_i}}e^{M_{pp}\frac{z_j^t}{\cos\theta_i}}e^{2i(k_x^i x_j^t+k_y^i y_j^t+k_z^i h)}\\
&+R_q(\theta_i)f_{qp}^t(\theta_i,\pi+\varphi_i;\pi-\theta_i,\varphi_i)R_p(\theta_i)e^{M_{qq}\frac{2h+z_j^t}{\cos\theta_i}}e^{M_{pp}\frac{2h+z_j^t}{\cos\theta_i}}e^{2i(k_x^i x_j^t+k_y^i y_j^t+k_z^i(2h+z_j^t))}\Big]E_p^i
\end{aligned} \tag{2.54}$$

其中，$k_x^i=k_0\sin\theta_i\cos\varphi_i$，$k_y^i=k_0\sin\theta_i\cos\varphi_i$，$k_z^i=k_0\cos\varphi_i$。衰减来自实部 M_{pp} 和 M_{qq}。总的后

向散射利用相干叠加的方法，将各个散射组分的散射值相加得到总的后向散射强度。

来自每一个散射单元的散射电场 E_q^s 利用式（2.54）计算。后向散射系数利用下式计算：

$$\sigma_{qp} = \frac{4\pi r^2 \langle |E_q^s|^2 \rangle}{A} \frac{1}{|E_p^i|^2} \tag{2.55}$$

其中，A 为入射波照射面积。通过对每个散射组分的整体平均获得最终的后向散射值。Monte Carlo 方法的收敛性检查与散射组分的数量有关。

此外，通过对经典散射模型的不断改进，还出现了一些模型，如分支模型考虑到相位信息；短分支模型考虑到近场区域之间的相互耦合作用，在高频波段效果较好；改进分支模型对植株的地面分布函数做了改进；半空间多介质主体模型去除叶子的影响，只考虑茎秆间的相互作用。现有的这些模型都对自然目标及其场景做了大量简化，与真实的散射情况存在一定差异。而且模型计算出的仅仅是目标的散射强度，对于散射回波的相位信息无法反映。

2.2 农田下垫面的散射特性模拟与分析

农田的雷达回波信号主要来自农作物本身及其下垫面。根据不同的作物类型，农田下垫面大致分为潮湿土壤和水面两类，旱地的下垫面为潮湿土壤，水田的下垫面为水面，而且随着农作物的生长变化，其下垫面也随之发生变化。对于土壤下垫面，其雷达回波信号主要受其表面粗糙度和含水量的影响。在作物播种时，由于耕作的原因，土壤表面粗糙度比较大，并且具有明显的垄向结构，在作物物候期后期，随着田间管理等原因土壤表面粗糙度会逐渐变小。土壤含水量与土壤类型、降水量和人工灌溉等因素的影响，会产生波动。

2.2.1 旱地下垫面的后向散射特性

裸露地表是作物种植前农田的基本形态，在作物出苗后的一段时间内，当作物本身的后向散射不足以占据主导地位或不足以对地表土壤的后向散射造成显著影响时，农田的散射特征仍然以裸露地表的散射特征为主。

Fung 等（1992）提出了积分方程模型（integrated equation model，IEM），该模型是基于电磁波辐射传输方程的地表散射模型，能在一个很宽的地表粗糙度范围内再现真实地表的后向散射特征。由于 IEM 对实际地表粗糙度刻画得不准确和对不同粗糙地表条件下 Fresnel 反射系数的处理过于简单，在改进的积分方程（AIEM）中，采用了 Li 等（2002）提出的 generalized power-law 谱密度函数及其对应的表面自相关函数，实现了表面粗糙度参数描述的连续性，随着模型的不断改进（Fung and Chen，2010），AIEM 模拟的精度越来越高。

地表粗糙度和土壤湿度是影响裸露地表后向散射强度最重要的两个因素，分别以地表粗糙度和土壤湿度为变量模拟裸露地表的后向散射，入射角为 29.3°，频率为 5.4GHz。基于 AIEM 的模拟结果如图 2.9 所示，图 2.9（a）和（b）分别给出了雷达后向散射系数随地表粗糙度和土壤湿度的变化规律。

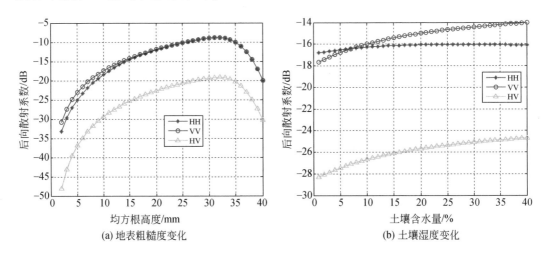

(a) 地表粗糙度变化　　　　　　　　(b) 土壤湿度变化

图 2.9　旱地下垫面后向散射系数随地表粗糙度和土壤湿度的变化趋势

对于地表粗糙度，当地表由光滑趋于粗糙时，后向散射增加很明显，冬小麦的均方根高度范围是 0.7~12.7mm，乳熟期为 4.1~11.1mm；玉米拔节期前期的均方根高度范围是 9.3~35.7mm，拔节期后期为 4.2~22.9mm，基本上都位于土壤粗糙度的高度敏感段 ［图 2.9（a）］。

图 2.9（b）表明，后向散射强度对土壤湿度变化的敏感性没有地表粗糙度明显。当土壤湿度较低时，后向散射强度随土壤湿度增加而增大的幅度比较明显；当土壤湿度较高后，后向散射强度对土壤湿度的变化不再敏感，尤其是在 HH 极化状态下，基本上不再变化。

2.2.2　水田下垫面的散射特性

水田下垫面为水面，其相对介电常数为 $\varepsilon_{r,water}$。电磁波与水面只发生反射现象，不发生去极化现象，采用菲涅尔反射系数进行水田下垫面散射特性模拟，具体形式为

$$R_H = \left| \frac{\cos\theta_i - \sqrt{\varepsilon_{r,water} - \sin^2\theta_i}}{\cos\theta_i + \sqrt{\varepsilon_{r,water} - \sin^2\theta_i}} \right|^2$$

$$R_V = \left| \frac{\varepsilon_{r,water}\cos\theta_i - \sqrt{\varepsilon_{r,water} - \sin^2\theta_i}}{\varepsilon_{r,water}\cos\theta_i + \sqrt{\varepsilon_{r,water} - \sin^2\theta_i}} \right|^2$$

(2.56)

当相对介电常数 $\varepsilon_{r,water} = 74 + 21i$ 时，水田下垫面水平和垂直极化散射系数随入射角的变化如图 2.10 所示。可以看出 0° 入射角时，水田下垫面 VV 极化散射特性最强，随着入射角的增大，VV 极化散射强度逐渐减弱，到达布鲁斯特角时，发生全反射，散射回波强

度为 0，随着入射角继续增大，VV 极化散射强度又逐渐增强；0° 入射角时，水田下垫面 HH 极化散射特性最弱，随着入射角的增大，HH 极化散射强度逐渐增强。需要注意，这里模型模拟时没有考虑风造成的水面粗糙度的影响。

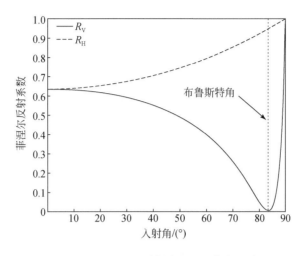

图 2.10　水田下垫面散射特性随入射角的变化

2.3　农作物散射特性模拟与分析

农作物生长过程中，其雷达回波信号会随着作物生物量、作物含水量、植株结构、植株密度等的变化而变化。利用 Monte Carlo 模型、MIMICS 模型模拟分析水稻、小麦和玉米三种典型农作物的散射特性。

2.3.1　水稻散射特性模拟与分析

2.3.1.1　基于 Monte Carlo 模型的水稻散射特性模拟

利用 2.1.2.5 节中介绍的 Monte Carlo 方法模拟水稻的后向散射特性。由于水稻种植具有明显的聚簇分布特征，在 Monte Carlo 模型中对水稻散射场征进行假设简化，参见图 2.11。水稻种植在面积为 A_2 的田块内，每一墩水稻在 X 方向的间距为 a，在 Y 方向的间距为 b。此外，模型中还考虑到水稻墩距的微小随机变化。每墩水稻利用 N_S 个竖直的、高度为 H 的、直径为 c 的、介电常数为 ε_s 的圆柱体来表征。每株水稻上有 N_1 片叶子，利用长度为 l、宽为 w、厚度为 d、介电常数为 ε_1 的椭圆盘来表示。水稻叶片的方位用三个欧拉角度 α、β 和 γ 表示。每墩水稻均匀分布在面积为 A_2 的田块内；在每一墩水稻里，每株水稻随机分布在直径为 c 的圆形区域内。如果某块田地里一共有 N_c 墩水稻，则在这块田地里就有

$N_S \times N_c$ 株水稻、$N_S \times N_c \times N_l$ 片叶子。水稻株高是根据测量值的均值和方差服从高斯分布而生成的一组随机数据。此外，水稻田的下垫面为水面，介电常数为 ε_1。

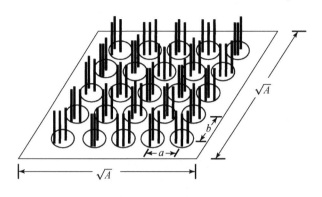

图 2.11　水稻空间分布特征
a-墩距；b-株距

Monte Carlo 模拟水稻的后向散射系数时需要以上参数。以广东肇庆为试验区，对生长了大约 50 天的水稻进行实地测量，获取水稻株高、植株密度、茎秆和叶片的尺寸、密度、含水量、鲜重、干重等参数。

1. 水稻散射单元及结构分解

水稻的主要散射能量来自水稻的茎秆和叶片，与它的株高、叶片长度及生物量高度相关。因此，水稻的总体散射由三类散射单元构成，即水稻茎秆、水稻叶片和水稻冠层下的水面，水面可视为光滑镜面。

1）水稻茎秆

水稻茎秆的散射强度用有限长介质圆柱体近似来计算（Karam and Fung, 1988）。先要计算平面波入射激励下柱体内场分布，然后由散射场积分方程得到全极化的散射强度的解析表达式。

2）水稻叶片

水稻叶片近似为椭圆盘片，用来近似叶片的盘状和针状散射体可以看作是椭球体的特殊形式。而椭球体的内场分布又可以用 Rayleigh-Gans（瑞利–甘）近似，即用入射场代替内场。然后再考虑到非球形内部场所产生的极化张量，可以计算得到椭球广义 Rayleigh-Gans 近似（GRG）条件下椭球的散射强度（Jin, 1993）。

3）水稻冠层下的水面

水稻田用无限大水平面近似，其反射系数的计算由经典的菲涅耳反射公式给出。

以上散射单元的散射计算是在本地坐标系中进行的，而单株水稻由多个茎秆叶片组成，它们的空间尺寸和方位取向各不相同，这样需要计算空间任意位置任意方位向的圆柱体和椭圆盘片的散射强度。因此，需要进行本地坐标系–参考坐标系的散射计算转换。从本地散射强度 f_{pq}（θ_{il}，φ_{il}；θ_{sl}，φ_{sl}）到参考坐标系的散射强度 f_{pq}（θ_{ir}，φ_{ir}；θ_{sr}，φ_{sr}）的变换涉及两个方面：其一，散射体的方位取向变换用欧拉旋转角给出，引起入射波、散射波的变换；其二，由于雷达波和散射体间相对几何关系的改变，引起极化波矢量的变换。

2. 水稻的介电常数计算

作为散射模型的另一重要输入参数，构成水稻的各组成部分的介电常数可以通过实测或理论计算的方式获得。由于自然植被本身的不均匀性使直接测量的精度受到影响，采用理论计算方法，根据水稻的含水量，利用植被介电模型（参见 2.1.1 节）计算其介电常数。茎秆、叶片的介电常数的计算可由其测量到的重量含水量得到，水面的介电常数由给定的温度、频率根据已有经典计算公式得到。

3. 水稻散射的 Monte Carlo 模拟

在 Monte Carlo 模拟中，对来自各散射单元的散射，考虑将相位修正后相干地叠加在一起。考虑水稻四种主要散射机理（图 2.8）：①水稻层直接后向散射；②下垫面（水面）反射–水稻层；③水稻层–水面；④水面–水稻层–水面。

对所有的茎秆叶片散射体，计算由以上四种散射成分的空间位置引起的相位修正后被叠加在一起的结果，另外，微波电磁波进入水稻作物层后还要考虑其传播常数的修正会对电磁波有一定的衰减，对此，可由 Farady 多次散射公式得到。

为了使 Monte Carlo 模拟结果收敛于统计规律，要有足够的散射体分布。有两种方法，其一，待计算的水稻面积 A 足够大，计算时实现次数可少；其二，待计算的水稻面积小（如 6 株×6 行），计算时水稻分布的实现次数要求多一些。

计算时，需要准备的输入参数包括：雷达频率（波长）、入射与接收极化组合状态、入射角、茎秆长、茎秆半径、茎秆倾角、叶长、叶宽、叶厚、叶倾角、每墩水稻株数、每株水稻叶片数、墩（株）距、行距、叶含水量、茎秆含水量、温度等参数。输出为对应的雷达后向散射系数。

2.3.1.2　不同物候期水稻散射特征分析

1. 水稻参数的时相变化特征

水稻几何结构参数主要包括水稻的茎秆高、茎秆长、茎秆直径；每一片叶子的叶长、叶宽、叶厚；茎秆和叶间的倾角；水稻的密度、叶片的密度；每株水稻的高度、水稻叶子层和茎秆层高度；还有一些结构参数主要影响水稻的介电特性，如茎秆的重量含水量、叶片的重量含水量；叶子和茎秆的干物质密度等。这些结构参数都随着水稻的生长不断变化，它们的变化规律影响着水稻的散射特性。

图 2.12 显示了 1997 年春季到夏季测量的水稻植株高度的变化情况。插秧期（大约 3 月到 4 月初）水稻植株高度为 10~20cm，以后逐渐增长，到水稻抽穗期（大约 5 月末到 6 月）达到最高高度并持续一段时间；当水稻成熟后由于穗的重量使水稻高度下降约 5cm，以后就稳定在此高度。

在物候期内，水稻叶子尺寸的变化也是很明显的，其变化规律如图 2.13 所示。插秧期水稻叶子的长度为 10~15cm，之后增长比较缓慢，到了分蘖期叶子长度增长明显加快，在抽穗期达到最大，之后略有下降，整个物候期内变化幅度约为 30cm。叶子宽度随时间变化规律如图 2.14 所示，可以看出，在整个物候期内，叶子的宽度都不断增大，只是增大的速度和幅度都不太大。

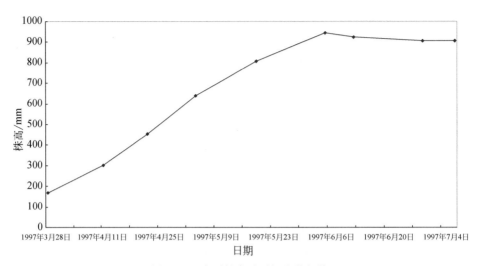

图 2.12　水稻株高随时间变化规律

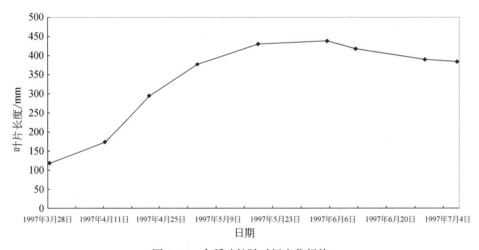

图 2.13　水稻叶长随时间变化规律

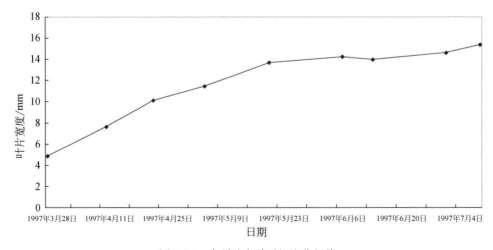

图 2.14　水稻叶宽随时间变化规律

水稻的含水量随时间变化规律如图 2.15 所示，在插秧期含水量比较稳定，在分蘖期略有增加，之后在抽穗期又减小，变化幅度约为 25%。水稻含水量的变化主要影响其介电常数的大小，进而影响后向散射强度。

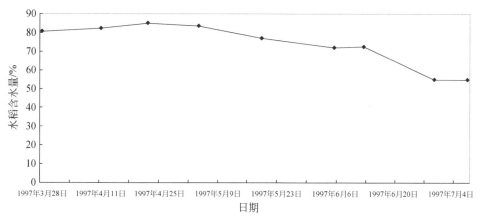

图 2.15　水稻含水量随时间变化规律

2. 水稻后向散射时相变化特征

根据地面实测数据和 Monte Carlo 模型，采用 C 波段，40°入射角对生长 72 天的水稻的后向散射系数的时域变化特征进行了分析。

图 2.16 为利用 Monte Carlo 模型模拟获得的 C 波段、40°入射角条件下水稻的后向散射系数时域变化。以水平极化为例，在水稻插秧后 10 天，水平极化的后向散射系数值约为 -22dB。此时，水稻植株很小，雷达回波主要是由水田的背景平静水面的后向散射。插秧期后的 30 天期间，水稻田的后向散射系数值都低于 -20dB。接着的 27~53 天内，水稻田的后向散射系数值上升到 -7dB。之后的 53~72 天，后向散射系数值几乎不变，保持稳定。

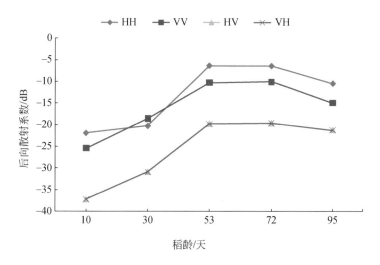

图 2.16　水稻散射特性的时域变化特征

插秧后大约95天，后向散射系数值下降到–10dB。因此，我们可以看出，从水稻插秧之后，其后向散射系数是先增大，到抽穗中后期达到最大，约为–7dB，之后略微减小，然后保持稳定。在整个生长周期内，水稻的后向散射系数变化比较大，变化范围可达十几个dB。根据这一特点，科学家们成功地利用雷达图像进行水稻识别（Le Toan et al., 1997）。此外，水稻的时域变化特征与其几何结构和生理参数的变化密切相关，因此，它也是区分水稻不同物候期，进行水稻估产的重要信息之一。

水稻散射模型研究的主要目的是希望借助模型，在对水稻多时相定标后的雷达数据进行分析和计算后，从卫星图像上监测水稻作物的长势并对作物产量进行预估。

基于理论的散射模型研究的雷达遥感研究是传统的基于图像的雷达遥感研究的进步。一方面，基于严格电磁理论的散射模型有助于进一步认识水稻作物的散射过程，从而对水稻的雷达图像特征进行遥感信息机理分析；另一方面，水稻后向散射模型很大的应用潜力是建立一个可以反演的散射模型，依据该模型，直接提取水稻结构参数，为水稻识别、分类和作物估产服务。

由于Monte Carlo模拟过程中水稻多次生长实现时所得后向散射系数波动较大，需考察对比多次实现的结果。有三种方法：一是增大待计算的水稻面积A；二是增加实现次数N；三是进一步更新水稻的生长模型。由于这里预先设置了一些人为的假定，可以根据水稻生长的详细测量修订水稻生长的规则。

目前的研究离可以用于反演的散射模型最终目标仍有一定距离。主要有以下四个方面的困难：其一，水稻作物本身的描述十分复杂；其二，随机媒质的电磁散射计算比有确定几何形状物体的散射计算要困难得多；其三，模型的最有价值的应用是其定量反演，而反演问题会遇到不确定性等困难；其四，模型所能得到的信息是电磁波所能感知的作物参数，即使通过反演能够提取这些参数，它们离用户需求的信息仍有一定的距离。

3. 水稻孕穗期后向散射特征分析

以孕穗期多个水稻样田的地面参数为输入，模拟孕穗期水稻的后向散射系数。C波段35°入射角条件下，孕穗期水稻后向散射系数随茎高和叶密度的变化规律如图2.17所示。由图2.17（a）可以看出，当水稻茎高小于1m时，HH极化和VV极化后向散射系数随茎高的增加而增加。当水稻茎高从0.75m增长到0.85m时，HH极化后向散射系数增加得最快；当水稻茎高从0.85m增长到1m时，VV极化后向散射系数增加得最快。当水稻茎高大于1m时，HH极化和VV极化的后向散射系数基本稳定，不再随着茎高的增加而持续增加。由图2.17（b）可以看出，当水稻叶密度处于0～4000个/m³这个区间时，HH极化后向散射系数随着叶密度的增加而增加，几乎是线性变化。VV极化后向散射系数随着水稻叶密度的变化不大，在–12.7～–11dB之间浮动。

4. 水稻乳熟期后向散射特征分析

以乳熟期多个水稻样田的地面参数为输入，模拟孕穗期水稻的后向散射系数。C波段35°入射角条件下，乳熟期水稻后向散射系数随茎高、叶密度和穗密度的变化规律如图2.18所示。由图2.18（a）可以看出，乳熟期水稻HH极化后向散射系数对茎高的变化不太敏感，在–12.5～–10.7dB之间浮动；VV极化后向散射系数对茎高的变化相对敏感一些，尤其是当茎高大于0.9m时。由图2.18（b）可以看出，乳熟期HH极化后向散射系

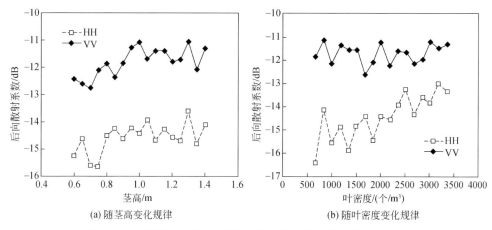

(a) 随茎高变化规律　　　　　　　　　　(b) 随叶密度变化规律

图 2.17　孕穗期水稻后向散射系数随茎高和叶密度的变化规律

数随着叶密度的增加而逐渐增大，而 VV 极化后向散射系数随着叶密度的增加，先降低后增大，在叶密度约为 1600 个/m³时达到最低值。由图 2.18（c）可以看出，随着穗密度的增加，HH 极化和 VV 极化后向散射系数都逐渐增大。HH 极化后向散射系数随穗密度的变化更快，而 VV 极化随穗密度的变化相对缓慢。

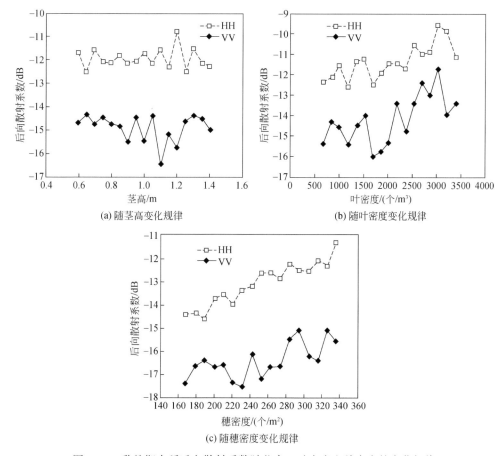

(a) 随茎高变化规律　　　　　　　　　　(b) 随叶密度变化规律

(c) 随穗密度变化规律

图 2.18　乳熟期水稻后向散射系数随茎高、叶密度和穗密度的变化规律

2.3.2　小麦散射特性模拟与分析

2.3.2.1　基于 MIMICS 模型的小麦后向散射模拟与分析

由 2.1.2.2 节内容可知，MIMICS 模型是针对森林目标建立的，其把树干、枝、叶定义成一定尺寸的几何体，以此刻画电磁波的散射机理，并假定植被在水平方向上是近似连续的（Ulaby et al., 1990）。因为模型是针对森林等高大植被覆盖地表建立的，与植被秆部有关的后向散射分量在整个植被层后向散射中所占比重较大，而在应用于农作物等较矮小的植被覆盖地表时，作物茎秆和冠层界限不明显，实际应用时要对模型简化，去除与茎秆相关的散射项，将作物层当作一层植被处理，散射体仅包括叶和枝条（Toure et al., 1994）。

如图 2.19 所示，除去与茎秆部分有关散射项后，MIMICS 模型将植被覆盖地表微波后向散射贡献分为 4 部分，如式（2.57）所示：

$$\sigma_{pq}^0 = \sigma_{pq1}^0 + \sigma_{pq2}^0 + \sigma_{pq3}^0 + \sigma_{pq4}^0 \tag{2.57}$$

式中，σ_{pq1}^0 为作物直接后向散射系数；σ_{pq2}^0 为作物层–下垫面地表和下垫面地表–作物层相互耦合作用的后向散射系数；σ_{pq3}^0 为下垫面地表–作物–下垫面地表相互耦合作用的后向散射系数；σ_{pq4}^0 为经过作物层双程衰减后下垫面地表的直接后向散射系数。

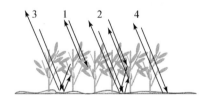

图 2.19　MIMICS 模型中包含的农作物覆盖地表雷达后向散射机理

电磁波在植被散射体内的传输机制是相似的，因此对于森林和作物，该模型能反映出普遍的散射规律，对其进行修改后适用于作物。Toure 等（1994）以小麦和蓖麻为例，针对 C、L 波段，详细分析了不同物候期、不同入射角时模型模拟的精度，他认为借助该模型可以反演作物的参数，并给出了反演精度。林晖借助该模型对甘蔗物候期的后向散射特征进行模拟，解释了不同极化方式的影响，得到了监测甘蔗长势的方法（Lin et al., 2009）。

几何和介电特性是雷达遥感的两个敏感参数，几何特性可以体现在结构差异上，冬小麦封垄后有穗和无穗是影响冬小麦结构差异的主要原因。为了便于和实测值进行对比分析，从观测参数的易得性和模型输入参数两方面考虑，模拟时以叶密度（个/m³）、穗密度（个/m²）为变量，植株密度（株/m²）与叶、穗同步变化，其他目标输入参数取实测样本的均值，输入的 SAR 系统频率 5.4GHz（C 波段）和观测入射角为 29.3°，以此分析不同长势和产量下冬小麦的后向散射变化特征。对于冬小麦而言，每株的叶子数量基本固定，孕穗期为 4~5 片/株，乳熟期随着下层叶子的枯死，大概为 3~4 片/株。叶的数量与叶面积呈正相关，穗的数量直接关联产量。叶面积是表征植被冠层结构最重要的参数，可以表征作物长势状况（冯伟等，2009）。

2.3.2.2 不同物候期小麦后向散射特性分析

1. 小麦孕穗期后向散射特征分析

孕穗期叶密度变化引起的后向散射特征如图 2.20 所示。同极化强度随叶密度增加逐渐下降 [图 2.20 (a)]，叶密度增加的初始阶段下降幅度较大，后期变缓，VV 极化这种特征表现得尤为显著；交叉极化强度先上升后下降 [图 2.20 (b)]。

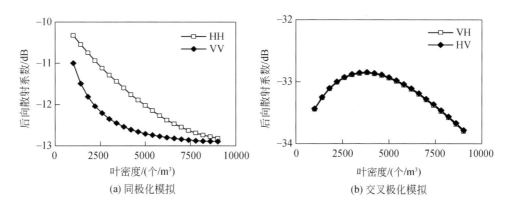

图 2.20 孕穗期叶密度变化引起的后向散射特征模拟

从模拟的散射分量分析得知，总体散射主要来自冠层和地表（图 2.19）。植被稀疏时，来自地表的散射受植被衰减小，在总体散射中占主导地位，随着叶密度增大，冠层衰减增加，地表散射分量开始减小。从实际观测值可以看出（图 2.21，图 2.22），在小入射角、地表粗糙度不大的情况下，引起土壤散射差异的主导因子是土壤湿度，生物量越小，后向散射与土壤湿度的关系越好。在孕穗期，当 LAI<3.0 时 [图 2.21 (a)]，HH 极化和 VV 极化与土壤湿度的相关性分别为 0.69 和 0.58，当 LAI>3.0 时 [图 2.21 (b)]，相关性只有 0.51 和 0.29。到了乳熟期，当 LAI<4.0 时 [图 2.22 (a)]，HH 极化和 VV 极化与土壤湿度的相关性分别为 0.60 和 0.26，而当 LAI>4.0 时 [图 2.22 (b)]，相关性分别下降到了 0.40 和 0.20。

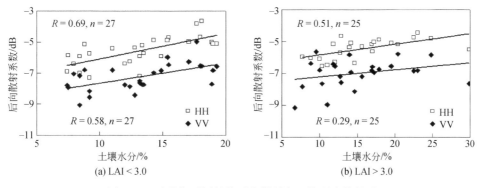

图 2.21 孕穗期不同长势后向散射与土壤湿度的关系

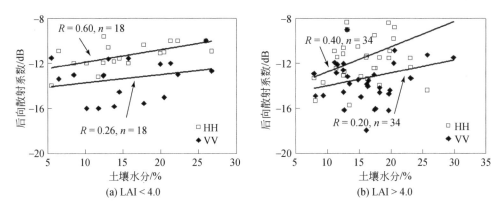

图 2.22　乳熟期不同长势后向散射与土壤湿度的关系

生物量较小时，土壤后向散射占主导地位，受冠层的衰减不同，HH 极化对土壤湿度的敏感性要高于 VV 极化，乳熟期冠层衰减更大。随着生物量的增加，这种趋势减弱，冠层散射占据了主导地位，此时，后向散射与土壤湿度间的关系减弱。当叶密度增加到一定程度时，植被表面形成了均一、致密的表面，此时来自地表的回波能量已很弱，后向散射主要来自冠层，VV 极化与 HH 极化差距趋小 ［图 2.20（a）］。

无论是在孕穗期还是在乳熟期，HH 极化与土壤湿度的相关系数都要大于 VV 极化，说明来自地表的 VV 极化后向散射受植被的干扰比 HH 极化大。小麦具有明显的垂直结构，VV 极化在传播过程中易受到垂直结构的影响，使地表后向散射在传播过程中衰减得更多，导致 VV 极化下降幅度较大。Brown 等（2003）利用高分辨率散射计对小麦不同极化方式下的散射特征进行了观测，并基于二维图解释了不同极化方式的衰减差异（图 2.23）。HH 极化接收到土壤的后向散射最明显，VV 极化次之，VH 极化最弱，并随着入射角的增大，穿透作物层的路径增加，冠层能量增大。

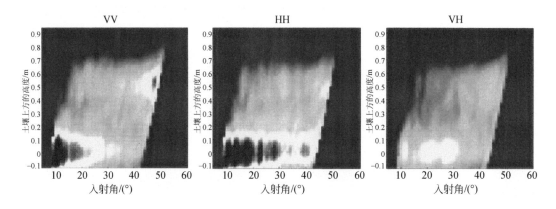

图 2.23　C 波段小麦冠层不同极化方式后向散射强度成像（Brown et al., 2003）

HV 极化和 VH 极化主要由茎–地表间的二次散射（Db1）形成（Ulaby et al., 1990），这部分能量一直很小，当叶密度不大时，受冠层的衰减弱，这部分散射随茎数量的增加呈增大趋势，当叶密度增加到一定程度时，衰减量超出了茎–地表散射的贡献量，交叉极化项减小，从而散射随叶的增加呈现出先上升后下降的变化特征［图 2.20（b）］。

2. 小麦乳熟期后向散射特征分析

冬小麦乳熟期穗子的出现，使之在结构上与孕穗期产生很大差异，后向散射会表现出不同特点。为单独分析叶和穗对后向散射的影响，把叶和穗单独模拟，模拟时另一个量作为常量处理（取观测均值）。当叶密度增加，穗密度取均值时，HH 极化、VV 极化都明显增加，交叉极化减弱，见图 2.24。由于穗的存在，叶密度增加时，叶-穗之间的散射量也随之增加，来自冠层的直接散射增加，使 HH 极化、VV 极化增加［图 2.24（a）］。穗的出现可能大大衰减了来自冠层下的散射贡献，加上叶密度增加产生的衰减作用，交叉极化一直呈下降趋势［图 2.24（b）］。

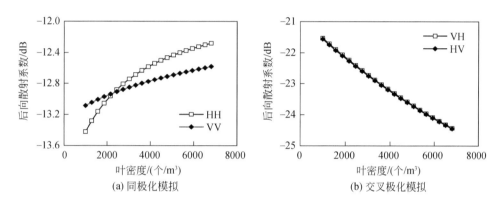

图 2.24　乳熟期叶密度变化引起的后向散射特征模拟

随着穗密度增加，叶密度取均值时，HH 极化、VV 极化都呈减小趋势，交叉极化呈增大趋势，见图 2.25。叶密度保持不变时，可以认为 HH 极化、VV 极化来自冠层叶的散射贡献一定，穗的增加会使叶-穗之间的散射量增加，而穗的增加使其产生的衰减效应超出了增加量，使总体散射呈下降趋势［图 2.25（a）］。交叉极化主要来自不同目标间的多次散射，由于茎-地表、穗-地表、穗-茎间的多次散射贡献，交叉极化明显上升［图 2.25（b）］。

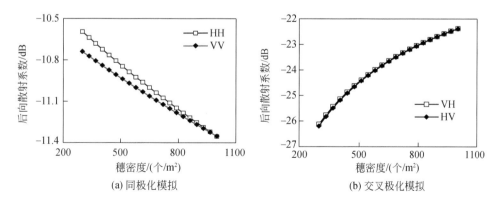

图 2.25　乳熟期穗密度变化引起的后向散射特征模拟

分析了叶、穗单独变化对散射的影响后，对叶密度、穗密度进行同步变化，以获取乳熟期因长势变化引起的实际散射特征。结果显示：同极化减弱，交叉极化相对于孕穗期明显偏大，且逐渐增强，见图 2.26。乳熟期随着下层叶子的枯萎，叶子的数量低于孕穗期，减弱了冠层对交叉极化的衰减作用。由于整体长势变化引起的同极化、交叉极化变化趋势（图 2.26）与穗单独变化得到的变化趋势（图 2.25）相同，所以，穗密度引起的散射变化特征占据了冬小麦乳熟期散射变化的主导地位，超过了叶密度变化引起的散射影响，表明雷达后向散射对穗高度敏感，其中 VV 极化尤为突出，Mattia 等（2003）在用散射计观测中也发现了小麦出穗前后的后向散射具有明显差异，这为雷达估算冬小麦产量提供了可能，因为产量与穗子多少直接相关。

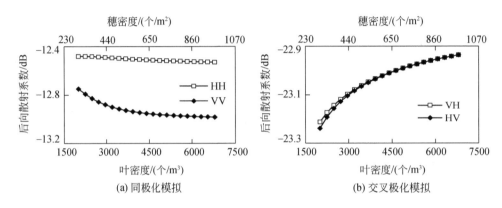

图 2.26 乳熟期不同长势后向散射特征模拟

3. 小麦不同物候期的散射机理差异分析

根据前面的分析，冬小麦不同物候期的散射组成可以用图 2.27 表示。

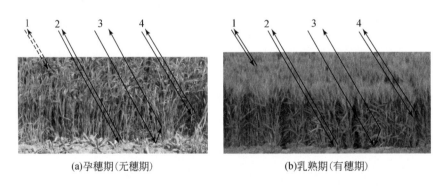

(a)孕穗期(无穗期)   (b)乳熟期(有穗期)

图 2.27 不同物候期冬小麦后向散射组成

几种散射组成（编号对应图 2.27 中的散射组成）如下：

（1）来自冠层表面的散射，由于冬小麦的叶子与波长相比较小，这部分的后向散射很弱，当作物受到降水或早晨受到露水影响后，这部分能量会显著增加（Inoue et al., 2002; Riedel et al., 2002）。冬小麦出穗后，随着冠层散射粒子的增加，来自冠层表面的后向散射会显著增加。

（2）经过作物层双程衰减后来自地表的散射，这部分能量会因为作物层生物量的多少，雷达波段的长短而产生显著差异。生物量越少贡献越大，波长越长贡献越大，入射角越小贡献越大（图 2.23），并因为 HH、VV、HV 穿透能力产生差异。

（3）茎秆–地面产生的二次散射，这部分能量在垂直结构比较明显的作物中都会产生，如水稻、小麦、玉米等。这部分能量很小，受上部冠层衰减明显，孕穗期受上部冠层叶密度的影响，乳熟期穗子层会强烈地影响来自该部分的散射。

（4）体散射部分，来自不同散射体之间的多次散射，当散射粒子的数量增加时，这部分能量会增加。乳熟期虽然叶子数量因枯死有所下降，但穗子的出现使体散射增加明显。

将观测样点按长势分成好、中、差三类，取每一类长势的后向散射均值作对比分析。采用统计均值的方法是为了排除土壤湿度的影响，多组同类长势样点的后向散射均值更能表达长势差异引起的散射变化。对于不同长势，孕穗期交叉极化差异很小，同极化有一定的差异 ［图 2.28（a）］。乳熟期，随长势变好，交叉极化增加明显，VV 极化对长势的敏感性比 HH 极化大 ［图 2.28（b）］。极化比 VV/VH 对作物长势更具敏感性，长势差的和好的相差 4.11dB，具有较大的动态范围。

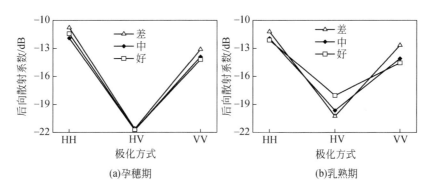

图 2.28　不同物候期不同长势后向散射对比

因为冬小麦不同物候期的散射机理差异，使后向散射与作物参数间呈现出不同的响应关系。孕穗期，极化比 HH/VV 与 LAI 间的关系有明显的分段性，见图 2.29。这是由于作物疏密不同导致的冠层散射不同和衰减差异产生的（图 2.18）。

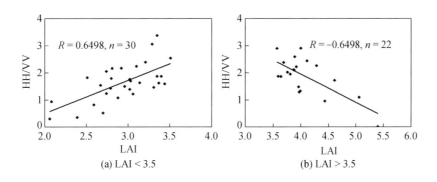

图 2.29　冬小麦孕穗期 HH/VV 与 LAI 关系

以 LAI 表达冬小麦的长势，可以用极化比 HH/VV 反演冬小麦的长势，但仅适用于冬小麦的实际 LAI 分布在特定的区间时。由于极化比 HH/VV 与 LAI 并非是单调的线性关系，因而通过多极化反演冬小麦孕穗期的长势存在二意性，即一个 HH/VV 值对应着两个 LAI 值，或高于 3.5，或低于 3.5。因此，冬小麦孕穗期的长势监测宜采用大入射角，以尽量增加作物层信息，降低土壤散射的影响，达到监测长势的目的。最佳入射角的选择有待于建立针对作物的散射模型，并结合实例分析出最佳入射角和波长。

乳熟期，冬小麦的极化比 VV/VH 在不同长势间差异最大，显示了其对长势监测的敏感性 [图 2.30 (a)]，且对产量具有一定的响应关系 [图 2.30 (b)]。

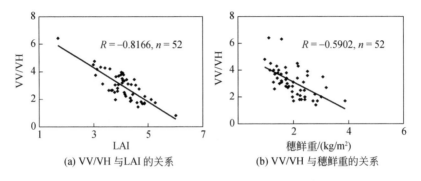

(a) VV/VH 与 LAI 的关系   (b) VV/VH 与穗鲜重的关系

图 2.30   乳熟期极化比 VV/VH 与 LAI 和穗鲜重的关系

这种敏感性缘于穗的变化对作物几何结构的强烈影响，使后向散射强度表现出对穗的高度敏感性。

2.3.3   玉米散射特性模拟与分析

2.3.3.1   基于 MIMICS 模型的玉米后向散射模拟与分析

玉米的散射特性模拟与小麦一样，也是采用 2.3.2.1 节内容所述的方法，去掉 MIMICS 模型中的树干层，模拟分析玉米的后向散射特性。模型中玉米输入参数取实测样本的均值，SAR 系统输入频率 5.4GHz（C 波段），观测入射角为 29.3°。

2.3.3.2   不同物候期玉米后向散射特性分析

1. 玉米拔节期前期散射特征分析

在同步观测的三期数据中，夏玉米（玉米拔节期前期）的作物生物量最小，这时土壤的散射贡献最大，夏玉米的地表粗糙度在四个物候期中变动幅度最大，可以以此地表分析裸露地表的后向散射特征。图 2.31 为不同极化后向散射强度与地表粗糙度的关系，鉴于相关长度测量的不稳定性（Ulaby et al., 1981；Oh and Kay, 1998），这里的粗糙度分析都基于均方根高度进行。

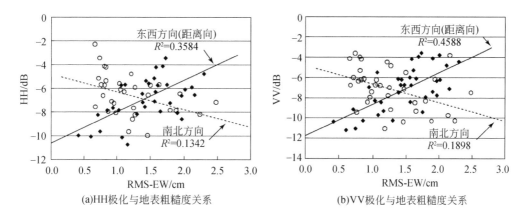

(a)HH极化与地表粗糙度关系   (b)VV极化与地表粗糙度关系

图 2.31 玉米拔节期前期地表不同极化方式后向散射强度与地表均方根高度关系

图 2.31 表明，地表粗糙度与后向散射强度有明显的相关性，且 VV 极化［图 2.31（b）］对地表粗糙度的敏感性要高于 HH 极化［图 2.31（a）］，VV 极化后向散射强度与地表粗糙度的相关性达到 0.6773。夏玉米地表有明显的陇向结构，RADARSAT-2 的轨道倾角为 98.6°，农田的东西方向基本与距离向一致。即在稀疏植被覆盖情况下，后向散射强度主要受土壤影响，土壤的后向散射占据农田地表散射的主导地位，并要充分考虑垄向结构对后向散射强度的影响。

图 2.32 为后向散射强度与土壤湿度的分析结果，由于地表粗糙度对雷达后向散射影响的主导性，后向散射强度与土壤湿度间并没有相关性。

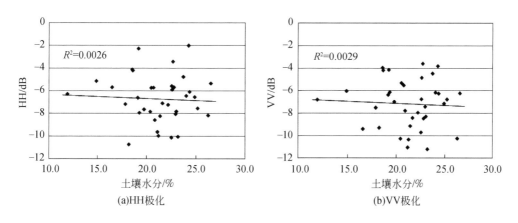

(a)HH极化   (b)VV极化

图 2.32 玉米拔节期前期不同极化方式后向散射强度与土壤湿度关系

图 2.31 和图 2.32 的分析结果表明：对于稀疏植被地表，农田地表散射表现出来的是土壤的散射特征，当地表粗糙度的变化幅度较大时，如果不分离出地表粗糙度对散射的贡献，将很难反演出土壤湿度。基于短波段和全极化 SAR，结合裸露地表散射模型可能是反演裸露地表土壤湿度的一个可行方法（Ticconi et al.，2010）。

2. 玉米拔节期后期散射特征分析

玉米拔节期后期的作物特征与冬小麦孕穗期既有相似之处，又有不同之处。相似之处为作物的结构相同，都由茎、叶组成，不同之处为植株密度差异很大，作物尺寸差异很大，作物含水量差异很大，两种作物可以分析这些差异引起的作物散射特征变化。以观测值域范围为模拟范围，模拟时量取观测值的均值，玉米期 RADARSAT-2 的入射角为 24.3°，不同参数变化引起的散射模拟结果见图 2.33。

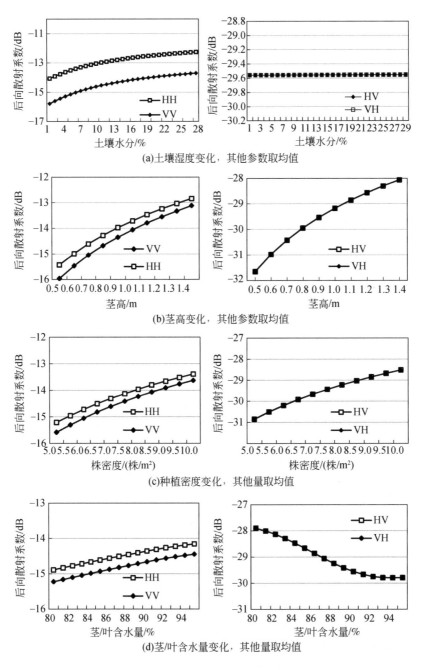

(a)土壤湿度变化，其他参数取均值

(b)茎高变化，其他参数取均值

(c)种植密度变化，其他量取均值

(d)茎/叶含水量变化，其他量取均值

图 2.33　不同参数变化下玉米作物 MIMICS 模拟后向散射变化

图 2.33（a）表明，土壤湿度的增加使同极化增加，虽然玉米植株的高度达到 1.92m，但植株密度较小，在 C 波段时，来自土壤的散射仍然有一部分能够穿透玉米作物层，使同极化后向散射总体呈上升趋势，由此可以判定低入射角下（24.3°），电磁波仍然可以穿透作物层获取到土壤信息；交叉极化基本没有变化，因为交叉极化较弱，在作物覆盖量较高的玉米农田，交叉极化基本上来自冠层上部，下部散射很难穿透植被层。

随着作物各个变量参数值的增加 ［图 2.33（b）~（d）］，同极化散射都呈增加趋势，即作物量带来的作物散射增加量要高于对土壤散射的衰减量。交叉极化呈现出不同的变化趋势，不同于冬小麦的孕穗期、拔节期。

图 2.33（b）表明，当茎高增加时，同极化、交叉极化都增加，因为交叉极化主要来自植被层，植被层高度的增加使交叉极化增加。

图 2.33（c）表明，株密度的增加使散射粒子增加，同极化增加，交叉极化也增加。株密度的增加会增大土壤散射的衰减，说明冠层的散射增加量要高于土壤散射的衰减量。

图 2.33（d）表明，茎/叶含水量的变化使同极化和交叉极化呈现出不同的变化特征，玉米拔节期的含水量很高（81%~95%），直到成熟期的后期含水量才会有显著下降。因为玉米的叶片较大，具有强介电介质的性质。冠层表面会形成强散射，在增加同极化散射的同时，也使散射的衰减性增强，从而使来自冠层内部的交叉极化出现因衰减而降低的情况。

3. 玉米不同物候期的散射机理差异分析

玉米拔节期前期作物的覆盖量很小，基本上可以认为是稀疏植被覆盖的裸露地表，由于夏玉米种植于刚刚收割后的冬小麦田里，地表分布有明显的麦茬。从拔节期开始到结束，生物量增加非常明显，到了拔节期后期玉米已经封垄，可以用来分析高植被作物的散射机理。玉米物候期描述的另一种方法是叶龄，即单株叶子的数量，玉米的叶子从出苗后的 1~2 片叶子到出穗后的 12~18 片叶子，变化很大，因品种会有差异。本次观测的夏玉米叶片数为 5~7 片，春玉米叶片数为 12~15 片。拔节期后即进入抽穗期，叶龄不再变化。

玉米不同物候期的农田景观和主要散射组成见图 2.34。

(a) 玉米拔节期前期　　　　　　　　　　(b) 玉米拔节期后期

图 2.34　玉米不同物候期的农田景观和主要散射组成

与冬小麦相比，玉米期的作物结构特点使散射组成发生以下改变（编号对应图 2.34

中的散射组成)。

(1) 拔节期前期，玉米作物很稀疏，种植密度为 6~15 株/m²，作物的后向散射贡献可以忽略，后向散射表现出来的是土壤的特征（图 2.31）；拔节期后期玉米已经封垄，由于玉米叶片较大、含水量高，这部分能量比较明显。

(2) 拔节期前期，土壤基本上呈裸露状态，玉米田基本上属于稀疏植被覆盖区，以土壤的直接散射为主；拔节期后期，植株的高度可达到 2m，由于作物的衰减，该部分能量明显减小。

(3) 由于玉米的播种密度较低，拔节期前期，以麦茬产生二次散射为主；拔节期后期，茎秆明显，但由于叶片层的厚度增加明显，形成的二面角散射不易穿透植被层，该部分能量很小。

(4) 拔节期前期，作物很稀疏，来自作物间的多次散射可以忽略；拔节期后期，玉米冠层的厚度很大，但就散射粒子的数量而言，并没有冬小麦多，因而体散射的贡献可能没有冬小麦大。

参 考 文 献

冯伟, 朱艳, 姚霞, 等, 2009. 基于高光谱遥感的小麦叶干重和叶面积指数监测. 植物生态学报, 33 (1): 34-44.

杨虎. 2003. 植被覆盖地表土壤水分变化雷达探测模型和应用研究. 北京：中国科学院遥感应用研究所.

王志良, 任伟, 1994. 电磁散射理论. 成都：四川科学技术出版社.

Attema E P W, Ulaby F T, 1978. Vegetation modeled as a water cloud. Radio Science, 13 (2): 357-364.

Bracaglia M, Ferrazzoli P, Guerriero L, 1995. A fully polarimetric multiple scattering for crops. Remote Sensing of Environment, 54: 170-179.

Brown S C M, Quegan S, Morrison K, et al., 2003. High- resolution measurements of scattering in wheat canopies—implications for crop parameter retrieval. IEEE Transactions on Geoscience and Remote Sensing, 41 (7): 1602-1610.

Bush T, Ulaby F T, 1976. Radar return from a continuous vegetation canopy. IEEE Transactions on Geoscience and Remote Sensing, 24 (3): 269-276.

De Loor G P, 1968. Dielectric properties of heterogeneous mixtures containing water. Journal of Microwave Power, 3 (2): 66-73.

Engheta N, Elachi C, 1982. Radar scattering from a diffuse vegetation layer over a smooth surface. IEEE Transactions on Geoscience and Remote Sensing, 20: 212-216.

Eom H J, Fung A K, 1984. A scatter model for vegetation up to Ku- band. Remote Sensing of Environment, 15: 85-200.

Fung A K, Chen K S, 2010. Microwave scattering and emission models for users. Norwood, MA: Artech House.

Fung A K, Li Z Q, Chen K S, 1992. Backscattering from a randomly rough dielectric surface. IEEE Transactions on Geoscience and Remote Sensing, 30 (2): 356-369.

Graham A J, Harris R, 2003. Constructing a water- use model for input to the water cloud backscatter model. Agronomie, 23 (8): 711-718.

Hoekman D H, Krul L, Attema E, 1982. A multi- layer model for radar backscattering by vegetation canopies. Proceedings of IGARSS'82, Munich, FRG. New York: IEEE, 2: 4.1-4.7.

Inoue Y, Kurosu T, Maeno H, et al., 2002. Season-long daily measurements of multifrequency (Ka, Ku, X, C, and L) and full-polarization backscatter signatures over paddy rice field and their relationship with biological variables. Remote Sensing of Environment, 81 (2-3): 194-204.

Jin Y Q, 1993. Electromagnetic scattering modelling for quantitative remote sensing. Singapore: World Scientific Publishing Corporation.

Karam M A, Fung A K, 1988. Electromagnetic scattering from a layer of finite length, randomly oriented, dielectric, circular cylinders over a rough interface with application to vegetation. International Journal of Remote Sensing, 9 (6): 109-1134.

Lang R H, Sidhu J S, 1983. Electromagnetic backscattering from a layer of vegetation: a discrete approach. IEEE Transactions on Geoscience and Remote Sensing, 21: 62-71.

Le Toan T, Ribbes F, Wang L F, et al., 1997. Rice crop mapping and monitoring using ERS-1 data based on experiment and modeling results. IEEE Transactions on Geoscience and Remote Sensing, 35 (1): 41-56.

Li Q, Shi J C, Chen K S, 2002. A generalized power law spectrum and its applications to the backscattering of soil surfaces based on the integral equation model. IEEE Transactions on Geoscience and Remote Sensing, 40 (2): 271-280.

Lin H, Chen J S, Pei Z Y, et al., 2009. Monitoring sugarcane growth using ENVISAT ASAR data. IEEE Transactions on Geoscience and Remote Sensing, 47 (8): 2572-2580.

Liu H L, Fung A K, 1988. An empirical model for polarized and cross-polarized scattering from a vegetation layer. Remote Sensing of Environment, 25: 23-26.

Mattia F, Le Toan T, Picard G, et al., 2003. Multitemporal C-band radar measurements on wheat fields. IEEE Transactions on Geoscience and Remote Sensing, 41 (7): 1551-1560.

Oh Y, Kay Y C, 1998. Condition for precise measurement of soil surface roughness. IEEE Transactions on Geoscience and Remote Sensing, 36 (2): 691-695.

Oh Y, Sarabandi K, Ulaby F T, 1992. An empirical model and an inversion technique for radar scattering from bare soil surface. IEEE Transactions on Geoscience and Remote Sensing, 30 (2): 370-381.

Oh Y, Sarabandi K, Ulaby F T, 1994. An inversion algorithm for retrieving soil moisture and surface roughness from polarimetric radar observation. Proceedings of IGARSS' 94, Pasadena, USA. New York: IEEE, 3: 1582-1584.

Peake W H, 1959. Interaction of electromagnetic waves with some natural surfaces. IEEE Transactions on Antennas and Propagation, 7 (5): 324-329.

Polder D, van Santen J H, 1946. The effective permeability of mixtures of solids. Physica, 12 (5): 257-271.

Richards J A, Sun G, Simonett D S, 1987. L-band radar backscatter modeling of forest stands. IEEE Transactions on Geoscience and Remote Sensing, 25: 487-498.

Riedel T, Pathe C, Thiel C, et al., 2002. Systematic investigation on the effect of dew and interception on multi-frequency and multipolarimetric radar backscatter signals. Proceedings of the Third International Symposium on Retrieval of Bio-and Geophysical Parameters from Sar Data for Land Applications, 475: 99-104.

Sun G, Ranson K J, 1995. A three-dimensional radar backscatter model of forest canopies. IEEE Transactions on Geoscience and Remote Sensing, 33 (2): 372-382.

Sun G, Simonett D S, 1988. Simulation of L-band and HH radar backscattering for coniferous forest stands: a comparison with SIR-B data. International Journal of Remote Sensing, 9 (5): 907-925.

Sun G, Simonett D S, Strahler A H, 1991. A radar backscattering model for discontinuous coniferous forests. IEEE Transactions on Geoscience and Remote Sensing, 29 (4): 639-650.

Ticconi F, Martone M, Jagdhuber T, et al., 2010. Investigation of fully polarimetric TerraSAR-X data for soil parameters estimation. EUSAR2010. Aachen, Germany: 801-804.

Tinga W R, Voss W A G, Blossey D F, 1973. Generalized approach to multiphase dielectric mixture theory. Journal of Applied Physics, 44 (9): 3897-3902.

Toure A, Thomson K P B, Edwards G, et al., 1994. Adaptation of the mimics backscattering model to the agricultural context-wheat and canola at L and C bands. IEEE Transactions on Geoscience and Remote Sensing, 32 (1): 47-61.

Tsang L, Kong J A, Shin R T, 1985. Theory of microwave remote sensing. New York: Wiely Interscience.

Ulaby F T, EL-Rayes M A, 1987. Microwave dielectric spectrum of vegetation-part Ⅱ: dual-dispersion model. IEEE Transactions on Geoscience and Remote Sensing, GE-25 (5): 550-557.

Ulaby F T, Moore R K, Fung A K, 1982. Microwave remote sensing: active and Passive. Volume 2-Radar remote sensing and surface scattering and emission theory. Norwood, MA: Addison-Wesley.

Ulaby F T, Razani M, Dobson M C, 1983. Effect of vegetation cover on the microwave radiometric sensitivity to soil moisture. IEEE Transactions on Geoscience and Remote Sensing, GE-21 (1): 51-61.

Ulaby F T, Allen C T, Eger G, et al. , 1984. Relating microwave backscattering coefficient to leaf area index. Remote Sensing of Environment, 14: 113-133.

Ulaby F T, Moore R K, Fung A K, 1986. Microwave remote sensing: active and passive. Volume 3-From theory to applications. Massachusetts: Addison-Wesley.

Ulaby F T, McDonald K, Sarabandi K, et al., 1988. Michigan microwave canopy scattering models (MIMICS). Edinburg: Proceedings of IGARSS'88.

Ulaby F T, Sarabandi K, Mcdonald K, et al., 1990. Michigan microwave canopy scattering model. International Journal of Remote Sensing, 11 (7): 1223-1253.

Varadan V K, Varadan V V, 1980. Electromagnetic and elastic wave scattering-focus on the T-matrix approach. New York: Pergamon.

Wang Y, Davis F W, Melack J M, 1993. Simulated and observed backscatter at P-, L-, and C- bands from ponderosa pine stands. IEEE Transactions on Geoscience and Remote Sensing, 31 (4): 871-879.

第3章 基于极化SAR数据的农作物散射机理分析

全极化合成孔径雷达通过测量地面每个分辨单元内的散射回波，获得其极化散射矩阵，极化散射矩阵将目标散射的能量特性、相位特性以及极化特性统一起来，相对完整地描述了雷达目标的电磁散射特性。目标的极化特性与其形状结构有着本质的联系，可反映目标表面粗糙度、对称性等方向性信息，是完整刻画目标散射特性的有效技术，为复杂目标识别、深入研究地物目标散射特征提供了重要依据。

极化目标分解理论是为了更好地解译极化数据而发展起来的，为理解目标和提取目标参数信息提供了一种不同于其他遥感信息提取的手段，极化分解得到的参数信息与散射机理结合可以更好地辅助目标解译。本章首先介绍了极化SAR基本理论：目标极化响应特征、目标散射的基本类型、极化SAR目标分解理论，然后基于极化SAR数据，分析了典型作物不同物候/长势下的极化响应特征、散射机理，并结合第2章模型分析的结果，对作物散射机理分析中得到的结论进行总结，分析了影响作物散射的敏感参数，为农作物分类识别、参数反演等应用提供理论依据。

3.1 极化SAR基本理论

3.1.1 目标极化响应特征

目标的接收功率是入射波极化状态的函数，当发射和接收天线的极化状态一致时，极化响应称为同极化响应，当极化状态正交时称为交叉极化响应。根据雷达接收机探测到的目标散射矩阵，可以计算发射和接收天线在任意极化组合下接收到的回波功率，即极化合成技术（Lee and Pottier, 2009；郭华东等, 2000）。合成极化响应必须有相位信息和两个正交的极化状态（发射和接收）。回波功率表达为

$$P(\psi_r, \chi_r, \psi_t, \chi_t) = k(\lambda, \theta, \varphi) \begin{bmatrix} 1 \\ \cos 2\chi_r \cos 2\psi_r \\ \cos 2\chi_r \sin 2\psi_r \\ \sin 2\chi_r \end{bmatrix}^{\mathrm{T}} \boldsymbol{K} \begin{bmatrix} 1 \\ \cos 2\chi_t \cos 2\psi_t \\ \cos 2\chi_t \sin 2\psi_t \\ \sin 2\chi_t \end{bmatrix} \tag{3.1}$$

式中，P 为回波功率；χ_t、ψ_t 和 χ_r、ψ_r 分别为入射波和接收波的椭率角和方位角；$k(\lambda, \theta, \varphi)$ 为与天线有效面积和波阻抗有关的常数；$\boldsymbol{K}$ 为目标的 Stokes 矩阵，由此可以计算出目标的

极化响应图。

极化响应图是对目标的极化响应特征的直观表达，在接收能量最大的地方出现峰值，能量最弱的地方出现谷值，常用三维的极化响应图来显示特定目标的极化响应状态，并作如下定义。

（1）雷达响应值被归一化到 0 ~ 1；

（2）水平轴是椭率角（χ）和方位角（ψ）；

（3）椭率角位于 $-45°$（右旋极化）和 $+45°$（左旋极化）；

（4）方位角一般定义为 $-90° \sim +90°$，有时也定义为 $0° \sim +180°$。

常见典型目标的极化响应图和特点（Lee and Pottier，2009）如下所示。

1. 球体、平面、三面角的极化响应特征

特点：同极化最大值和交叉极化的最小值出现于椭率角 $\chi = 0°$ 处（线极化），与方位角无关。在 $\chi = 0°$ 处有一脊线，是一次散射机理的典型特征（图 3.1）。

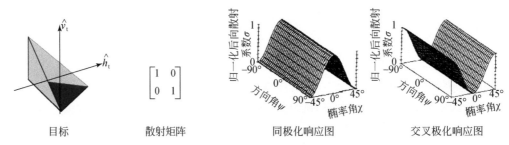

图 3.1　球体、平面、三面角的散射矩阵和极化响应图

2. 垂直偶极子

特点：同极化响应最大值发生在线极化情况，且位置唯一，反映了偶极子的位置；交叉极化响应的最大、最小值都不唯一，无法提供偶极子位置信息（图 3.2）。

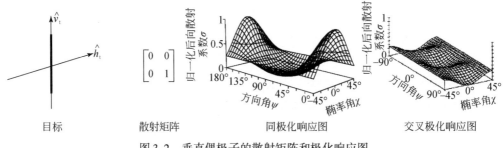

图 3.2　垂直偶极子的散射矩阵和极化响应图

3. 方向偶极子

特点：同极化响应最大值发生在线极化情况，且位置唯一，反映了偶极子的位置；交叉极化响应的最大、最小值都不唯一，无法提供偶极子位置信息（图 3.3）。

4. 二面角

特点：入射电磁波在二面角的两个面上各反射一次，返回的电磁波方向与入射方向平行，并使 HH 极化和 VV 极化产生 $180°$ 相位偏移。二面角的同极化和交叉极化分别在 $\chi =$

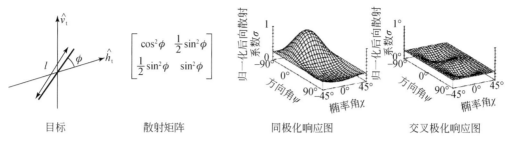

图 3.3　方向偶极子的散射矩阵和极化响应图

$0°$，$\psi = +45°$ 位置处分别出现了两个最小、最大值（图 3.4）。

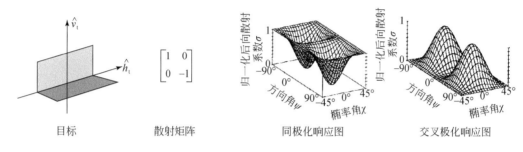

图 3.4　二面角的散射矩阵和极化响应图

5. 旋转体

特点：螺旋体的极化响应值出现在与螺旋体旋向相同的圆极化情况下，散射波与入射波的极化旋向相同，因此，与散射波正交的接收天线接收不到任何能量，相应的交叉极化出现最小值。可以通过同极化响应得知螺旋体的旋向（图 3.5）。

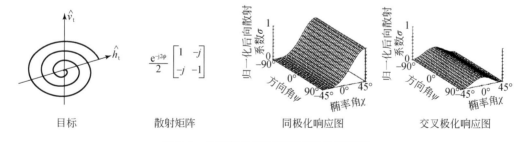

图 3.5　旋转体的散射矩阵和极化响应图

实际地物因为存在多种散射机理，极化响应图往往表现出典型目标极化响应图的混合特征，结合典型目标的极化响应图特征有利于散射机理的解释。

3.1.2　目标散射的基本类型

自然界地物的散射过程可简化为三类：面散射、体散射和二面角散射。其中，面散射又可分为单次面散射（Bragg 散射）和少部分多重散射，如干燥的土壤等地物；其极端情况为较平的表面（如水面、路面等）发生镜面反射。体散射又包括一层小散射体的单次散射（如森林、冬小麦孕穗期等的冠层，雪与空气的接触面等）和大量的层内多重散射（如森林树叶及树枝内部、作物层内部、雪的内部等）。二面角散射主要为不同介质形成的二面角引起的散射，如水面与树干、裸土地面与树干，以及道路与建筑物等。不同介质面所产生的回波强度会不同，随着地物几何特性、介电的变化而变化，散射过程也会有所不同。在实际对地观测中，绝大多数地物的构成是复杂的，因此雷达入射波在其表面或内部发生散射时很少是一种散射类型，多为面散射、二次散射和体散射的混合。

3.1.2.1   面散射

面散射/一次散射发生于两种均匀介质的交界处，裸露地表的后向散射强度主要受它的介电常数、表面结构的形状和对应雷达波长的影响。面散射机理见图 3.6，后向散射波与入射波的旋向相反，因此圆极化 RL 可以反映面散射强度的大小（Evans et al., 1988；de Matthaeis et al., 1992）。

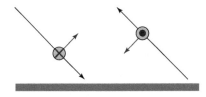

图 3.6   面散射机理

一般地，土壤表面只发生单次散射过程，不产生交叉极化，理论上的单次散射的散射矩阵和矢量形式可以表示为（Hajnsek，2001）

$$S_{\text{surface}} = A \begin{bmatrix} \rho_H & 0 \\ 0 & \rho_V \end{bmatrix} \tag{3.2}$$

式中，A 为回波强度，与散射目标的尺寸及质地有关；ρ_H、ρ_V 为 HH 极化和 VV 极化的 Fresnel 反射系数，$\rho_H = \dfrac{\cos\theta - \sqrt{\varepsilon_r - \sin^2\theta}}{\cos\theta + \sqrt{\varepsilon_r - \sin^2\theta}}$，$\rho_V = \dfrac{-\varepsilon_r\cos\theta + \sqrt{\varepsilon_r - \sin^2\theta}}{\varepsilon_r\cos\theta + \sqrt{\varepsilon_r - \sin^2\theta}}$，$\varepsilon_r$ 为介质的介电常数；θ 为入射角度。

3.1.2.2   二面角散射

二面角散射/二次散射来自两种相同或不同地物表面构成的特殊角发射器，在两个平面形成的法平面与雷达入射波夹角小于 90° 时，都会产生这种散射。该散射的模型示意图如图 3.7 所示，入射波经过一个面反射到另一个正交面，然后再返回到雷达传感器。

根据形状及反射路径的不同，角反射器分为双向（二面）角反射器和三向（三面）角反射器，如互相垂直或近垂直的森林的树干–地面之间、城市房屋的墙面–地面之间、垂直结构比较明显的作物–地面之间都较易形成二面角反射器。二面角散射中，HH 极化回波的相位角与入射波相同，而 VV 极化回波的相位角发生 180° 的偏转，因此，同极化相位

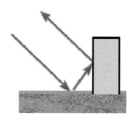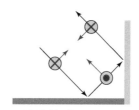

(a)二面角散射模型　　　　(b)二面角散射V 极化相位改变180°

图 3.7　二面角散射机理

差为 180° 是判定二面角散射机理的一个重要依据。假设二面角的两个介质面不同，则其反射实际上是两个符合单次面散射的散射矩阵的乘积，即

$$S_{\text{dihedral}} = A \begin{bmatrix} \rho_{g\text{H}}\rho_{t\text{H}} & 0 \\ 0 & -\rho_{g\text{V}}\rho_{t\text{V}} \end{bmatrix} \tag{3.3}$$

式中，$\rho_{g\text{H}}$ 为地面 HH 极化的反射系数；$\rho_{t\text{H}}$ 为树干 HH 极化的反射系数；$\rho_{g\text{V}}$ 为地面 VV 极化的反射系数；$\rho_{t\text{V}}$ 为树干 VV 极化的反射系数。

3.1.2.3　体散射

体散射/多次散射是指在一种或多种介质内部发生了多次散射的过程，如植被冠层、干燥土壤表层内部、沙地内部及雪的内部等。体散射的强度与发生体散射内部介质的物理属性（介电常数变化、散射粒子数量、形状结构等）及雷达系统参数（如波长、极化和入射角等）都密切相关。该散射的模型示意图如图 3.8 所示，圆极化 RR/LL 可以反映体散射强度的大小（Evans et al., 1988；de Matthaeis et al., 1992）。

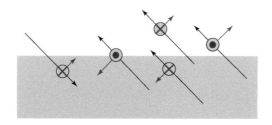

图 3.8　体散射模型

体散射的模型描述最为复杂，往往将其描述为形状相同的粒子云组成。在忽略相互之间的多重散射的情况下，植被层的散射通过三个参数来刻画：影响体散射强度的电磁波密度、粒子的形状和方向分布，而单个散射体的散射矩阵描述为

$$S_{\text{P}} = \begin{bmatrix} a & c \\ c & b \end{bmatrix} \tag{3.4}$$

粒子的方位向可以描述在 3D 空间中，给散射体旋转一个角度得到（Hajnsek，2001）：

$$S_{\text{P}}(\varphi, \tau, \chi) = R_{\varphi} R_{\tau} R_{\chi} S_{\text{P}} R_{\chi}^{\text{T}} R_{\tau}^{\text{T}} R_{\varphi}^{\text{T}} \tag{3.5}$$

式中，φ 为倾角；τ 为地面倾斜角；χ 为旋转角度。

$$R_{\varphi} = \begin{bmatrix} \cos\varphi & \sin\varphi \\ -\sin\varphi & \cos\varphi \end{bmatrix}, R_{\tau} = \begin{bmatrix} \cos\tau & -\sin\tau \\ \sin\tau & \cos\tau \end{bmatrix}, R_{\chi} = \begin{bmatrix} \cos\chi & \sin\chi \\ -\sin\chi & \cos\chi \end{bmatrix} \tag{3.6}$$

以上为旋转矩阵。通常认为它们在旋转角度上对称，即 χ 不变，并假定地面水平，即 $\tau=0$，因此，模型建立时只需要考虑方位向上的旋转角度 φ。

3.1.3   极化 SAR 目标分解理论

极化目标分解主要有两种思想（Cloude and Pottier，1996），一是基于电磁波矢量特性，对传感器所测得的后向散射矩阵进行分解，分解成多个基本目标的散射矩阵的加权叠加，该方法从极化矢量相干特性角度出发，因此被称为相干目标分解；二是基于功率，对接收的功率参数即协方差矩阵、相干矩阵、Muller 矩阵和 Kaunguah 矩阵等进行分解，因叠加中不考虑电磁波的相位信息，故被称为非相干目标分解。相干分解要求目标的散射特征是确定的或稳态的，散射回波是相干的，现实世界中极少存在相干散射目标，多为分布式目标。

3.1.3.1   相干目标极化分解

基于散射矩阵 S 的相干分解方法的主要思想是将任意散射矩阵 S 表示成基本目标的散射矩阵之和的形式，这些基本散射矩阵可以与某种确定的散射机理联系起来。一般情况下，雷达发射的电磁波信号，与地表相互作用时，从入射到回波出射，都经历了多次复杂的散射，电磁波的能量、相位、极化方向等都会发生一系列变化。为解释这样的散射过程，根据电磁波的矢量叠加特性，假设电磁散射过程中目标是稳态的，不随时间变化的，故可以将复杂的电磁散射结果分解成数个简单的目标散射矢量之和。

$$S = \sum_{i=1}^{k} c_i S_i \tag{3.7}$$

$$S = e^{i\varphi_0} \begin{bmatrix} |S_{HH}| & |S_{HV}|e^{i(\varphi_{HV}-\varphi_0)} \\ |S_{VH}|e^{i(\varphi_{VH}-\varphi_0)} & |S_{VV}|e^{i(\varphi_{VV}-\varphi_0)} \end{bmatrix} \tag{3.8}$$

式中，S_i 为每个基本目标的散射矩阵；c_i 为 S_i 在组合中的权重。在分解中，为了简化物理机制的解释和数学求解的方便，假设各矩阵 S_i 具有独立性，避免一个特定的散射行为表现在多个矩阵 S_i 中。相干目标极化分解以 Pauli 分解为代表。

根据矩阵群论知识和向量叠加性原理，Pauli 基分解是将极化雷达接收机得到的后向散射矩阵 S 在所谓的 Pauli 基上进行表征。如果约定电场矢量在（H、V）线性基下，那么 Pauli 基 $\{S_a, S_b, S_c, S_d\}$ 则由如下四个 2×2 矩阵算子表示：

$$S_a = \frac{1}{\sqrt{2}}\begin{bmatrix} 1 & 0 \\ 0 & 1 \end{bmatrix}, S_b = \frac{1}{\sqrt{2}}\begin{bmatrix} 1 & 0 \\ 0 & -1 \end{bmatrix}, S_c = \frac{1}{\sqrt{2}}\begin{bmatrix} 0 & 1 \\ 1 & 0 \end{bmatrix}, S_d = \frac{1}{\sqrt{2}}\begin{bmatrix} 0 & -1 \\ 1 & 0 \end{bmatrix} \tag{3.9}$$

因此，对于要研究的散射矩阵 S，可以写成以下形式：

$$S = \begin{bmatrix} S_{HH} & S_{HV} \\ S_{VH} & S_{VV} \end{bmatrix} = a\,S_a + b\,S_b + c\,S_c + d\,S_d \tag{3.10}$$

其中 a、b、c、d 都是复数，可以写成向量 K 的形式：

$$K = \begin{bmatrix} a & b & c & d \end{bmatrix} = \frac{1}{\sqrt{2}}\begin{bmatrix} S_{HH}+S_{VV} & S_{HH}-S_{VV} & S_{HV}+S_{VH} & i(S_{VH}-S_{HV}) \end{bmatrix}^{T} \tag{3.11}$$

由式（3.11）可以看出，Pauli 分解具有保持总功率不变的性质，即

$$\text{Span} = |S_{HH}|^2 + |S_{HV}|^2 + |S_{VH}|^2 + |S_{VV}|^2 = |a|^2 + |b|^2 + |c|^2 + |d|^2 \tag{3.12}$$

当介质满足互易条件时，$d=0$，式（3.12）变为

$$\text{Span} = |S_{HH}|^2 + 2|S_{HV}|^2 + |S_{VV}|^2 = |a|^2 + 2|b|^2 + |c|^2 \tag{3.13}$$

式（3.11）变为

$$K = \begin{bmatrix} a & b & c & d \end{bmatrix} = \frac{1}{\sqrt{2}}\left(S_{HH}+S_{VV} \quad S_{HH}-S_{VV} \quad 2S_{HV} \right)^{T} \tag{3.14}$$

Pauli 分解有两个优点：①三个基是正交的；②分解后功率保持不变。a、b、c、d 分别表示了散射矩阵在四个基上的权重且为复数，而 $|a|^2$、$|b|^2$、$|c|^2$、$|d|^2$ 则表征了四个分量的功率，考虑雷达系统的互异性，有 $S_{HV}=S_{VH}$，此时 $d=0$。

Pauli 基分解的第一项 S_a 物理意义为单次散射或奇次散射（Odd），如球体、平坦表面或者三角反射器等散射体，其微波散射特征是不改变 H、V 极化波的相位，没有去极化现象。复系数 a 表示该散射机理在整个散射矩阵中的权重。

第二项 S_b 表示与雷达–目标之间视线成 0° 的二面角散射机理，即中心视线与二面角法平面间重合。其散射特征为回波极化与入射波极化关于镜面对称，因此不改变 H 极化波的相位，改变 V 极化波相位 180°，对应二面角或偶次散射目标。

第三项 S_c 表征经过绕雷达目标视线轴旋转 45° 后的二面角反射器，能反射回正交极化的散射体，该项与多次散射有关，因为一般仅当电磁波经历多次散射后才产生交叉极化，有时与非相干散射描述联系起来，看成"漫散射"或"体散射"，所以该项对应的散射功率 $|c|^2$ 可以反映森林、干雪、作物等地物的散射情况。以玉米期的 RADARSAT-2 数据为例，其 Pauli 分解的结果如图 3.9 所示。

图 3.9 显示玉米拔节期前期以面散射为主，呈蓝色调。城镇区由于存在很多二面角结构，以二次散射为主，呈红色调。玉米拔节期后期，已经达到一定的生物量，会形成较多的多次散射，但仍以面散射为主，偏于绿色调。河道由于地表平坦，各种散射均不明显，呈暗色调。

Pauli 分解的优点在于它非常简单，Pauli 基是正交基，具有一定的抗噪性，即使是在有噪声或去极化效应的情况下，仍能用它进行分解。它的主要缺点在于只能区分两种散射机理：奇次散射和偶次散射，不能完整地描述实际地物的各种散射机理，不能充分地解释体散射机理（王超等，2008）。

需要注意的是，仅当入射波和散射波都是完全极化波时，散射矩阵 S 才可以描述特定目标的散射过程。而实际情况中，测量的散射矩阵 S 往往对应一个复杂的分布式目标，为了推断出研究目标的物理特性，直接分析矩阵 S 通常很困难。因此，需要用更简单的散射矩阵 S_i 和响应系数 c_i 来提取和解释研究目标的物理特性。

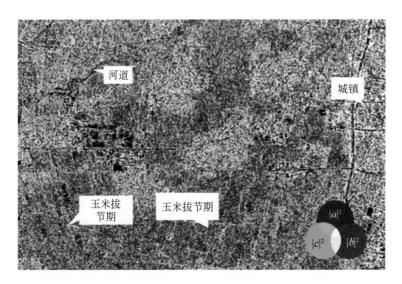

图 3.9   玉米期研究区 Pauli 基分解三分量合成图

3.1.3.2   非相干目标极化分解

相干分解是基于矢量特性的分解，在应用相干目标分解时，要求目标的 S 矩阵不随时间变化。这种矩阵不能用来描述分布式散射体。对于分布式散射体，空间上多个散射中心会造成随机的斑点噪声，这类散射体只能统计地描述。为了减少斑点噪声的影响，常用二阶极化表达来分析分布散射体，如协方差矩阵 C_3 和相干矩阵 T_3，两种矩阵的信息量等价，可以相互转化。

由于电磁波散射过程是个随机过程，相当复杂，通过直接分析 C_3 或 T_3 矩阵来研究特定散射体的物理特性是极其困难的。因此，非相干分解的目的就是将其分解成为若干简单或基本目标的二阶描述子的组合，进而分析观测目标的物理性质。

1. Freeman 分解

1998 年，Freeman 和 Durden 在 van Zyl 的工作基础上，以理想散射体的散射特征为基础，为极化协方差/相干矩阵建立了三种散射机理的模型（Freeman and Durden，1998）（图 3.10）。

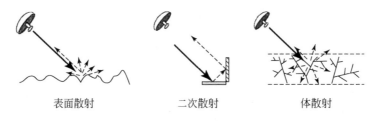

表面散射   二次散射   体散射

图 3.10   Freeman 分解建立的三种散射机理模型

（1）表面或单次散射，其模型是一阶 Bragg 表面散射体；

（2）二次散射，其模型是一个二面角反射器；

（3）体散射，把植被冠层模型表述为一组方向随机的偶极子散射体集合。

在 SAR 遥感对地观测中，绝大多数地物可以用三种散射机理进行抽象，如对于水面、裸土等仅有表面散射；城市中建筑物与地面、船舶与水面之间构成的二面角反射等；对于满足体散射的地物主要有各种植被，如森林、灌木丛、农作物，以及干雪、干燥粗糙的沙地等。

对于地表的面散射模型可以基于 Bragg 粗糙度表面模型构建，即该表面回波仅在 V 和 H 同极化通道上有极化响应，没有交叉极化响应。

$$S_{\text{surface}}=\begin{bmatrix}\rho_{\text{H}} & 0 \\ 0 & \rho_{\text{V}}\end{bmatrix} \tag{3.15}$$

表面散射对应的协方差矩阵为

$$C_{\text{surface}}=\begin{bmatrix}\rho_{\text{H}}\rho_{\text{H}}^{*} & 0 & \rho_{\text{H}}\rho_{\text{V}}^{*} \\ 0 & 0 & 0 \\ \rho_{\text{V}}\rho_{\text{H}}^{*} & 0 & \rho_{\text{V}}\rho_{\text{V}}^{*}\end{bmatrix}=\rho_{\text{V}}\rho_{\text{V}}^{*}\begin{bmatrix}|\beta|^{2} & 0 & \beta \\ 0 & 0 & 0 \\ \beta^{*} & 0 & 1\end{bmatrix}=f_{\text{s}}\begin{bmatrix}|\beta|^{2} & 0 & \beta \\ 0 & 0 & 0 \\ \beta^{*} & 0 & 1\end{bmatrix} \tag{3.16}$$

其中，$\beta=\dfrac{\rho_{\text{H}}}{\rho_{\text{V}}}$。

树干与地面形成的二面角的回波模型为

$$S_{\text{dihedral}}=\begin{bmatrix}\rho_{g\text{H}}\rho_{t\text{H}} & 0 \\ 0 & -\rho_{g\text{V}}\rho_{t\text{V}}\end{bmatrix}=\begin{bmatrix}e^{2j\gamma_{\text{H}}}\rho_{g\text{H}}\rho_{t\text{H}} & \\ & e^{2j\gamma_{\text{V}}}\rho_{g\text{V}}\rho_{t\text{V}}\end{bmatrix} \tag{3.17}$$

t 和 g 表示树干与地面之间的反射系数，由此推得对应协方差矩阵为

$$C_{\text{dihedral}}=\begin{bmatrix}|\rho_{g\text{H}}\rho_{t\text{H}}|^{2} & 0 & e^{2j(\gamma_{\text{H}}-\gamma_{\text{V}})}\rho_{g\text{H}}\rho_{t\text{H}}\rho_{g\text{V}}^{*}\rho_{t\text{V}}^{*} \\ 0 & 0 & 0 \\ e^{2j(\gamma_{\text{V}}-\gamma_{\text{H}})}\rho_{g\text{V}}\rho_{g\text{V}}\rho_{t\text{H}}^{*}\rho_{t\text{H}}^{*} & 0 & |\rho_{g\text{V}}\rho_{t\text{V}}|^{2}\end{bmatrix}=f_{\text{d}}\begin{bmatrix}|\alpha|^{2} & 0 & \alpha \\ 0 & 0 & 0 \\ \alpha^{*} & 0 & 1\end{bmatrix} \tag{3.18}$$

其中 $\alpha=e^{2j(\gamma_{\text{H}}-\gamma_{\text{V}})}\dfrac{\rho_{g\text{H}}\rho_{t\text{H}}}{\rho_{g\text{V}}\rho_{t\text{V}}}$，$f_{\text{d}}=|\rho_{g\text{V}}\rho_{t\text{V}}|^{2}$。

体散射为一组方向随机的偶极子集合，单个偶极子散射矩阵为

$$S=\begin{bmatrix}a & 0 \\ 0 & b\end{bmatrix} \tag{3.19}$$

体散射被认为是一组随机的偶极子集合，即在旋转方向上进行 360° 积分：

$$S(\theta)=\begin{bmatrix}\cos\theta & -\sin\theta \\ \sin\theta & \cos\theta\end{bmatrix}\begin{bmatrix}a & 0 \\ 0 & b\end{bmatrix}\begin{bmatrix}\cos\theta & \sin\theta \\ -\sin\theta & \cos\theta\end{bmatrix}=\begin{bmatrix}a\cos^{2}\theta+b\sin^{2}\theta & (a-b)\sin\theta\cos\theta \\ (a-b)\sin\theta\cos\theta & a\sin^{2}\theta+b\cos^{2}\theta\end{bmatrix} \tag{3.20}$$

一般认为体散射为倾斜的圆柱体围绕垂直方向旋转 360°，此时 $a=0$，$b=1$；故

$$S(\theta)=\begin{bmatrix}\sin^{2}\theta & -\sin\theta\cos\theta \\ -\sin\theta\cos\theta & \cos^{2}\theta\end{bmatrix} \tag{3.21}$$

对 θ 在 $0\sim2\pi$ 范围求积分取平均，然后求其协方差矩阵 C_{3} 得

$$C_{\text{volume}} = \frac{f_{\text{v}}}{8} \begin{bmatrix} 3 & 0 & 1 \\ 0 & 2 & 0 \\ 1 & 0 & 3 \end{bmatrix} \tag{3.22}$$

Freeman 分解方法是为了解译森林植被的后向散射而发展来的，三个分量在统计上独立不相关，允许三者相加。因此，全极化 SAR 获得的总协方差矩阵可以表征三种散射机理构成之和：

$$C = C_{\text{volume}} + C_{\text{dihedral}} + C_{\text{surface}} = \begin{bmatrix} f_{\text{s}}|\beta|^2 + f_{\text{d}}|\alpha|^2 + \frac{3}{8}f_{\text{v}} & 0 & f_{\text{s}}\beta + f_{\text{d}}\alpha + \frac{f_{\text{v}}}{8} \\ 0 & \frac{2}{8}f_{\text{v}} & 0 \\ f_{\text{s}}\beta^* + f_{\text{d}}\alpha^* + \frac{f_{\text{v}}}{8} & 0 & f_{\text{s}} + f_{\text{d}} + \frac{3}{8}f_{\text{v}} \end{bmatrix} \tag{3.23}$$

$$\text{Span} = |S_{\text{HH}}|^2 + 2|S_{\text{HV}}|^2 + |S_{\text{VV}}|^2 = C_{11} + C_{22} + C_{33} = f_{\text{s}}(1 + |\beta|^2) + f_{\text{d}}(1 + |\alpha|^2) + f_{\text{v}} \tag{3.24}$$

其中表面散射功率为 $f_{\text{s}}(1+|\beta|^2)$，二面角反射器散射功率为 $f_{\text{d}}(1+|\alpha|^2)$，体散射功率为 f_{v}。求解时，首先假设散射体满足互异性和反射对称性，此时同极化和交叉极化散射回波之间的相关性为 0，即

$$\langle S_{\text{HH}} S_{\text{HV}}^* \rangle = \langle S_{\text{HV}} S_{\text{VV}}^* \rangle = 0 \tag{3.25}$$

因为三种散射分量独立，所以总的二阶统计量就是这些单个散射机理的统计量之和，从而总的后向散射模型为

$$\langle |S_{\text{HH}}|^2 \rangle = f_{\text{s}}|\beta|^2 + f_{\text{d}}|\alpha|^2 f_{\text{v}}$$

$$\langle |S_{\text{VV}}|^2 \rangle = f_{\text{s}} + f_{\text{d}} + f_{\text{v}}$$

$$\langle S_{\text{HH}} S_{\text{VV}}^* \rangle = f_{\text{s}}\beta + f_{\text{d}}\alpha + f_{\text{v}}/3 \tag{3.26}$$

$$\langle |S_{\text{HV}}|^2 \rangle = f_{\text{v}}/3$$

结合上述几个方程后，就可以求得三个散射机理的散射功率。

玉米期 Freeman 分解的结果如图 3.11 所示，分解前对 T_3 矩阵进行了 5×5 的 Refined Lee 滤波处理。

Freeman 分解模型建立的基础是理想散射体，所以分解的结果可以用对应的散射机理来解释。如图 3.11 所示，红色表示的是面散射，玉米拔节期前期的农田，土壤面散射非常明显；城镇因为存在大量的二面角结构，二次散射明显；人工林以体散射为主，呈现蓝色调；玉米拔节后期仍然以面散射为主，只是不如拔节期前期明显。各种地类的多极化后向散射和散射分量统计见表 3.1。

玉米拔节期前期因为含水量高、地表粗糙，面散射最强，达到−4.16dB；城镇地区的二次散射最强，因为城中绿化等多种地物的存在，多次散射也很强；相对于人工林地，玉米拔节期后期的面散射很强，除了下地表土壤产生的面散射外，因为含水量很大，玉米冠层产生的面散射应该也是原因之一。

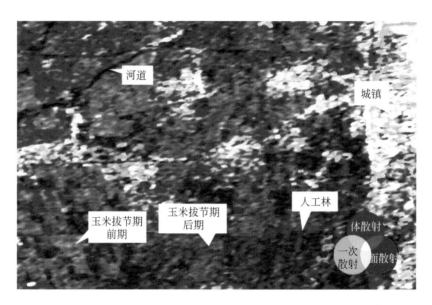

图 3.11　玉米期研究区 Freeman 分解三分量合成图

表 3.1　玉米期典型地物后向散射和散射分量统计特征 （单位：dB）

地类	HH	HV	VV	Odd	Dbl	Vol
城镇	−3.11	−15.09	−5.78	−5.11	−5.27	−5.24
河道	−10.50	−20.03	−10.71	−9.72	−19.77	−10.13
人工林地	−7.97	−15.59	−9.45	−10.83	−17.57	−5.92
玉米拔节期前期	−5.13	−17.05	−6.00	−4.16	−15.43	−7.70
玉米拔节期后期	−7.71	−16.21	−8.22	−7.28	−18.56	−7.32

2. Cloude 分解

基于相干矩阵的特征向量的分解理论，Cloude 和 Pottier 提出了能够包含所有散射机理的分解理论（Cloude，1985；Cloude and Pottier，1996；Cloude and Pottier，1997），这种方法最重要的优点是在不同极化基的情况下能够保证特征值不变。极化雷达后向散射被分解为三个分量：表面散射、二面角散射和体散射。在植被覆盖条件下，表面散射主要包括冠层表面的散射、地表直接散射和经植被衰减的地表散射量；二面角散射主要是地表和植被垂直结构间的相互作用项；体散射来自植被层内部的多次交互作用散射项。散射目标的相关矩阵表示为

$$\boldsymbol{T} = \boldsymbol{U}_3 \boldsymbol{\Lambda} \boldsymbol{U}_3^{\,*} = \boldsymbol{U}_3 \begin{bmatrix} \lambda_1 & 0 & 0 \\ 0 & \lambda_2 & 0 \\ 0 & 0 & \lambda_3 \end{bmatrix} \boldsymbol{U}_3^{\,*} \tag{3.27}$$

式中，* 为复共轭转置；$\boldsymbol{\Lambda}$ 为由 $\boldsymbol{T}$ 的特征值组成的对角矩阵；λ_1、λ_2、λ_3 为实特征值，对应不同散射机理的贡献量；$\boldsymbol{U}_3$ 为酉矩阵，它的列对应着 $\boldsymbol{T}$ 的正交特征向量。

$$[\boldsymbol{U}_3] = \begin{bmatrix} \cos(\alpha_1)\mathrm{e}^{\mathrm{i}\varphi_1} & \cos(\alpha_2)\mathrm{e}^{\mathrm{i}\varphi_2} & \cos(\alpha_3)\mathrm{e}^{\mathrm{i}\varphi_3} \\ \cos(\alpha_1)\cos(\beta_1)\mathrm{e}^{\mathrm{i}\delta_1} & \cos(\alpha_2)\cos(\beta_2)\mathrm{e}^{\mathrm{i}\delta_2} & \cos(\alpha_3)\cos(\beta_3)\mathrm{e}^{\mathrm{i}\delta_3} \\ \cos(\alpha_1)\cos(\beta_1)\mathrm{e}^{\mathrm{i}\gamma_1} & \cos(\alpha_2)\cos(\beta_2)\mathrm{e}^{\mathrm{i}\gamma_2} & \cos(\alpha_3)\cos(\beta_3)\mathrm{e}^{\mathrm{i}\gamma_3} \end{bmatrix} \tag{3.28}$$

式中，α 为目标平均散射角，$0° \leqslant \alpha \leqslant 90°$；$\beta$ 为目标方位角，$-180° \leqslant \beta \leqslant 180°$；$\varphi$、$\delta$、$\gamma$ 为目标的相位角。

一般情况下，对于非对称性质的散射介质，相干矩阵 $\boldsymbol{T}$ 可以分解成三个独立的相干矩阵之和：

$$\boldsymbol{T} = \sum_{i=1}^{3} \lambda_i \boldsymbol{T}_i = \lambda_1 \boldsymbol{e}_1 \boldsymbol{e}_1^* + \lambda_2 \boldsymbol{e}_2 \boldsymbol{e}_2^* + \lambda_3 \boldsymbol{e}_3 \boldsymbol{e}_3^* \tag{3.29}$$

λ_i 和 $\boldsymbol{e}_i$ 分别表示相干矩阵的特征值和特征向量，$\boldsymbol{T}_i$ 表示秩为 1 的独立相干矩阵，分别对应一种散射机理，λ_i 表示该散射机理的强度，且 $\lambda_1 \geqslant \lambda_2 \geqslant \lambda_3$。

为了描述散射介质的随机性，Cloude 和 Pottier 定义了物理量——散射熵（entropy），用 H 表示：

$$H = -\sum_{i=1}^{3} P_i \log_3 P_i$$
$$P_i = \frac{\lambda_i}{\sum\limits_{i=1}^{3} \lambda_i} \tag{3.30}$$

散射熵 H（$0 \leqslant H \leqslant 1$）提供了在同一分辨单元内总散射机理的信息，表示散射介质从各向同性散射（$H=0$）到完全随机散射（$H=1$）的随机性。如果 H 值很低，则认为整个系统弱去极化，占优势的目标散射矩阵部分为最大特征值对应的特征向量，而忽略其他的特征向量。随着 H 值增加，目标的去极化效应增强，散射机理趋于复杂。在这种情况下，目标不再只包含唯一等价的散射矩阵，需要考虑所有的特征值，此时，可以尝试对每个特征值所对应的散射机理进行解释。当 $H=1$ 时，极化信息为 0，目标散射是一个随机噪声过程。

平均散射角 $\bar{\alpha}$ 表示从表面散射到二面角散射的平均散射机理，定义为 $\bar{\alpha} = P_1 \alpha_1 + P_2 \alpha_2 + P_3 \alpha_3$，一般直接用 α 表示 $\bar{\alpha}$ 的平均散射机理概念。α 的值域分别对应着表面散射（$\alpha=0°$）、体散射（$\alpha=45°$）和二面角散射（$\alpha=90°$）。H 和 α 可以较好地刻画介质的散射特征，由 H 和 α 组成的特征空间可以划分成 8 个有效区域，每个区域对应着某种类型的散射机理（图 3.12）（Cloude and Pottier，1997）。

图 3.12 的有效区域被两条曲线限定，这些边界曲线的规范形式为

$$\boldsymbol{T}_1 = \begin{bmatrix} 1 & 0 & 0 \\ 0 & m & 0 \\ 0 & 0 & m \end{bmatrix}, \quad 0 \leqslant m \leqslant 1 \tag{3.31}$$

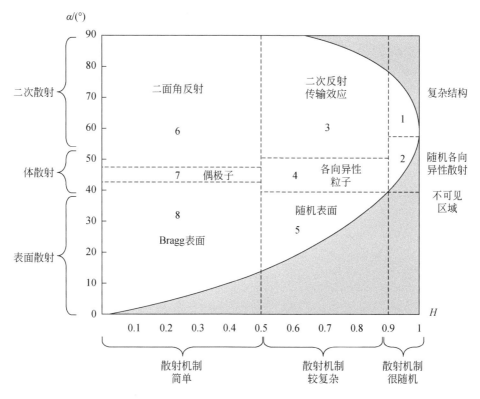

图 3.12 H-α 特征空间对应的散射机理

$$T_2 = \begin{cases} \begin{bmatrix} 0 & 0 & 0 \\ 0 & 1 & 0 \\ 0 & 0 & 2m \end{bmatrix}, & 0 \leqslant m \leqslant 0.5 \\[2em] \begin{bmatrix} 2m-1 & 0 & 0 \\ 0 & 1 & 0 \\ 0 & 0 & 1 \end{bmatrix}, & 0.5 \leqslant m \leqslant 1 \end{cases} \tag{3.32}$$

式中，T_1 为右下侧曲线；T_2 为右上侧曲线；m 为极化度。

8 个区域对应的散射机理如下所示（Lee and Pottier，2009）。

区域 1：高熵环境中的二次散射机理区，这种散射机理会在森林或茎秆、冠层结构发展很好的植被中出现。

区域 2：高熵植被散射区，当 $\alpha=45°$，$H>0.9$ 时，群集分布各向异性的针状物体或松散的对称物体会产生这种散射。森林冠层的散射属于这一类型，具有高度随机的各向异性散射成分。这种散射的极端表现是随机噪声。

区域 3：在中熵下的多次散射，该区包括中熵的二面角散射区。当波长能够穿透冠层，产生二面角散射时会出现这种机制，冠层的影响使散射过程中的熵增加。另一种重要类型是在城市区域，以低次的多次散射占主导的一些密度大的散射中心会形成中熵。

区域 4：在中熵下的植被散射，以偶极子散射机理为主，熵的增加取决于方位角的总体统计分布。这个区域包括了来自植被表面的各向异性散射，和方向性散射也有一定相关性。

区域5：在中熵下的面散射，本区对应由于表面粗糙度变化和冠层穿透效应变化而引起的熵变化，熵随着微波二次传输的增加而增加。

区域6：低熵下的偶次散射，如一些独立的二面角金属散射体。

区域7：在低熵下的偶极子散射。

区域8：在低熵下的面散射，包括几何光学和物理光学散射过程——Bragg 散射和镜面散射现象，对应于相对波长来说比较光滑的地表。

此外，Cloude 还定义了反熵 A，用于分析低熵或中熵（$\lambda_1 > \lambda_2$、λ_3）情况下，散射熵不能提供有关两个较小值 λ_2、λ_3 之间关系的信息的问题。

$$A = \frac{\lambda_2 - \lambda_3}{\lambda_2 + \lambda_3} \tag{3.36}$$

玉米期 Cloude 分解的结果如图 3.13 所示，分解前对 $\boldsymbol{T}_3$ 矩阵进行了 5×5 的 Refined Lee 滤波处理。

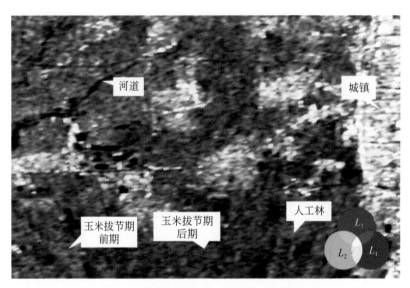

图 3.13　玉米期研究区 Cloude 分解三个分量合成图

Cloude 分解三分量 L_1、L_2、L_3 是三种散射机理的相对大小，不对应特定的散射机理，需要结合其他散射特征进行分析。由前面的 Freeman 分析可知，玉米拔节期以面散射为主，玉米拔节期后期的面散射与体散射很相近，人工林则以体散射为主，所以在合成图里，三者都偏红色。$H\text{-}\alpha$ 图则可以解释几种典型目标的散射机理，玉米期几种典型地物的 $H\text{-}\alpha$ 空间分布图如图 3.14 所示。

玉米拔节期前期的农田地表是稀疏作物覆盖的粗糙土壤，如图 3.14（a）所示，$H\text{-}\alpha$ 空间分布是较为典型的 Bragg 散射机理，因为稀疏作物和上一轮麦茬的影响，玉米拔节期前期位于 $H\text{-}\alpha$ 周中的中熵散射机理区域。玉米拔节期后期玉米已经封垄，散射熵因为作物生物量的差异导致二次传输穿透效果差异，图 3.14（b）属于中高熵的散射机理，$H\text{-}\alpha$ 间

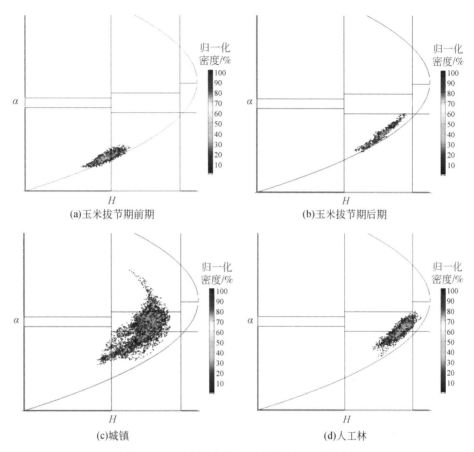

图 3.14　玉米期几种典型地物的 H-α 空间图

具有很好的线性关系。城镇具有明显的二面角偶次散射机理,因为混杂了多种类型散射体的多次散射,图 3.14(c)呈现出各向异性的散射特征。人工林以杨树为主,排布规则,垂直结构明显,图 3.14(d)具有植被散射和树干、地表间二次散射的分布特征。

玉米期典型地物的散射分量统计见表 3.2。

表 3.2　玉米期典型地物后向散射和散射分量统计特征

地类	L_1/dB	L_2/dB	L_3/dB	H	α	A
城镇	−2.25	−5.93	−12.68	0.68	41.31	0.65
人工林	−6.70	−10.80	−12.63	0.82	40.25	0.22
玉米拔节期前期	−3.28	−11.33	−14.15	0.47	17.07	0.31
玉米拔节期后期	−5.52	−11.22	−12.86	0.72	30.01	0.19

散射熵 H 是表达散射复杂度的指标,人工林地的散射机理最为复杂,H 为 0.82;其次为玉米拔节期后期,H 为 0.72;最小的是玉米拔节期前期,H 为 0.47。即以体散射为主导的目标散射机理最为复杂,面散射为主导的目标散射机理最为简单。

3.2　典型作物不同物候/长势下的极化响应特征分析

3.2.1　水稻极化响应特征分析

极化响应图是把目标的雷达响应表达为入射和接收极化状态的函数，并以三维图的形式显示出来。极化响应图的特征有助于分析目标的散射机理。

由 3.1.1 节可知，对于奇次散射，其同极化响应的最大值和交叉极化响应的最小值都出现在椭率角 $\chi=0°$ 处（线极化），与方位角关系不大。对于二面角散射，其同极化响应图中存在两个最低值，分别在 $\Psi=45°$ 和 135°处，而且它们关于 $\chi=0°$，$\Psi=90°$ 对称；其交叉极化响应图中的相应位置存在两个最大值。基高是极化响应图中的一个重要参数。它是指当把目标极化响应的最大值归一化为 1 时，其极化响应图中对应的最小值。基高值的大小与回波中去极化散射分量存在密切的关系，因此基高值与散射回波的极化度密切相关。此外，基高值还可以衡量目标散射机理的复杂程度，存在单一或多种不同的散射机理（van Zyl et al.，1987；Zebker et al.，1987；Zebker and van Zyl，1991）。

以水稻地面调查区域为单位，从四个时相 RADARSAT-2 全极化数据中提取不同物候期水稻的极化响应图，如图 3.15 所示。2009 年 7 月 26 日（抽穗始期），水稻同极化响应图中的基高值为 0.35，而城市的基高值只有 0.08，这说明水稻的散射机理比城市复杂得多，不是仅仅一种散射机理而是多种散射机理共同作用。对比不同物候期水稻极化响应图中的基高值可以看出，水稻同极化响应图中的基高值变化不大于 0.03。这是由于四个时相均分布于实验区水稻抽穗始期以后，水稻株高、叶长等结构参数变化不大。然而，对于水稻交叉极化响应图，其基高值先增大后减小，变化范围可以达到 0.12；其中 7 月 26 日的基高值最小，为 0.18，9 月 12 日的基高值最大，为 0.30，到 10 月 6 日又减小为 0.21。这可能是由于稻穗逐渐增多，水稻散射机理变得更为复杂，而到 10 月 6 日，大部分水稻已经收割，基高值又降下来。因此，交叉极化对稻穗更敏感，因为稻穗的出现会使体散射增强（Shao et al.，2002）。

从图 3.15 中还可以看出，在水稻的同极化响应图中，在 $\psi=45°$ 和 135°附近存在两个散射低谷，而且它们关于 $\chi=0°$，$\psi=90°$ 对称；相应地，在水稻交叉极化响应图中的对应位置存在两个散射峰值。这与二面角散射的极化响应图类似，说明水稻散射机理中存在一种类似于二面角的散射，即二次散射，而且它对总的后向散射的贡献比较大。对比不同物候期水稻的同极化响应图，发现这两个散射低谷随着时间变化而越来越浅，7 月 26 日（抽穗始期）散射低谷最明显，到 10 月 6 日（水稻收割期，大部分水稻已经收割），散射低谷就完全消失了。从不同物候期水稻的交叉极化响应图中也可以发现类似的现象，两个散射峰值越来越低，而且到 10 月 6 日，两个散射峰值也消失了。这在一定程度上说明抽穗始期，水稻二次散射比较强，而且对总的后向散射的贡献比较大。抽穗以后，二次散射逐渐减弱，直到最后水稻收割之后，二次散射对总的后向散射的贡献比较微弱，很难从极化响应图中直观地反映出来。

线极化/dB: $\sigma^0_{HH}=-5.66$; $\sigma^0_{HV}=-16.40$; $\sigma^0_{VV}=-8.39$;
圆极化/dB: $\sigma^0_{RR}=-9.20$; $\sigma^0_{LR}=-9.60$; $\sigma^0_{LL}=-9.11$;

同极化响应　　　　　　交叉极化响应

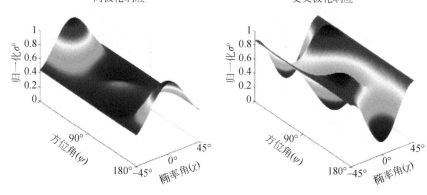

最大同极化: (ψ=1°; χ=0°)　　入射角: 40.74°　　最大交叉极化: (ψ=45°; χ=-26°)
最小同极化: (ψ=122°; χ=24°)　地块中心: [3706 2303]　最小交叉极化: (ψ=91°; χ=0°)
同极化基高: 0.35　　　　样本数: 4594　　　交叉极化基高: 0.18

(a) 2009 年7 月26 日（抽穗始期）

线极化/dB: $\sigma^0_{HH}=-5.96$; $\sigma^0_{HV}=-16.60$; $\sigma^0_{VV}=-9.08$;
圆极化/dB: $\sigma^0_{RR}=-9.68$; $\sigma^0_{LR}=-10.00$; $\sigma^0_{LL}=-9.44$;

同极化响应　　　　　　交叉极化响应

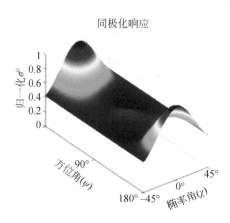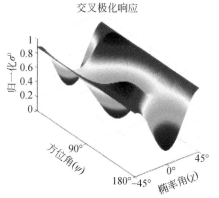

最大同极化: (ψ=1°; χ=1°)　　入射角: 40.73°　　最大交叉极化: (ψ=44°; χ=-27°)
最小同极化: (ψ=119°; χ=23°)　地块中心: [3835 2327]　最小交叉极化: (ψ=1°; χ=1°)
同极化基高: 0.33　　　　样本数: 4657　　　交叉极化基高:0.19

(b) 2009年8月19日（乳熟期）

线极化/dB: $\sigma^0_{HH}=-7.72$; $\sigma^0_{HV}=-16.64$; $\sigma^0_{VV}=-11.06$;
圆极化/dB: $\sigma^0_{RR}=-11.19$; $\sigma^0_{LR}=-11.53$; $\sigma^0_{LL}=-11.32$;

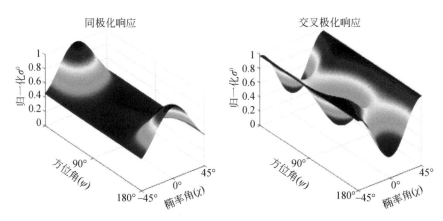

最大同极化: ($\psi=1°$; $\chi=0°$)　　入射角: 40.75°　　最大交叉极化: ($\psi=43°$; $\chi=-36°$)
最小同极化: ($\psi=108°$; $\chi=28°$)　地块中心: [3779 2266]　最小交叉极化: ($\psi=91°$; $\chi=-1°$)
同极化基高: 0.36　　　　　　　样本数: 4419　　　交叉极化基高: 0.30

(c) 2009年9月12日（成熟期）

线极化/dB: $\sigma^0_{HH}=-9.81$; $\sigma^0_{HV}=-18.44$; $\sigma^0_{VV}=-10.99$;
圆极化/dB: $\sigma^0_{RR}=-14.14$; $\sigma^0_{LR}=-11.75$; $\sigma^0_{LL}=-13.91$;

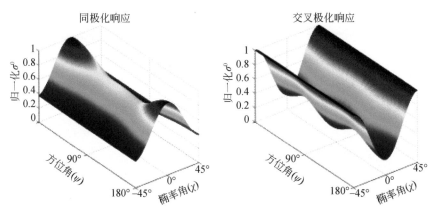

最大同极化: ($\psi=0°$; $\chi=0°$)　　入射角: 40.73°　　最大交叉极化: ($\psi=0°$; $\chi=-45°$)
最小同极化: ($\psi=86°$; $\chi=-42°$)　地块中心: [3813 2302]　最小交叉极化: ($\psi=92°$; $\chi=0°$)
同极化基高: 0.36　　　　　　　样本数: 4664　　　交叉极化基高: 0.21

(d) 2009年10月6日（收割期）

图 3.15　不同物候期水稻的极化响应图

3.2.2　小麦极化响应特征分析

冬小麦不同物候期不同长势的同极化响应对比如图 3.16 所示。冬小麦在不同物候期不同长势情况下的同极化响应图基本相似，都有脊线和鞍部［图 3.16（a～d）］，具有比较明显的奇次散射和体散射的混合特征。奇次散射特征表现为对于任意极化方位角 ψ，最大值位于椭率角 $\chi=0°$ 附近，即出现一脊线；体散射特征表现为在 $\varphi=90°$ 处有明显的鞍部特征，因为冬小麦是具有明显垂直结构的作物，HH 极化、VV 极化会因为衰减差异产生鞍部特征，且鞍部越深，冬小麦长势越好。孕穗期与乳熟期不同的是：在孕穗期，长势好的冬小麦奇次散射特征较弱，体散射特征更为显著［图 3.16（b）］；而在乳熟期，长势好的冬小麦的奇次散射特征更为显著，体散射特征较弱［图 3.16（d）］。van Zyl 等（1987）和 McNairn 等（2002）认为鞍部特征是二面角散射机理的表征，应该是没有考虑到作物结构的影响。

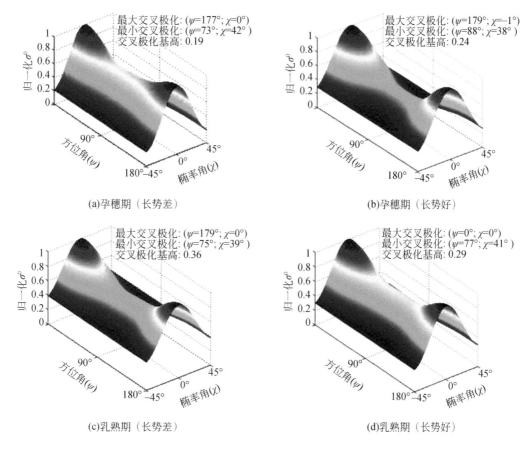

(a)孕穗期（长势差）

(b)孕穗期（长势好）

(c)乳熟期（长势差）

(d)乳熟期（长势好）

图 3.16　冬小麦孕穗期和乳熟期不同长势同极化响应对比

冬小麦的奇次散射主要来自地表和冠层表面两个部分，长势好的地区，冠层散射增大，冠层对来自地表的散射衰减作用也会增大。孕穗期长势好的奇次散射变弱，说明冠层对地表散射的衰减量要大于冠层表面的增加量，使总体奇次散射特征减弱。乳熟期相反，说明随长势变好，冠层对地表散射的衰减量要小于冠层表面的增加量，也即乳熟期冠层表面能产生明显的面散射。

结合第 2 章模型分析的结论可知，孕穗期同极化随长势变好趋于一致，是因为冠层对地表的衰减量增加，冠层的直接散射量增加所致，这与极化响应图分析得到的奇次散射特征降低相一致，孕穗期冬小麦的奇次散射主要来自地表。乳熟期基高增大，说明乳熟期散射机理趋于复杂，原因来自两方面：穗子出现使散射粒子增加，体散射增加；穗子可能增大了冠层表面的散射，即一次散射主要由地表和冠层表面两部分构成，使散射趋于复杂。模型分析和极化响应图分析的结论相一致。

体散射来自茎–地表、茎–叶、穗–地表、穗–茎间的多次散射贡献，孕穗期长势好的区域具有较强的体散射响应特征，原因在于长势好的地区植株密度相对大一些，即植株的数量增加导致茎–地表的散射量增加。乳熟期长势好的区域体散射特征较弱，原因可能来自两方面：一是位于冠层顶部的穗子的表面散射削弱了微波到达冠层以下的入射能量，减小了体散射量；二是穗密度随植株密度增大而增大，冠层顶部的穗子对来自冠层下的体散射衰减作用增强。两方面的作用使乳熟期体散射随长势变好而减弱。

冬小麦孕穗期长势好的和差的基高分别是 0.19 和 0.24，乳熟期长势好的和差的基高分别是 0.36 和 0.29，乳熟期的基高普遍高于孕穗期，说明乳熟期具有更为复杂的散射机理。孕穗期长势越好散射机理越复杂，乳熟期则相反。根据实测结果，两期冬小麦高度变化不是很大，穗子的出现，是两个时期冬小麦散射机理随长势变化产生差异的主要原因，同时也说明了结构上趋于复杂是散射机理趋于复杂的主要原因。

表 3.3 是冬小麦不同物候期极化参数与作物参数统计。RL 的大小是奇次散射强弱的表现，RR/LL 则可以指示体散射的大小。从表 3.3 可以看出，冬小麦孕穗期，长势好的比长势差的 RL 小，说明来自地表土壤的一次散射受衰减减弱；乳熟期却相反，RL 随长势趋好增大，说明冠层穗子能产生明显的一次散射，冠层的增加量大于地表土壤的衰减量。乳熟期 RR/LL 减小也说明了这点，与孕穗期长势趋好时 RR/LL 增强不同，乳熟期 RR/LL 随长势趋好减小，说明穗子层对入射散射形成反射的同时，对穗子以下形成的作物体散射衰减增大。

表 3.3　冬小麦不同物候期极化参数与作物参数统计

小麦	HH /dB	HV /dB	VV /dB	RR /dB	RL /dB	LL /dB	基高	植株密度 /(株/m²)	植株高度 /cm	生物量 /(kg/m²)
孕穗期（长势差）	-9.08	-20.92	-10.40	-15.91	-10.42	-16.21	0.19	536	45.7	2.57
孕穗期（长势好）	-9.98	-20.75	-12.94	-15.36	-12.53	-15.63	0.24	892	50.8	4.86
乳熟期（长势差）	-9.97	-18.25	-11.98	-13.92	-12.43	-14.09	0.36	612	72.2	3.62
乳熟期（长势好）	-9.58	-19.29	-10.99	-14.79	-11.32	-14.84	0.29	915	75.3	8.35

3.2.3　玉米极化响应特征分析

玉米两个物候期的极化响应图如图 3.17 所示。夏玉米直接播种于刚收割过的冬小麦的麦茬地，因为麦茬的存在，麦茬的多少使极化响应图产生明显的差异 [图 3.17（a）（b）]。春玉米已经处于拔节期的后期，玉米已经封垄，会有明显的体散射。

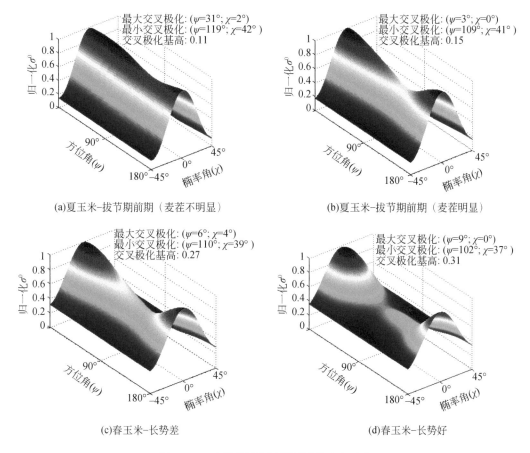

图 3.17　玉米不同物候期同极化响应对比

玉米拔节期和小麦孕穗期的结构基本一致，但尺寸上有差异，另外，种植特征的不同也会使作物在长势不同时引起极化响应机制的不同。冬小麦在孕穗期和乳熟期都已经封垄，来自地面的直接面散射是经过作物层衰减的，其面散射特征会受到作物层的影响。与冬小麦不同，夏玉米作物很稀疏，种植密度在 5～10 株/m²，来自地表的直接散射占主导地位，区别在于麦茬的多少，麦茬-地表产生的二次散射会产生比较明显的鞍部特征，并使散射机理复杂，基高增大。

春玉米此时处于拔节期后期，已经封垄，来自作物层的散射大大增加，来自下垫面土壤的散射由于作物层的衰减而降低。这时的散射主要由作物体散射和土壤面散射两部分构成，长势较好的玉米体散射增大，中部下凹更为明显，散射机理与冬小麦孕穗期相似。区别在于，玉米叶子宽大、含水量高，长势好时，会在冠层表面形成比较明显的面散射，HH 极化为–4.64dB，高于长势较差的–5.42dB。四类玉米作物的参数统计见表 3.4。

表 3.4 玉米不同物候期极化参数与作物参数统计

玉米	HH /dB	HV /dB	VV /dB	RR /dB	RL /dB	LL /dB	基高	植株密度 /(株/m²)	植株高度 /cm	生物量 /(kg/m²)
夏玉米–拔节期前期（麦茬不明显）	–3.59	–16.08	–3.75	–12.15	–4.00	–12.89	0.11	12	47.2	0.72
夏玉米–拔节期前期（麦茬明显）	–4.34	–16.26	–5.60	–11.95	–5.47	–12.27	0.15	12	45.1	0.69
春玉米–长势差	–5.42	–14.75	–7.06	–10.47	–7.40	–10.73	0.27	7	152.3	3.52
春玉米–长势好	–4.64	–14.22	–7.23	–9.09	–7.26	–9.18	0.31	8	213.6	7.10

玉米拔节期植株密度过大的玉米会被摘除，所以到了拔节期后期，植株密度会降低，一般在 8 株/m² 左右。圆极化 RR/LL 与 RL 强度差距缩小可以认为是多次散射增强的表现（Baronti et al., 1995），玉米拔节期前期，可以看出麦茬的存在使夏玉米［图 3.17（b）］的多次散射增加明显。这种现象在拔节期后期表现得也很明显，即长势好的春玉米［图 3.17（d）］比差的春玉米［图 3.17（c）］多次散射强，而缘于一次散射的 RL 也有所增强，这说明玉米冠层表面能形成比较明显的一次散射，即虽然长势好后，来自地表土壤的一次散射减弱，冠层表面形成的一次散射却使总体一次散射增强。玉米叶宽大、含水量高形成的高介电性质应该是冠层表面形成强一次散射的主要原因，与第 2 章借助模型的分析结论相一致（图 2.29）。

3.3 基于极化 SAR 目标分解的农作物散射机理定量分析

3.3.1 基于 Freeman 分解的散射机理分析

由 3.1.3.2 节内容可知，Freeman 分解是一种基于物理散射模型的分解方法。它把目标的协方差矩阵分解为三个分量：面散射、二次散射和体散射。因此，Freeman 分解三个散射分量的强度信息以及它们之间的相对关系可以在一定程度上反映目标的散射机理。基于 RADARSAT-2 全极化 SAR 数据，利用 Freeman 分解方法研究分析水稻、小麦、玉米的散射机理。

3.3.1.1 基于 Freeman 分解的水稻散射机理分析

图 3.18 给出了不同物候期水稻对应的 Freeman 三分量百分比。2009 年 7 月 26 日，水稻处于抽穗始期，少部分水稻开始抽穗，大部分还没有抽穗。此时，水稻的二次散射分量

对总的后向散射的贡献最大，约为 46.04%；体散射分量贡献略小，约为 42.06%；水稻的面散射分量贡献最小，约为 11.90%，三种散射分量的比例约为 3.87∶3.53∶1。2009年 8 月 19 日，水稻处于乳熟期，水稻的二次散射贡献约为 24.40%，比 7 月 26 日下降了21.64%；水稻的体散射贡献为 66.49%，比 7 月 26 日增加了 24.43%；水稻的面散射贡献为 9.11%，与 7 月 26 日相比变化不明显，三者的比例约为 2.68∶7.30∶1。2009 年 9 月12 日，水稻进入成熟期，二次散射的贡献继续下降，大约只占总的后向散射的 8.21%；体散射贡献大大增加，约为 86.10%；面散射的贡献略有下降，约为 5.69%，三者的比例约为 1.44∶15.14∶1。2009 年 10 月 6 日，大部分水稻已经收割，水稻的二次散射贡献比9 月 12 日略有增加，约为 10.85%；体散射贡献较之前变化不大，约为 61.62%；面散射贡献比 9 月 12 日增加了 21.84%，三者的比例约为 1∶5.68∶2.54。

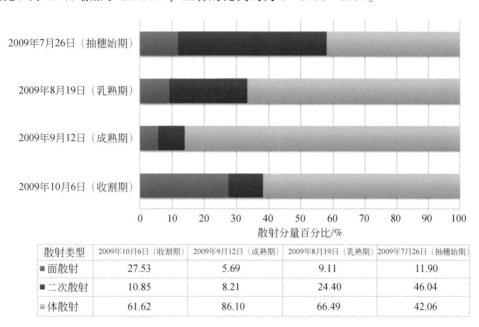

散射类型	2009年10月6日（收割期）	2009年9月12日（成熟期）	2009年8月19日（乳熟期）	2009年7月26日（抽穗始期）
■面散射	27.53	5.69	9.11	11.90
■二次散射	10.85	8.21	24.40	46.04
■体散射	61.62	86.10	66.49	42.06

图 3.18　不同物候期水稻对应的 Freeman 分解三分量百分比

　　由 Freeman 分解可以看出，在水稻抽穗始期，二次散射为主要的散射机理；在乳熟期，二次散射迅速下降，体散射贡献迅速增加，成为主导的散射机理；在成熟期，体散射仍为主导散射机理，而且其贡献为四个时相中的最大值，二次散射贡献为四个时相的最小值；在收割期，体散射仍为主导散射机理，面散射贡献增大比较多，二次散射贡献略有增大。

3.3.1.2　基于 Freeman 分解的小麦散射机理分析

　　图 3.19 给出了不同物候期冬小麦对应的 Freeman 三分量百分比。可以看出，孕穗期以奇次散射为主，奇次散射的贡献量达到 49.3%；乳熟期以体散射为主，达到 57.4%，由前面的分析知，散射粒子的增加是体散射增强的主要原因。不同时期二次散射的比重都

很小，孕穗期二次散射的最大贡献比例为 19.4%，平均贡献为 8.0%；乳熟期的二次散射最大贡献比例为 16.3%，平均贡献为 8.6%。为了分析不同散射分量随长势的变化趋势，将三种散射分量对总体散射贡献的百分比绘制于三相图上，如图 3.20 所示，分析作物长势不同时，散射机理的变化特征。由于散射机理受到各种因素的影响，如对于相同长势的作物，土壤湿度不同时会产生一次散射贡献的不同，在数据处理时，按照长势的好、中、差，将采样点分成了三类，然后求滑动平均，以尽量降低土壤散射的影响。

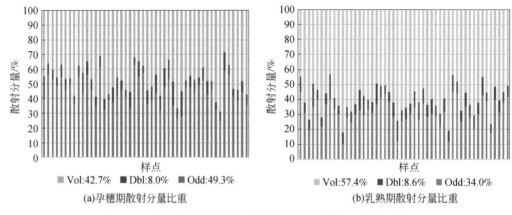

(a)孕穗期散射分量比重　　　(b)乳熟期散射分量比重

图 3.19　不同物候期冬小麦对应的 Freeman 分解三分量百分比

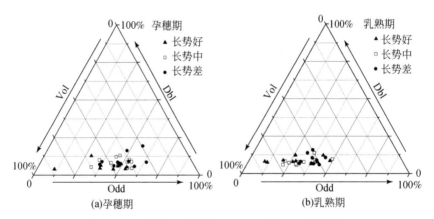

(a)孕穗期　　　(b)乳熟期

图 3.20　孕穗期和乳熟期 Freeman 分解三分量分布

由图 3.20（a）可见，孕穗期散射机理最显著的特征是随着长势变好，数据点在三相图中往左下方移动，即体散射增加明显。分析所有数据采集样点也可以发现，三种散射分量中，只有体散射分量与长势具有较好的对应关系，随着长势变好，体散射逐渐增加[图 3.21（c）]。面散射和二次散射的随机性很强，不具有相关性，结合前面 MIMICS 模型分析和极化响应图特征分析知，面散射是孕穗期的主导散射机理，主要来自作物覆盖的地表，也有一部分来自冠层表面，但长势变好时，这两种面散射来源一个增加，一个减少，使整体面散射机理趋于随机。二面角散射主要来自茎秆与地表间产生的散射，由于能量较小，易受到噪声影响，加之冬小麦长势变好后，其冠层的叶片增加，使二面角散射减弱，所以总体上，二次散射与冬小麦孕穗期的长势也不具有相关性。

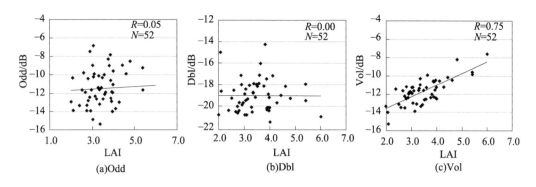

图 3.21　冬小麦孕穗期受长势影响的主要散射分量变化趋势

图 3.20（b）显示，冬小麦乳熟期，数据点整体向左偏移，即一次散射比重明显下降，贡献量整体比孕穗期小，平均只有 34.0%。分析分解后三种分量与长势的响应关系发现（图 3.22），只有奇次散射与长势有较好的响应机制，随着长势变好，一次散射下降，呈负相关［图 3.22（a）］，而二次散射和体散射与长势的关系不明显。乳熟期与孕穗期最不同的是作物结构的变化，乳熟期出现了穗子，且在作物组成中占有相当的比重，鲜重占总生物量的比重达到 37.88%。乳熟期的一次散射与孕穗期相同，来自冠层和作物覆盖下的地表，随着长势增加一次散射减小，这说明，乳熟期来自冠层的增加量小于来自地面的减少量，也即冠层的衰减效应增大，结构的改变应该是衰减的主要原因，即穗子对来自下层的散射具有明显的衰减作用。体散射主要来自不同散射粒子间的多次散射，穗的出现使散射粒子明显增加，体散射的总体贡献增大。因为穗子处于冠层顶部，其对来自茎叶层的散射形成衰减，所以在体散射的总量上也呈现出一定的随机性。这些分析结果表明，冬小麦乳熟期的散射机理要充分考虑到穗的影响，也即结构的影响是冬小麦的主导影响因素。

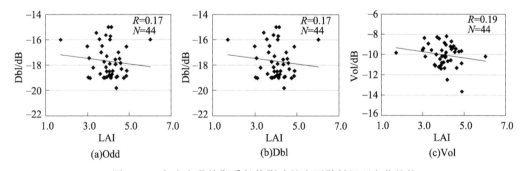

图 3.22　冬小麦乳熟期受长势影响的主要散射机理变化趋势

3.3.1.3　基于 Freeman 分解的玉米散射机理分析

由 3.2.3 节的极化响应图分析可知［图 3.17（a）］，玉米在拔节期前期的散射机理和土壤很相似，以土壤的奇次散射为主，多极化（图 2.27）和极化分量（图 3.23）的分析结果都说明了夏玉米以土壤奇次散射为主导的散射特征。

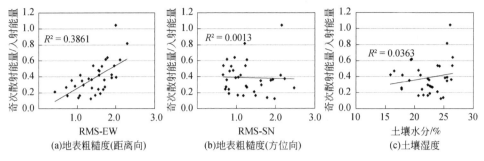

图 3.23 奇次散射与地表粗糙度和土壤湿度的关系

RADARSAT-2 的轨道倾角为 98.6°，农田的东西方向基本与距离向一致，图 3.23（a）表明奇次散射与距离向地表粗糙度有较好的相关性，与土壤湿度没有相关性，也就是说土壤后向散射受地表粗糙度的影响要高于土壤湿度的影响，与 2.2.2 节 AIEM 分析的结论相一致。因为作物稀疏，夏玉米基本上反映不出作物的散射机理特征，这里仅对玉米拔节期后期，即春玉米的散射机理进行分析。

玉米拔节期后期的作物结构与冬小麦孕穗期很相似，只是在作物高度、作物含水量、种植密度上存在差异，对其分析有利于理解作物尺寸或散射粒子数量变化后的散射特征。图 3.24 为玉米拔节期后期不同样点间 Freeman 分解不同散射分量的组成。

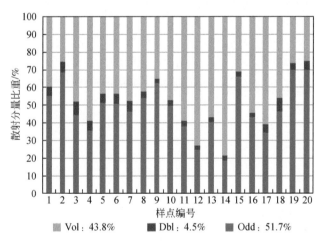

图 3.24 玉米拔节期后期散射分量百分比对比

玉米拔节期后期的植株平均高度达到 192cm，平均生物量达到 4.19kg/m²，其一次散射的比重为 51.7%，高于冬小麦孕穗期的 49.3%，更高于冬小麦乳熟期的 34.0%；体散射为 43.8%，与冬小麦孕穗期的 42.7% 相近，明显低于冬小麦乳熟期的 57.4%。一般地，植被冠层高度的增加会使体散射增强，玉米与小麦相比并没有表现出这个特点，应该受到其他因素的影响。将玉米作物一次散射比重最大的 3 个样点（2、19、20）和体散射比重最大的 2 个样点（12、14）的各项参数列出分析，见表 3.5。

表 3.5　玉米拔节期后期散射分量典型样点作物参数

样点编号	叶含水量/%	茎含水量/%	总含水量/%	植株高度/cm	生物量/(kg/m²)	植株密度/(株/m²)	叶长/cm	叶宽/cm
2	83.63	93.38	90.45	207.7	6.03	6.8	99.7	9.5
19	86.66	95.01	91.58	122.3	2.35	8.4	86.7	8.2
20	83.40	93.86	90.58	195.7	5.49	7.5	96.7	11.3
12	81.81	92.40	89.24	179.0	3.98	7.9	93.7	9.5
14	79.62	92.66	88.14	179.5	3.86	7.1	95.3	10.6

　　由表 3.5 可见，两组数据不同参数的比较中，具有统一特征的是作物的含水量差异，一次散射比重大的含水量较高，体散射较大的含水量偏低。玉米的叶片相对于 C 波段比较宽大，高介电的性质会在叶表面形成明显的一次散射，并增大对来自冠层内部散射的衰减，使体散射减小，从而出现作物含水量越高，一次散射越明显的现象。也就是说含水量增高是玉米作物冠层表面一次散射增强的原因。

　　从散射分量与植株密度的关系可以看出（图 3.25），含水量只是影响散射机理的因素之一。

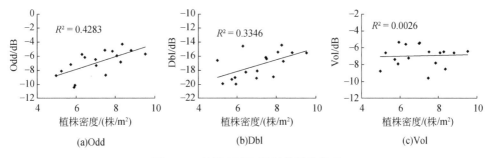

图 3.25　植株密度与散射分量的关系

　　一次散射分量与株密度关联最大，植株密度越大，冠层郁闭度越高，使冠层表面的一次散射增加。二次散射产生于茎秆–地面间的二次散射，植株数量增加，增加了二次反射量。体散射则会因为散射粒子数量和冠层介电性质的双重影响，散射量随机性很大。

3.3.2　基于 Cloude 分解的散射机理分析

　　由 3.1.3.2 节内容可知，Cloude 分解是一种基于特征值特征向量的分解方法。它对目标的相干矩阵进行特征分解，利用特征向量表示散射机制，特征值表示对应特征向量所代表的散射机制的贡献，为目标的散射提供一种旋转不变的描述，分解中的散射熵 H、平均散射角 α 等参数与目标的物理散射机理密切相关。根据它们的物理意义，将 H-α 平面分割为 9 个区域，其中 8 个区域为有效区域，对应特定的散射机理，如图 3.12 所示。虽然 H-α 平面划分为如上 9 个区域具有一定的任意性，而且其分割阈值还受雷达系统的定标精度、噪声阈值测量及相关参数的估值精度的影响。但是，该方法能比较合理地解释地物目标的物理散射特性，而且可解释更多的散射机理，与 Freeman 分解仅仅得到三类散射机理相比，更加精细、全面。鉴于此，基于 RADARSAT-2 全极化 SAR 数据，利用 Cloude 分解方法研究分析水稻、小麦、玉米的散射机理。

3.3.2.1　基于 Cloude 分解的水稻散射机理分析

不同物候期水稻在 $H\text{-}\alpha$ 平面图中的分布情况可以在一定程度上反映水稻散射机理的时域变化特征。图 3.26 给出了不同物候期的水稻在 $H\text{-}\alpha$ 平面图中的分布情况。对四个不同物候期水稻的 $H\text{-}\alpha$ 平面图，发现二次散射逐渐减弱，即 2009 年 7 月 26 日（抽穗始期）二

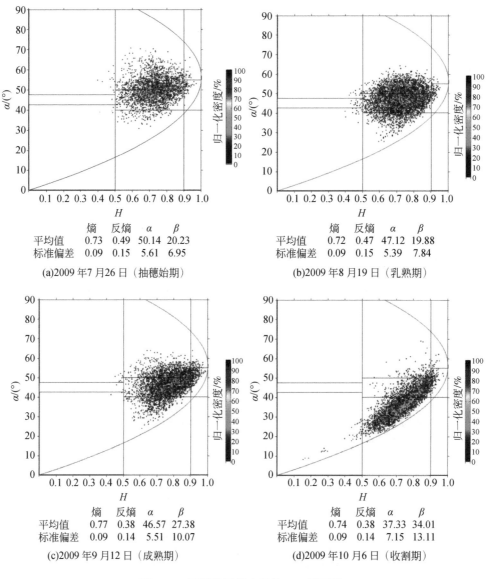

	熵	反熵	α	β
平均值	0.73	0.49	50.14	20.23
标准偏差	0.09	0.15	5.61	6.95

(a)2009 年 7 月 26 日（抽穗始期）

	熵	反熵	α	β
平均值	0.72	0.47	47.12	19.88
标准偏差	0.09	0.15	5.39	7.84

(b)2009 年 8 月 19 日（乳熟期）

	熵	反熵	α	β
平均值	0.77	0.38	46.57	27.38
标准偏差	0.09	0.14	5.51	10.07

(c)2009 年 9 月 12 日（成熟期）

	熵	反熵	α	β
平均值	0.74	0.38	37.33	34.01
标准偏差	0.09	0.14	7.15	13.11

(d)2009 年 10 月 6 日（收割期）

图 3.26　不同物候期水稻的 $H\text{-}\alpha$ 平面图

次散射最强，到 2009 年 10 月 6 日（收割期），二次散射很微弱，这是由水稻收割导致的。水稻在 $H\text{-}\alpha$ 平面图中的分布状况随时间变化的这一特点与其极化响应图随时间的变化完全相符，再一次证明水稻抽穗之后，二次散射逐渐减弱，直到最后水稻收割，其贡献已经很微弱了。此外，平均散射角 α 的变化也可以反映出水稻散射机理的这种变化，抽穗始期的 α 角为 50.14°，到收割期下降为 37.33°，说明二次散射逐渐减弱。从抽穗始期到水稻收割，其散射熵 H 变化不大，但是从 8 月 19 日到 9 月 26 日，水稻的反熵 A 变化减小了 0.1 左右，说明第二和第三特征向量的差异缩小了。这主要是因为水稻成熟后，下垫面变为粗糙土壤，二次散射大大降低，面散射增强，导致第二和第三特征向量对应的散射机理之间的差异减小了。此外，从 8 月 19 日到 9 月 26 日，β 角增大了将近 10°，水稻收割期 β 角持续增大。

为了定量地分析水稻三种主要散射机理的贡献及其时域变化特征，引入 Cloude 分解的归一化特征值 P_1、P_2、P_3［式（3.30）］，它们分别代表了三种主要散射机理对总的后向散射的贡献。根据 H 和 α 只能确定地物目标的主导散射机制，即确定第一特征向量对应的散射机制，无法确定第二、三特征向量对应哪种散射机制。因此，通过将 Cloude 分解的三个主要散射分量的贡献（归一化特征值）与 Freeman 分解三分量百分比进行对比分析，来确定第二、三特征向量对应的散射机理。采用上述方法对不同物候期水稻的对应 Cloude 分解结果进行解译，如图 3.27 所示。由 Cloude 分解结果可以看出，从抽穗始期到水稻收割，其二次散射贡献逐渐减弱，体散射贡献逐渐增加，乳熟期以后体散射成为水稻的主导散射机理。面散射先减小后增大，在收割期，面散射贡献最大。

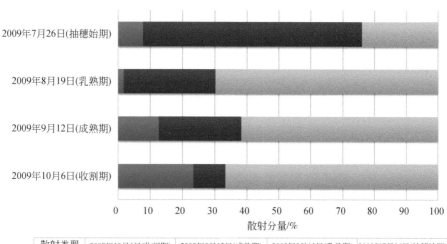

散射类型	2009年10月6日(收割期)	2009年9月12日(成熟期)	2009年8月19日(乳熟期)	2009年7月26日(抽穗始期)
■面散射	23.33	12.69	1.75	7.74
■二次散射	10.12	25.67	28.49	68.45
■体散射	66.55	61.64	69.76	23.81

图 3.27　不同物候期水稻对应的 Cloude 分解三个特征向量的贡献

基于前面的分析可知，水稻的主要散射机理包括三种：二次散射、体散射和粗糙面散射，三者对总的后向散射的贡献随着水稻的生长变化而变化。在水稻抽穗始期，二次散射为主导散射机理，体散射贡献略低，面散射贡献最小。在水稻乳熟期，二次散射逐渐减弱，同时体散射贡献逐渐增强；并且体散射贡献逐渐超过二次散射，成为这一时期水稻的主导散射机理。这种变化主要是因为从抽穗始期到乳熟期，稻穗全部长出，而且重量不断增加，导致水稻茎秆倾斜或弯曲；另外稻田的水位不断下降，这两方面的变化破坏了形成水稻二次散射的结构特征，因此二次散射贡献下降。与此同时，稻穗的出现增加了水稻体散射的贡献。在水稻成熟期，水稻植株和稻穗已经干枯，稻田的下垫面也已经不再是水面，而是土壤面，此时二次散射的贡献降到最低点；此时体散射仍然是主导的散射机理。从抽穗始期到成熟期，水稻面散射的贡献变化不大。水稻收割后，稻田里留下了15cm左右的稻茬和少量倒伏的水稻茎秆，然后为了除掉次生植被（草等）和防止病虫害，在水田中注入一定量的水。因此，水稻收割后，稻田的体散射减弱，但由于水田里漂浮或浸没一些残余的水稻茎秆，体散射贡献仍然比较大，为此时的主导散射机理。与此同时，面散射的贡献增加，贡献仅次于体散射。

3.3.2.2 基于Cloude分解的小麦散射机理分析

对比冬小麦孕穗期到乳熟期的H-α特征空间，可以发现H、α都在增大（图3.28）。H由0.70增长为0.81，表明冬小麦乳熟期去极化效应增强，散射机理趋于复杂，与极化响应图基高分析得到的结论一致；α由34.71°增长为38.80°，体散射增强。在2.3.2节的分析中，乳熟期冬小麦的交叉极化后向散射比孕穗期明显增强（图2.24），也说明了体散射增强的特点。

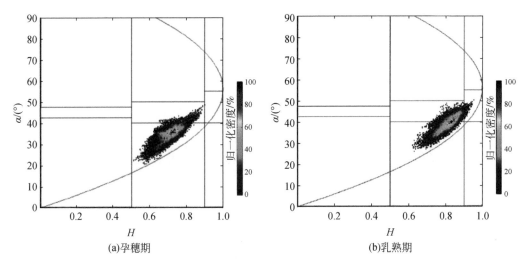

图3.28 冬小麦孕穗期和乳熟期H-α特征空间对比

借助H-α特征空间可以分析地物目标的散射机理变化趋势。为了减小观测时的随机误差，将不同长势的冬小麦分成三组：好、中、差，每组取5个样点的平均值，分析其在H-α特征空间上的分布，孕穗期长势的判定依据是LAI，乳熟期长势的判定依据是植株密度，结果如图3.29所示。孕穗期随着冬小麦长势变好，分布空间向高熵、平均散射角增大的方向移动, 但相互间有交叉, 即孕穗期冬小麦随着长势变化引起散射机理的变化不明显; 乳熟期, 随着长势变好, 分布空间向低熵、平均散射角减小的方向移动, 当长势增大到一定程度后, 平均散射角变化不明显, 即长势差异引起冬小麦结构上的差异不再显现, 但散射熵 H 降低, 即散射过程仍有变化, 结合前面的分析知道这是由于穗子的衰减降低了来自下部的散射。乳熟期的散射熵的均值为 0.75, 明显高于孕穗期的 0.57, 即结构上的变化使散射机理明显复杂。冬小麦不同物候期长势变化在 H-α 空间上的分布特点, 可以借此对冬小麦的长势进行遥感监测。

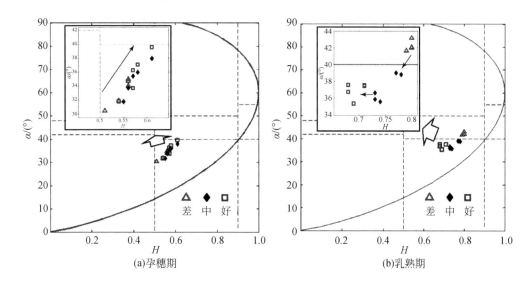

图 3.29　冬小麦不同物候期长势变化在 H-α 特征空间中的分布

散射熵 H 表征了目标散射机理的复杂程度。随着作物生长发育, 其散射机理的复杂程度会发生变化, 因此散射熵 H 与作物长势具有一定的相关关系。这里仍然以 LAI、植株密度作为小麦长势的表征来分析散射熵 H 与小麦长势之间的关系。

孕穗期, 冬小麦随着 LAI 的增大, H 增大, 散射机理趋于复杂 [图 3.30 (a)]。主要原因是 LAI 较小时, 地面的直接散射较大, 随 LAI 增大, 来自地面的散射减弱, 来自冠层的表面散射、茎秆与地表的二次散射和小麦的体散射分量增加, 使整体散射机理趋于复杂。随着 LAI 增大, 冠层衰减量增加, 二次散射和体散射增加趋缓, 散射机理复杂度增加趋缓。孕穗期, 冬小麦的散射熵 H 和 LAI 存在以下关系模型:

$$H = -0.0179\text{LAI}^2 + 0.2062\text{LAI} + 0.1308 \quad (3.37)$$

相关系数 $R = 0.8598$, 显著性检验的概率 P 值小于 0.01。

乳熟期, 冬小麦 H 与 LAI 不具有相关性, 原因在于作物组成发生了变化。孕穗期, 冬小麦茎、叶的鲜重占作物的总比重分别为茎 65.50% (53.35% ~ 73.76%)、叶 34.50% (26.24% ~ 46.65%), 叶子能较好地代表作物的结构特征。到了乳熟期, 冬小麦主要由三部分组成, 分别是穗 37.88% (29.46% ~ 49.48%)、茎 46.19% (37.86% ~ 54.44%)、叶 15.93% (11.96% ~ 22.39%), 叶子比重明显减小, LAI 对长势的代表性减弱。结构上的变化, 使 H 与植株密度体现出更好的关系。乳熟期冬小麦随着植株密度的增加, H 减小，散射机理趋于简单［图3.30（b）］。由前面极化响应图和Freeman面散射分量的分析结果知道，穗会使冬小麦冠层产生明显的面散射，穗的数量随植株密度增加而同步增加，其产生的面散射增大，并对来自冠层下面的体散射、二次角散射产生衰减。由于一次散射在散射机理中的主导作用，其增加使总体散射机理趋于简单，H变小。乳熟期，冬小麦的散射熵H和植株密度存在以下关系模型：

$$H = -4E-7M^2 + 0.0003M + 0.7574 \tag{3.38}$$

式中，M为植株密度，株$/\text{m}^2$；相关系数$R = -0.8049$，显著性检验的概率P值小于0.01。

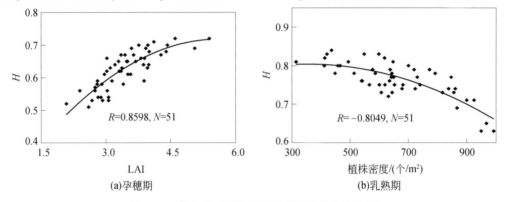

图3.30 冬小麦不同物候期散射熵和长势的关系

图3.31给出了Cloude分解的归一化特征值P_1、P_2、P_3（取log值）与冬小麦长势参数之间的变化特征。图3.31（a）~（c）对应的是冬小麦孕穗期的归一化特征值P_1、P_2、P_3变化特征，图3.31（d）~（f）对应的是冬小麦乳熟期的归一化特征值变化特征。因为冬小麦在两个物候期间的作物结构差异，孕穗期冬小麦的LAI与特征向量有较好的对应关系，乳熟期冬小麦的植株密度与特征向量有较好的对应关系。

由前面的分析知，冬小麦第一散射分量归一化特征值P_1对应的是奇次散射机理，第二分量归一化特征值P_2对应的是体散射机理，第三分量归一化特征值P_3对应的是二次散射机理。孕穗期冬小麦三个主要散射分量与长势间关系很随机，可能是叶子的分布差异产生的影响。冬小麦的叶子因为品种原因，有些是直立的，有些则是弯曲的，Macelloni等（2001）认为叶子的形状会引起散射分量的变化。随长势变化，P_i（i=1，2，3）与LAI之间的关系呈现分段变化趋势，当LAI<3.1时，相关系数较高，随着LAI增加，表征奇次散射的归一化特征值P_1降低，即占主导地位的面散射受冠层衰减降低，体散射的归一化特征值P_2和二次散射的归一化特征值P_3开始增加。当LAI>3.1后，P_i与LAI之间的线性关系减弱［图3.31（a）~（c）］。

乳熟期，当植株密度大于650株$/\text{m}^2$时，冬小麦归一化特征值P_i（i=1，2，3）与植株密度呈现较好的线性相关关系。乳熟期冬小麦穗子数量随植株密度同步增加，由于穗子位于冠层的顶部，其产生的奇次散射增加，并对来自下层的二次散射、体散射产生衰减，致使P_1增大，P_2、P_3减小［图3.31（d）~（f）］。这种变化使得乳熟期冬小麦的散射机理以奇次散射为主，散射机理趋于简单，散射熵H变小［图3.30（b）］。整体来说，乳熟期冬小麦归一化特征值P_i（i=1，2，3）与植株密度的线性关系比孕穗期P_i与LAI的关系规

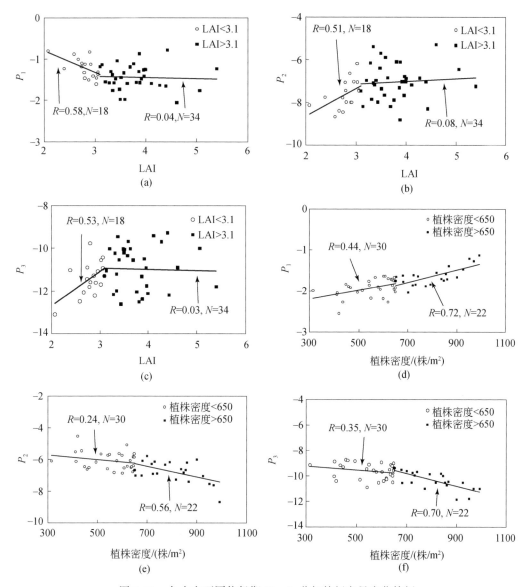

图 3.31 冬小麦不同物候期 Cloude 分解特征向量变化特征

律性更好。

综上，Cloude 分解散射分量与冬小麦长势的分析表明：孕穗期基于散射分量研究冬小麦参数存在不确定性，叶片形状、作物结构是影响散射分量贡献大小的重要因素。

3.3.2.3 基于 Cloude 分解的玉米散射机理分析

受土壤湿度的影响，玉米作物的含水量差异很大，最低为 84.34%，最高达 91.58%，玉米物候期处于雨季，除了播种期、出苗期需要浇水外，整个物候期基本上不用浇水。植株密度最低的为 5.0 株/m²，最高的达到 9.5 株/m²。

由 3.3.1.5 节的分析表明，玉米的植株密度和含水量是影响散射机理的主要原因，为研究这两个变量对散射机理的影响程度，按照含水量和植株密度的高低，分别选取低、中、高三组各三个玉米田块分析其在 $H\text{-}\alpha$ 特征空间上的分布规律，如图 3.32 所示。

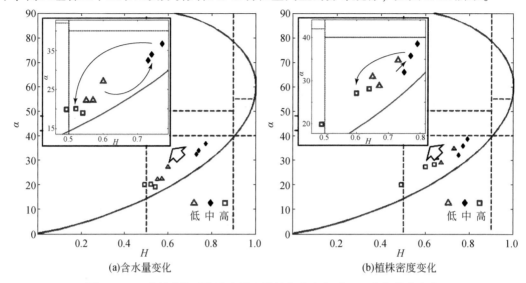

(a)含水量变化　　　　　　　　　　　(b)植株密度变化

图 3.32　玉米拔节期后期含水量和植株密度变化时 $H\text{-}\alpha$ 空间分布变化

春玉米期数据点的分布位于 $H\text{-}\alpha$ 特征空间的区域 5 内（图 3.12），该区域由于冠层穿透效果变化引起的散射熵 H 增加，散射熵会随着二次传输机制而增加。该时期的玉米已经封垄，由 Freeman 分析知，该物候期的体散射增加明显，来自冠层表面的面散射增加也很明显，但仍有一定量的土壤表面散射穿透植被后被接收。该区中散射熵的变化主要由冠层穿透效果的变化引起，叶含水量、植株密度不同使穿透上产生差异，给散射熵带来变化。

散射熵能够反映目标散射机理复杂程度，分析散射熵与玉米含水量后发现，随着含水量的变化，玉米散射熵 H 经历了先增大再减小的过程［图 3.32（a）］，即散射机理先趋于复杂然后简单，并趋近于面散射（图 3.12 区域 8）。植株密度的变化也引起了类似的散射机理变化，但在 $H\text{-}\alpha$ 空间分布上更为零散［图 3.32（b）］。

参考 Freeman 分解的分析结果知道，玉米拔节期后期的主要散射机理为面散射。作物含水量增加时，冠层内部的多次散射增强，体散射增加，而含水量增加也会使冠层的衰减量增加，来自地表土壤的面散射减弱。当作物含水量高到一定程度后，冠层表面的散射越来越明显，使主导的面散射不断增大，并对来自冠层内部的体散射和二次散射形成显著衰减，使散射机理趋于简单，散射熵 H 减小，散射熵与各散射分量随玉米作物含水量的变化趋势见图 3.33。

相比之下，植株密度对散射机理的影响没有含水量明显（图 3.34），植株密度的增大会增加冠层的郁闭度，郁闭度达到一定程度后，使来自冠层表面的一次散射分量显著增加，同时削减了来自地表面散射和冠层内部的多次散射。

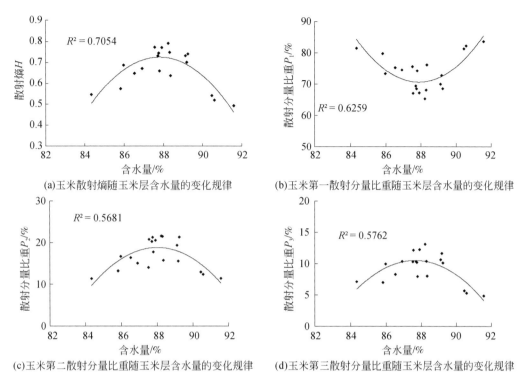

图 3.33　玉米含水量变化引起的散射机理变化

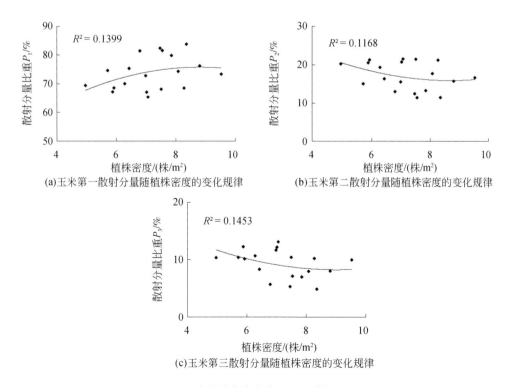

图 3.34　玉米植株密度变化引起的散射机理变化

基于上述分析可知，作物含水量和植株密度是影响玉米作物散射机理的主要原因，也即介电和结构特征，且介电特征的影响要高于结构影响。需要指出的是，这些结论是在玉米正常种植条件下分析的，即种植密度在 $5.0 \sim 9.5$ 株$/m^2$，含水量分布于 $84.34\% \sim 91.58\%$。综上所述：当作物的含水量很高时要充分考虑其对散射机理的影响，或者在有降水、露水影响时要充分考虑到这些因素对散射机理的影响。

参 考 文 献

郭华东，等，2000. 雷达对地观测理论与应用. 北京：科学出版社.

王超，张红，陈曦，等，2008. 全极化合成孔径雷达图像处理. 北京：科学出版社.

Baronti S, Delfrate F, Ferrazzoli P, et al., 1995. Sar polarimetric features of agricultural areas. International Journal of Remote Sensing, 16 (14): 2639-2656.

Cloude S R, 1985. Target decomposition-theorems in radar scattering. Electronics Letters, 21 (1): 22-24.

Cloude S R, Pottier E, 1996. A review of target decomposition theorems in radar polarimetry. IEEE Transactions on Geoscience and Remote Sensing, 34 (2): 498-518.

Cloude S R, Pottier E, 1997. An entropy based classification scheme for land applications of polarimetric SAR. IEEE Transactions on Geoscience and Remote Sensing, 35 (1): 68-78.

de Matthaeis P, Ferrazzoli P, Schiavon G, et al., 1992. Agriscatt and MAESTRO: multifrequency radar experiments for vegetation remote sensing. Proceedings of MAESTRO-1/AGRISCATT: Radar Techniques for Forestry and Agricultural Applications, Final Workshop. Paris, France, European Space Agency: 231-248.

Evans D L, Farr T G, van Zyl J J, et al., 1988. Radar polarimetry—analysis tools and applications. IEEE Transactions on Geoscience and Remote Sensing, 26 (6): 774-789.

Freeman A, Durden S L, 1998. A three-component scattering model for polarimetric SAR data. IEEE Transactions on Geoscience and Remote Sensing, 36 (3): 963-973.

Hajnsek I, 2001. Inversion of Surface Parameters Using Polarimetric SAR. Jena: Friedrich-Schiller-Universität Jena.

Lee J S, Pottier E, 2009. Polarimetric Radar Imaging: from Basics to applications. Boca Raton: CRC Press Taylor & Francis Group.

Macelloni G, Paloscia S, Pampaloni P, et al., 2001. The relationship between the backscattering coefficient and the biomass of narrow and broad leaf crops. IEEE Transactions on Geoscience and Remote Sensing, 39 (4): 873-884.

McNairn H, Duguay C, Brisco B, et al., 2002. The effect of soil and crop residue characteristics on polarimetric radar response. Remote Sensing of Environment, 80 (2): 308-320.

Shao Y, Liao J J, Wang C Z, 2002. Analysis of temporal radar backscatter of rice: a comparison of SAR observations with modeling results. Canadian Journal of Remote Sensing, 28 (2): 128-138.

van Zyl J J, Zebker H A, Elachi C, 1987. Imaging radar polarization signatures: theory and observation. Radio Science, 22 (4): 529-543.

Zebker H A, van Zyl J J, 1991. Imaging radar polarimetry: a review. Proceedings of the IEEE, 79 (11): 1583-1606.

Zebker H A, van Zyl J J, Held D N, 1987. Imaging radar polarimetry from wave synthesis. Journal of Geophysical Research, 92 (B1): 683-701.

第 4 章　基于 SAR 数据的农作物分类识别

分类识别与种植面积提取是农业雷达应用研究的基础内容。快速、准确地实现农作物分类识别能够为农情监测和产量估算提供重要的数据支撑，并对国家农业政策制定和粮食宏观决策具有重要的意义。SAR 具有全天时、全天候监测，对作物植株结构、含水量敏感等优点，在农作物识别和监测中具有独特优势。前面两章较为详细地分析了典型农作物（水稻、冬小麦和玉米）的后向散射特性与散射机理，本章将基于典型农作物的后向散射特性与散射机理特点，分析农作物与其他典型地物类型的差异，开展 SAR 农作物分类识别应用研究，包括基于多时相、多极化后向散射特性的农作物分类识别，基于散射机理的特点进行农作物信息增强、分类识别与面积提取。

4.1　基于后向散射特性的农作物分类识别

根据获取的 SAR 数据特点，我们能够得到农作物多时相或多极化后向散射特性，前者通常称为时域散射特性，后者通常称为极化散射特性。农作物相对于其他地物目标随时间的变化比较显著，如水稻生长周期一般在 120~150 天，在较短的时间内，农作物的高度、密度、植株形态、生理参数（生物量、含水量）等发生比较显著的变化。这些变化会导致其雷达响应特征发生相应的变化，因此农作物目标的时域散射特性变化显著，规律性强。基于农作物的时域散射特性，利用多时相 SAR 数据能够较好地实现农作物分类识别、长势监测等（邵芸，2000；陈劲松等，2010）。时域后向散射特性在农作物分类识别中具有较好的表现，但同时需要较多的数据资源，一般需要 3 景或更多不同时相的 SAR 数据，增加了数据成本。

随着对地观测 SAR 系统的日益丰富，出现了具备极化测量能力的 SAR 卫星，能同时接收目标不同极化的后向散射回波。极化电磁波对于目标的形态结构具有较高的敏感性。不同农作物的植株形态、行列位置、下垫面等存在一定的差异，不同极化的电磁波在农作物分类识别中具有较大的应用潜力。因此本节以水稻为例介绍基于极化散射特性的农作物分类识别。利用我国自主研制的 C 波段机载 SAR 系统在海南获取多极化 SAR 数据，该数据包括四种线极化方式（HH、HV、VH、VV），分辨率约为 2m。经过图像旋转和镜像、辐射定标、几何校正、斑点抑制等处理后得到机载 SAR 数据多极化合成图像，如图 4.1 所示。可以看出，在多极化机载 SAR 图像中，细节信息得到比较好的反映，清晰度高，地物识别能力比较强，典型地物（农田、水体、道路等）都得到较好的反映。

图 4.1 C 波段机载 SAR 多极化合成图像（R=HH、G=HV、B=VV）

4.1.1 水稻后向散射特性分析

根据地面调查区域，从多极化机载 SAR 图像中提取水稻及辅助实验区内其他主要地物类型（森林、城市、水体、地瓜、四季豆）在不同极化方式上的后向散射系数，如图4.2所示。可以看出，水稻在水平极化（HH）的后向散射系数最大，其次是垂直极化（VV）；在交叉极化（HV/VH）上的响应值较小，其中 HV 极化的后向散射系数最小。对比研究区内主要地物类型在 HH 极化和 HV 极化后向散射系数的差异可知，水稻在 HH 极化和 HV 极化上的差异比较大，仅次于城市，其他地物类型相对较小。但不可忽略的是，四季豆和水体在 HH 极化和 HV 极化上的差异与水稻的非常接近，比较容易混淆。对于水体，可以采用如前所述的方法，引入 HH 极化加以区分；但是对于四季豆，在四种极化方式上，它与水稻的差异都不大于 2.5dB，达不到目标识别时差异不小于 3dB 的要求（Le Toan et al., 1997）。因此，利用 HH 极化和 HH 极化与 HV 极化之间的差异无法较好地将水稻与四季豆区分开来。

从图 4.2 中还可以看出，水稻在 HH 极化和 VV 极化上的差异比较大，主要是由水稻植株独特的垂直结构造成的（谭炳香等，2006；Bouvet et al., 2009）。水体在 HH 极化和 VV 极化上的差异也较大，但是，水体在 HH 极化的响应值小于 VV 极化，而水稻恰恰相反。其他地物在 HH 极化和 VV 极化上的差异都比较小。因此，利用 HH 极化和 VV 极化的差异，可以将水稻和研究区其他地物类型区分开来。

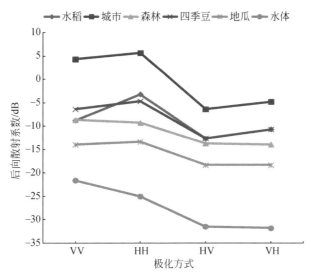

图 4.2　水稻与辅助实验区其他主要地物类型在不同极化方式上的后向散射系数

4.1.2　基于 HH/VV 极化的水稻识别

比值运算是突出差异的有效途径（Le Toan et al., 1997），因此，选择 HH 极化与 VV 极化的比值来表征二者之间的差异，并以此增强水稻与其他地物类型差异，作为水稻识别的依据。

为了定量地分析水稻与实验区内其他主要地物的差异，从不同飞行航带中选取 10 幅图像，提取水稻、森林、居民地、水体和其他作物（地瓜和四季豆）在 HH 极化和 VV 极化的后向散射强度，并统计其差异。对 HH 极化和 VV 极化的后向散射强度做比值运算，再将单位转化成分贝（dB），记为<HH>/<VV>，并以<HH>/<VV>作为表征水平极化和垂直极化差异的因子。辅助实验区内水稻及其他主要地物类型对应的<HH>/<VV>，如图 4.3 所示。可以看出，水稻对应的<HH>/<VV>值以 3dB 为中心上下浮动，振幅约为 1dB，而其他地物的<HH>/<VV>值以 0dB 为中心上下摆动，振幅也在 1dB 左右。由此可见，水稻与其他地物对应的<HH>/<VV>差异较大，约为 3dB。因此，在该实验区，以<HH>/<VV>为识别因子来提取水稻信息是可行的。

由于水稻对应的<HH>/<VV>与其他地物差异较大，可利用<HH>/<VV>作为识别因子进行水稻识别。首先是获得 HH 极化和 VV 极化的比值图像，即<HH>/<VV>对应的图像。同样地，在进行比值运算之前需要对图像进行滤波。仍采用增强 Lee 方法最优，3×3 的窗口进行降噪处理，既减弱了图像噪声，又保留了大部分细节信息。滤波后，得到比值图像（图 4.4）。从图 4.4 中可以看出，水稻田在图像中呈亮白色，与周围的差异较大，水稻信息得到增强，而且水体呈黑色，与水稻田差异明显。得到<HH>/<VV>值图像后，再对比值图像进行滤波，仍采用增强 Lee 方法最优，3×3 的窗口。最后，根据前面的分析，以 3dB 为阈值，从滤波后的比值图像中提取水稻信息，生成的掩膜图像，再剔除面积小于等于 3×3 个像元的小斑块，得到的结果如图 4.5 所示。

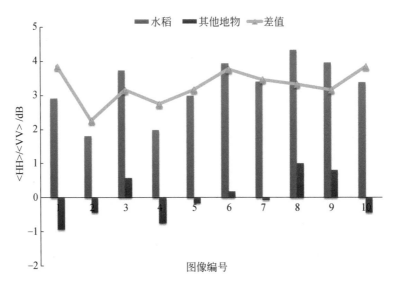

图4.3　水稻和其他地物对应的<HH>/<VV>及其差异

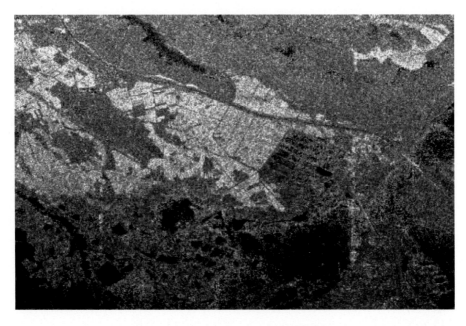

图4.4　HH极化与VV极化比值图像

　　由于水稻在HH极化的响应比较强，为了突出水稻信息，将HH极化的图像进行拉伸，然后再与掩膜图像相加得到一个含有增强水稻信息的图像<HH>+mask。将图像<HH>+mask、HV、VV分别赋予R、G、B进行彩色合成，再经过滤波处理（增强Lee方法最优，3×3的窗口）得到图4.6。在图4.6中，水稻信息得到增强，红色区域对应水稻田。

　　得到增强水稻信息的图像之后，利用简单的非监督分类IsoData方法对增强水稻信息的彩色合成图像进行分类，结果见图4.7。根据地面调查水稻田的位置和区域，在图像上

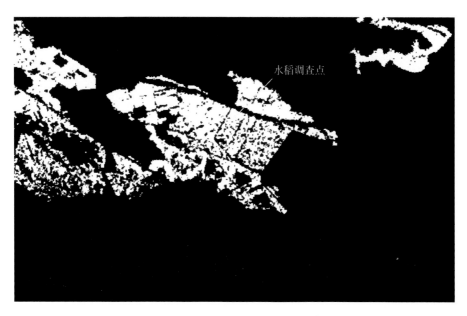

图 4.5　利用阈值法得到的水稻信息掩膜图像

图 4.6　增强水稻信息的彩色合成图

选择训练区，评价水稻识别精度。水稻识别精度以混淆矩阵的形式体现，如表 4.1 所示。从表 4.1 中可以看出，水稻识别的总体精度达到 91.45%。从图 4.7 中可以看出，不仅水稻与其他地物较好地区分开，而且不同株高的水稻也得到一定程度的区分，其中水稻 1 对应的株高最高，可达 68cm，其次是水稻 2，再次是水稻 3，水稻 4 的株高最矮，仅有

39cm。不同株高的水稻识别效果如表 4.2 所示。水稻 1、3、4 的识别精度都大于 70%；水稻 2 的识别精度较差，错分为水稻 1 的比率较大，主要是因为水稻 1 和水稻 2 的植株高度差异比较小。由此可以看出，利用<HH>/<VV>可以有效地识别水稻，但对于植株高度存在一定差异的水稻识别精度还达不到实际应用的要求，有待于进一步研究。

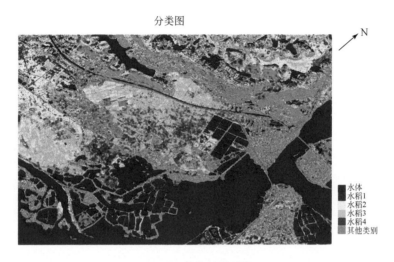

图 4.7 分类结果图像

表 4.1 水稻识别精度

类别	水稻	非水稻	分类总和	用户精度/%
水稻	10490	798	11288	92.93
非水稻	835	6980	7815	89.32
实测总和	11325	7778	19103	
制图精度/%	92.63	89.74		
总体精度/%	91.45			

表 4.2 不同株高的水稻识别精度

类别	水稻1	水稻2	水稻3	水稻4	分类总和	用户精度/%
水稻1	3013	693	46	0	3752	80.30
水稻2	367	749	335	2	1453	51.55
水稻3	43	432	2076	369	2920	71.10
水稻4	0	6	303	2891	3200	90.34
实测总和	3423	1880	2760	3262	11325	
制图精度/%	88.02	39.84	75.22	88.63		
总体精度/%	77.08					

4.2　基于散射机理的农作物分类识别

在全极化 SAR 数据出现之前，农作物分类识别研究一般都是基于雷达后向散射特性（后向散射系数）进行的。然而，后向散射系数只是雷达波束与地物目标相互作用的一种基本表现形式，也可以说是一种结果、一种表象，它可以在一定程度上反映地物目标的特性。但是，对于 SAR 系统而言，地物目标最本质的区别在于它们散射机理的差异。由于后向散射系数提供的信息非常有限，无法开展基于散射机理特点的分类识别研究。而全极化 SAR 数据和极化目标分解理论的发展为目标散射机理及分类识别研究提供了有力手段。本章主要基于 RADARSAT-2 全极化数据，利用多种极化分解方法进行农作物及其他典型地物的散射机理分析，获取它们散射机理的特点和差异，并在此基础上进行基于散射机理的农作物分类识别研究。

4.2.1　基于散射机理的农作物信息增强

下面我们以水稻为例介绍基于散射机理的农作物信息增强方法。基于 RADARSAT-2 全极化数据，利用 Pauli、Freeman、Cloude 分解方法，分析水稻与其他典型地物散射机理及差异，实现水稻信息增强，进而服务于水稻分类识别。

4.2.1.1　基于 Pauli 分解的水稻及其他典型地物散射机理分析

由 3.1.3.1 节可知，Pauli 分解是一种相干分解方法，它用 Pauli 基 $\{S_a, S_b, S_c\}$ 表示目标的散射矩阵 S，其中 S_a、S_b 和 S_c 可以分别用来表征单次散射（面散射）、二次散射和体散射。因此，Pauli 分解三个散射分量的强度信息以及它们之间的相对关系可以在一定程度上反映目标的散射机理。虽然从极化分解理论上来讲，相干分解只适用于纯目标，如纯导电球、纯平面及纯电介质构成的单一目标，而且还要求 SAR 图像上每个像素内的目标是稳定的。在实际应用中，可以做相关假设，然后利用相干分解方法来对地物目标散射机理进行一定的物理解释。McNairn 等（2009）基于 Krogager 相干分解方法，利用 ALOS-PALSAR 数据进行农作物分类研究，研究结果表明 Krogager 分解参数在农作物分类识别中具有较大的潜力。当然，对于一些较纯的目标，其分解后的解译价值会高于一些离散混合目标和分布式目标。

根据地面实验数据，在实验区内选择水稻和其他几种主要地物类型（森林、水体、城市），提取并分析水稻等地物对应的 Pauli 分解结果。图 4.8 给出了水稻、森林、水体和城市对应的 Pauli 分解三分量（面散射、二次散射和体散射）强度值的分布情况。

水稻和其他三种主要地物类型在 Pauli 分解面散射分量上的强度分布如图 4.8（a）所示。除水体外，其他三种地物类型的面散射强度均值相近。水稻和其他三种主要地物类型的面散射强度从小到大依次为水体、水稻、森林和城市。由 Pauli 分解面散射分量的定义

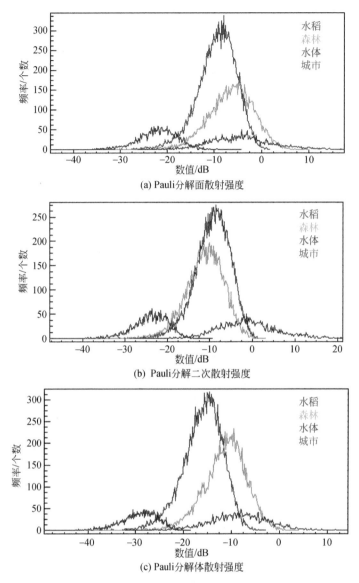

图 4.8　水稻和其他三种主要地物类型对应的 Pauli 分解三分量强度分布

可知，面散射大小反映了地物目标对同极化信号的响应情况，其数值越大，对应的 HH 极化和 VV 极化回波也就越强。

水稻和其他三种主要地物类型在 Pauli 分解二次散射分量上的强度分布如图 4.8（b）所示。水稻和其他三种主要地物类型的二次散射强度大小依次为水体、森林、水稻和城市。森林的二次散射主要来自树干和下垫面之间，水稻二次散射的主要来自水稻茎秆和下垫面，城市二次散射的主要来自建筑物自身以及建筑物与地面之间。此外，水体的二次散射比较小是因为它对雷达波的散射主要为单次散射，没有改变 HH-VV 间的相对相位。

水稻和其他三种主要地物类型在 Pauli 分解体散射分量上的强度分布如图 4.8（c）所示。可以看出，城市和森林的体散射强度较大，水稻次之，水体最小。

　　从上述分析可以看出，由于不同地物对雷达信号的响应存在一定的差异，Pauli 分解三分量强度对于不同地物类型具有一定的区分能力，例如，城市的回波信号很强，它的面散射、二次散射和体散射分量的强度都很高；水体的回波信号很弱，它的面散射、二次散射和体散射分量的强度都比较低。但是，仅仅利用 Pauli 分解三分量的强度不足以较好地区分水稻和森林，二者的 Pauli 分解三分量强度具有较大的重叠区域（图 4.8）。在 Pauli 分解三分量强度图（图 4.9）中，除城市和水体外，水稻和森林的差异不明显，很难得到较好的区分。

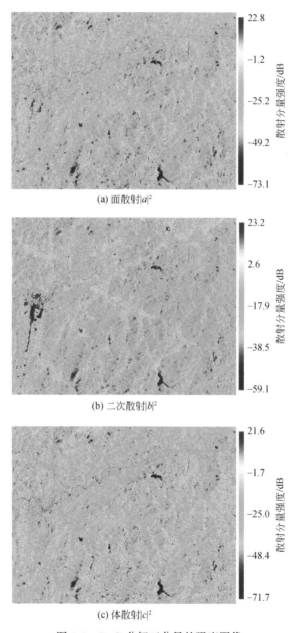

(a) 面散射$|a|^2$

(b) 二次散射$|b|^2$

(c) 体散射$|c|^2$

图 4.9　Pauli 分解三分量的强度图像

相对于 Pauli 分解三个分量散射强度的绝对值,它们之间的相对关系能够更好地反映地物目标本身的散射机理。因此,引入各散射分量对总后向散射能量的贡献(百分比)来衡量 Pauli 分解三个分量之间的相对关系。

图 4.10 给出了水稻和其他三种主要地物类型对应的 Pauli 分解三分量百分比的分布情况。与 Pauli 分解三分量强度分布图(图 4.8)相比,在 Pauli 分解三分量百分比分布图上,水稻和其他三种地物类型之间的差异大大增加了,尤其是和森林的差异增大了。但是,水体和城市的离散度增大了,二者之间的可分性减小了,这可能跟样本数量有关系,由于实验区地物类型分布特点,水体和城市相对于水稻和森林比较少,参与统计的样本数量相对较少。此外,从 Pauli 分解面散射分量百分比分布图〔图 4.10(a)〕中可以看出,

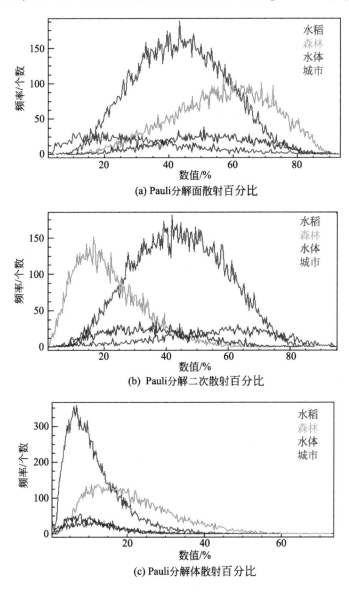

(a) Pauli分解面散射百分比

(b) Pauli分解二次散射百分比

(c) Pauli分解体散射百分比

图 4.10   水稻和其他三种主要地物类型对应的 Pauli 分解三分量百分比的分布情况

森林的面散射百分比最大，水体的面散射百分比仅次于森林，水稻的面散射百分比次之，城市的面散射百分比最小。从 Pauli 分解二次散射分量百分比分布图［图 4.10（b）］中可以看出，城市的二次散射百分比最大，其次是水稻，再次是水体，森林的二次散射百分比最小。从 Pauli 分解体散射分量百分比分布图［图 4.10（c）］中可以看出，森林的体散射百分比最大。水稻、水体和城市的体散射百分比都比较小。

　　图 4.11 给出了水稻和其他三种主要地物类型对应的 Pauli 分解三分量百分比的均值。对于水稻，二次散射分量的贡献最大，约为总的后向散射的 44.80%；面散射的贡献比二次散射略小，约为 43.83%；体散射贡献最小，约为 11.37%。对于森林，面散射分量的贡献最大，约为总的后向散射的 56.84%；体散射和二次散射的贡献相差不多，在 21.50% 左右。对于水体，面散射贡献最大，约为总的后向散射的 52.85%；二次散射的贡献次之，约为 35.74%；体散射贡献最小，只有 11.41%。对于城市，二次散射贡献最大，约为总的后向散射的 56.22%，面散射次之，约为 30.94%，体散射贡献最小，约为 12.84%。通过上面对水稻和其他三种主要地物类型的 Pauli 分解三分量的分析可知，水稻的散射机理是以二次散射为主，面散射次之，体散射最小，其贡献比约为 4.09∶4∶1；森林的散射机理以面散射为主，体散射和二次散射次之，其贡献比约为 2.55∶1∶1；水体的散射机理以面散射为主，二次散射次之，体散射最小，其贡献比约为 4.82∶3.27∶1；城市的散射机理以二次散射为主，面散射次之，体散射最小，其贡献比约为 4.31∶2.38∶1。

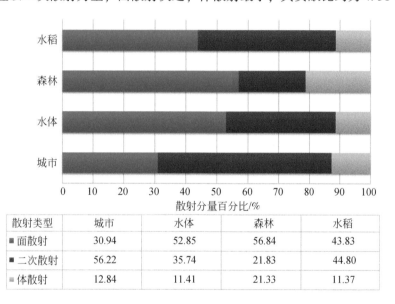

散射类型	城市	水体	森林	水稻
■ 面散射	30.94	52.85	56.84	43.83
■ 二次散射	56.22	35.74	21.83	44.80
▢ 体散射	12.84	11.41	21.33	11.37

图 4.11　水稻和其他三种主要地物类型对应的 Pauli 分解三分量百分比

　　通过对 Pauli 分解三个分量的定性分析，可以初步地反推地物目标散射机理的一些定性特征。这是传统单极化 SAR 观测所不能得到的信息。但是，从散射机理定量分析上不难看出，经过 Pauli 分解后，水稻和其他三种主要地物类型的面散射分量普遍比较强，相对的体散射分量普遍较弱，与实际情况存在一定的差异，尤其是森林。Ulaby 等（1990）基于植被后向散射模型的研究表明，对于 C 波段 SAR，森林的冠层体散射是其主导散射机理，树干与地面的二次散射以及来自下垫面的粗糙面散射相对较弱。而从 Pauli 分解来看，森林的面散射很强，体散射和二次散射却相对较弱。这主要是因为 Pauli 面散射分量的强弱反映了地物目标对同极化信号的响应情况，而 Pauli 体散射分量的强弱反映了地物目标对交叉极化信号的响应情况。对于一般地物目标，其同极化响应往往大于交叉极化响应，因此，基于 Pauli 分解的散射机理定量分析结果扩大了面散射分量的贡献，缩小了体散射分量的贡献。

总的来说，Pauli 分解方法有两个优点：一是基于严格的群论基础得到的分解，三个分量两两相互正交；二是 Pauli 分解是基于单个像元的操作，能够保持图像的分辨率。但是，在严格意义上，Pauli 分解仅仅适用于相干目标的分解和物理散射解释。另外，由于 Pauli 分解是基于单个像元的操作，其结果受 SAR 图像的斑点噪声影响就比较大。对于那些具有强后向散射的地物目标，在目标与背景之比很大且背景杂波均一的情况下，如平静海面上的船只等，斑点噪声并不是很重要的影响因素，但对于植被等结构复杂地物目标，相干斑的影响会导致 Pauli 分解后对电磁散射的解释性下降。

4.2.1.2 基于 Freeman 分解的水稻与其他典型地物散射机理分析

由 3.1.3.2 节内容可知，Freeman 分解是一种基于物理散射模型的分解方法。它把目标的协方差矩阵分解为三个分量：面散射、二次散射和体散射。因此，Freeman 分解三个散射分量的强度信息以及它们之间的相对关系可以在一定程度上反映目标的散射机理。

图 4.12 给出了 Freeman 分解三个分量的强度图。从面散射分量 [图 4.12 (a)] 可以看出，除水体和城市以外，其他地物目标的面散射分量差异不大。从二次散射分量 [图 4.12 (b)] 可以看出，水体和森林的二次散射分量值都比较小，在 $-21.90 \sim -11.4$dB，而城市和水稻田呈现红、黄色调，具有较高的二次散射。Freeman 分解的二次散射分量可以较好地增强水稻信息。从体散射分量 [图 4.12 (c)] 可以看出，除水体以外，整个实验区的体散射分量都比较强，这主要是由于实验区地物类型分布以森林为主。

为了进一步比较分析水稻及其他三种主要地物类型（森林、水体、城市）的散射机理，基于地面实验数据，在实验区内选择水稻、森林、水体、城市四种主要地物类型，提取并分析它们对应的 Freeman 分解结果。

水稻及其他三种主要地物类型对应的 Freeman 分解三分量强度分布如图 4.13 所示。从 Freeman 分解面散射分量强度分布图 [图 4.13 (a)] 中可以看出，森林的面散射强度最大，水稻的面散射强度略低于森林，城市的面散射次之，水体的面散射强度最小。此外，由于受到样本数量的影响，城市和水体的离散度比较大。从 Freeman 分解二次散射分量强度分布图 [图 4.13 (b)] 中可以看出，城市的二次散射强度最大，水稻的二次散射也很强，森林和水体的二次散射强度都比较小。从直方图中还可以看出，基于二次散射分量的强度，水稻能够较好地与其他地物类型区分开。从 Freeman 分解体散射分量强度分布图 [图 4.13 (c)] 中可以看出，城市的体散射强度最大，森林的体散射也很强，其次是水稻，水体的体散射强度最小。

就不同地物类型而言，对比图 4.13 可以看出，水稻的二次散射贡献最大，体散射略

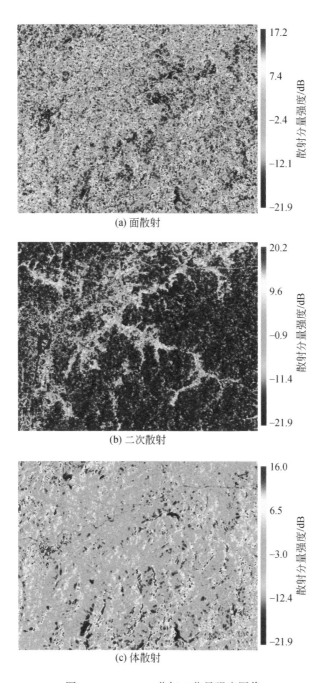

图 4.12　Freeman 分解三分量强度图像

低，面散射最小；森林的体散射贡献最大，面散射次之，二次散射最弱；水体的面散射贡献最大，其次是体散射，二次散射最弱；城市的二次散射贡献最大，其次是体散射，面散射贡献远远低于前两项。

　　为了进一步定量分析水稻及其他三种地物类型对应的 Freeman 分解三分量的贡献及其

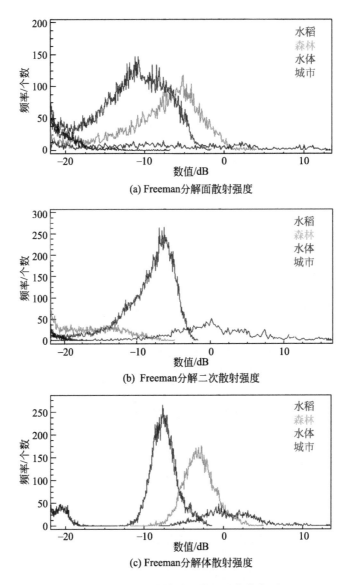

(a) Freeman分解面散射强度

(b) Freeman分解二次散射强度

(c) Freeman分解体散射强度

图 4.13 Freeman 分解三分量强度分布图

相对关系，这里同样引入各个分量对总的后向散射的贡献（百分比）来衡量 Freeman 分解三个分量之间的相对关系。

图 4.14 给出了水稻和其他三种主要地物类型对应的 Freeman 分解三分量百分比均值。从图 4.14 中可以看出，水稻的二次散射分量百分比最高，约为 46.04%，即水稻总的后向散射中 46.04% 的贡献来自二次散射；水稻的体散射贡献也比较大，约占总的后向散射的 42.06%；水稻的面散射分量贡献最小，约为 11.90%。对于森林，体散射分量百分比高达 85.11%，面散射分量百分比约为 12.86%，森林的二次散射分量百分比很低，只有 2.03%。对于水体，面散射分量百分比最高，约为 35.94%，体散射分量百分比略低，约为 35.59%，二次散射分量百分比最低，约为 28.47%。对于城市，二次散射分量百分比

最高，约为 73.02%，体散射分量百分比次之，约为 19.85%，面散射分量百分比很低，只有 7.13%。总的说来，水稻的二次散射贡献最大，体散射次之，面散射最小，它们三者之间的比例约为 3.87∶3.53∶1；森林的体散射贡献最大，面散射次之，二次散射贡献最小，三者的比例约为 23.98∶6.99∶1；水体的面散射贡献最大，体散射略低，二次散射贡献最小，三者的比例约为 1.26∶1.25∶1；城市的二次散射贡献最大，体散射次之，面散射贡献很小，三者比例约为 10.24∶2.78∶1。

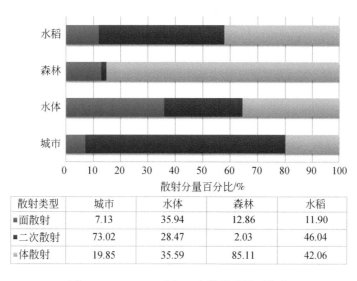

散射类型	城市	水体	森林	水稻
■面散射	7.13	35.94	12.86	11.90
■二次散射	73.02	28.47	2.03	46.04
■体散射	19.85	35.59	85.11	42.06

图 4.14 Freeman 分解三个散射分量百分比

从以上分析可以看出，与 Pauli 分解结果相比，Freeman 分解比较客观地反映了三种散射分量的贡献，能够更加合理地解译地物目标的散射机理。

4.2.1.3 基于 Cloude 分解的水稻及其他典型地物散射机理分析

水稻及其他三种主要地物类型在 Cloude 分解 H-α 平面图中的分布状况如图 4.15 所示。从 H-α 平面图中可以看出，水稻主要分布在中熵多次散射区、中熵植被散射区和中熵面散射区，分别对应多次散射（以二次散射为主）、植被散射和粗糙面散射（图 3.12），其中多次散射主要包括水稻冠层–水面以及水稻茎秆–水面之间的二次散射［图 2.8（b）（c）］和多次散射［图 2.8（d）］，植被散射主要对应水稻冠层的散射［图 2.8（a）］；粗糙面散射主要由下垫面散射构成。由于水稻田的水面并非真正的镜面，而且在水稻生长中后期，下垫面不再是简单的水面，一般为水和泥土的混合物，并随着水分的流失逐渐变为土壤表面。因此，下垫面的粗糙面散射对水稻后向散射具有一定的贡献，尤其是在水稻生长的中后期。但是，一般的水稻散射模型都忽略了此项的贡献。森林主要分布于中熵、高熵植被散射区、中熵面散射区和中熵多次散射区，分别对应体散射、粗糙表面散射和二次散射，主要由森林冠层体散射、地表粗糙面散射和树干与地表之间的二次散射构成。城市主要分布在低熵多次散射区，由于城市中建筑物居多，构成较多二面角，所以二次散射是城市中的主要散射机理。此外，城市在中熵多次散射和植被散射区也有少量分布，这可能是由城市中一些稀疏的绿化树木与地面形成二次散射，同时树木自身体散射所引起的。此外，水体主要分布于中熵面散射区和中熵植被散射区，并有少量分布在低熵面散射区，分别对应粗糙面散射和体散射。水体中出现体散射可能是由于水中存在一定的悬浮颗粒和浮游植物。

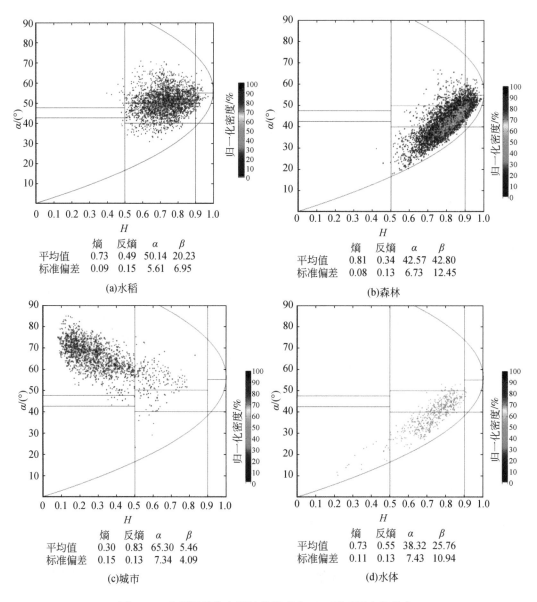

	熵	反熵	α	β
平均值	0.73	0.49	50.14	20.23
标准偏差	0.09	0.15	5.61	6.95

(a)水稻

	熵	反熵	α	β
平均值	0.81	0.34	42.57	42.80
标准偏差	0.08	0.13	6.73	12.45

(b)森林

	熵	反熵	α	β
平均值	0.30	0.83	65.30	5.46
标准偏差	0.15	0.13	7.34	4.09

(c)城市

	熵	反熵	α	β
平均值	0.73	0.55	38.32	25.76
标准偏差	0.11	0.13	7.43	10.94

(d)水体

图 4.15　水稻及其他主要地物类型在 H-α 平面图中的分布

从 H-α 平面图中还可以看出，水稻的散射熵 H 为 0.73（0.5~1），平均散射角 α 为 50.14°（>50°），说明在水稻三种主要散射机理中，以水稻和下垫面之间的二次散射为主导，对应第一特征向量。森林的散射熵 H 为 0.81，平均散射角 α 为 42.57°（40°~50°），说明森林三种主要散射机理中，以体散射为主导，对应第一特征向量。城市的散射熵 H 为 0.30，平均散射角 α 为 65.30°（>47.5°），说明城市三种主要散射机理中，以低熵二次散射为主导，对应建筑物之间以及建筑物与地面之间的二次散射，对应第一特征向量。水体的散射熵 H 为 0.73，平均散射角 α 为 38.32°（<40°），说明水体三种主要散射机理中，以粗糙面散射为主导，对应第一特征向量。

　　为了定量地分析水稻三种主要散射机理的贡献及其时域变化特征，引入 Cloude 分解的归一化特征值 P_1、P_2、P_3［式（3.30）］，它们分别代表了三种主要散射机理对总的后向散射的贡献。

　　图 4.16 给出了 Cloude 分解归一化特征值图像，它反映了相应的特征向量所对应的散射机理对总的后向散射的贡献。水稻的第一和第二特征向量对应的散射机理的贡献都比较大，而其第三特征向量对应的散射机理的贡献很小，所以对于水稻来说，前两种散射机理占优。城市的第一特征向量对应的散射机理贡献最大，第二和第三特征向量对应的散射机理的贡献很小，即对于城市只有一种主导的散射机理；而森林和水体的占优性较低，表明它们的主导散射机理不止有一种。

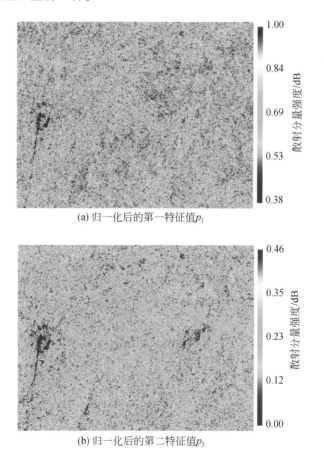

(a) 归一化后的第一特征值 p_1

(b) 归一化后的第二特征值 p_2

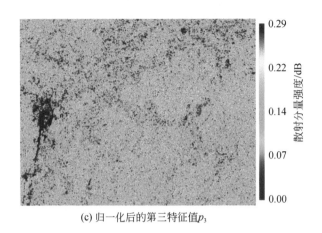

(c) 归一化后的第三特征值p_3

图 4.16　Cloude 分解归一化特征值

　　图 4.17 给出了水稻和其他三种主要地物类型对应的 Cloude 三个特征向量对总的后向散射的贡献。从图 4.17 中可以看出，水稻第一特征向量对应的散射机理，即二次散射的贡献约为 68.45%，第二特征向量对应的散射机理的贡献约为 23.81%，第三特征对应的散射机理的贡献约为 7.74%。对于森林，第一特征向量对应的散射机理，即体散射的贡献约为 65.74%，第二特征向量对应的散射机理的贡献约为 22.90%，第三特征对应的散射机理的贡献约为 11.36%。对于水体，第一特征向量对应的散射机理，即粗糙面散射的贡献约为 63.36%，第二特征向量对应的散射机理的贡献约为 28.22%，第三特征对应的散射机理的贡献约为 8.42%。水体三个特征向量的贡献比与森林相似，可能是由于实验区水体中存在一定的悬浮颗粒和浮游植物。对于城市，第一特征向量对应的散射机理，即二次散射的贡献约为 82.02%，第二特征向量对应的散射机理的贡献约为 14.96%，第三特征对应的散射机理的贡献仅为 3.02%。

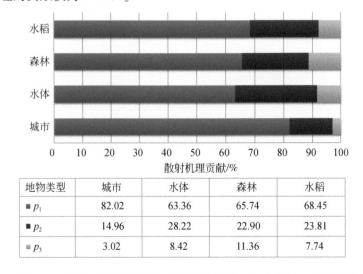

地物类型	城市	水体	森林	水稻
■ p_1	82.02	63.36	65.74	68.45
■ p_2	14.96	28.22	22.90	23.81
■ p_3	3.02	8.42	11.36	7.74

图 4.17　水稻和其他三种地物类型对应的 Cloude 分解归一化特征值

Cloude 分解得到三个特征向量, 对应三种主要的散射机理。根据 H 和 α 只能确定地物目标的主导散射机理, 即确定第一特征向量对应的散射机理, 无法确定第二、第三特征向量对应哪种散射机理。因此, 本研究通过将 Cloude 分解得到的三个分量的贡献 (归一化特征值) 与 Freeman 分解三分量百分比进行对比分析, 来确定第二、第三特征向量对应的散射机理。

对于水稻, Cloude 分解第一特征向量对应二次散射, 第二特征向量对应体散射, 第三特征向量对应面散射; 对于森林, Cloude 分解第一特征向量对应体散射, 第二特征向量对应面散射, 第三特征向量对应二次散射; 对于水体, Cloude 分解第一特征向量对应面散射, 第二特征向量对应体散射, 第三特征向量对应二次散射; 对于城市, Cloude 分解第一特征向量对应二次散射, 第二特征向量对应体散射, 第三特征向量对应面散射。由此可以看出, Cloude 分解结果表明水稻的二次散射贡献最大, 约为 68.45%, 体散射次之, 约为 23.81%, 面散射最小, 只有 7.74%; 森林的体散射贡献最大, 约为 65.74%, 面散射次之, 约为 22.90%, 二次散射最小, 约为 11.36%。水体的面散射贡献最大, 约为 63.36%, 体散射略低, 约为 28.22%, 二次散射贡献相对较小, 约为 8.42%。城市的二次散射贡献最大, 约为 82.02%, 体散射次之, 约为 14.96%, 面散射最小, 约为 3.02%。

4.2.1.4　基于散射机制的水稻信息增强

由 3.3 节和 4.2.1.1 节内容可知, 水稻的主要散射机制有三种, 分别为二次散射、体散射和粗糙面散射; 三者的贡献随着水稻的生长变化而变化。在水稻抽穗始期, 二次散射为主导散射机制, 体散射略低, 面散射最小。之后, 水稻的二次散射逐渐减弱, 体散射增强并成为主导散射机制, 面散射变化不大。水稻收割后, 体散射减弱但仍为主导散射机制, 二次散射很弱, 面散射增强较多。水稻开始抽穗以后, 二次散射随着水稻生长变化而逐渐减弱, 规律性比较强; 而且抽穗始期, 水稻的二次散射贡献与其他地物类型差异较大。因此, 水稻抽穗始期, 二次散射贡献较大 (仅次于城市) 是水稻散射机制的一个重要特点, 为水稻信息提取提供了重要依据。

因此, 选择抽穗始期的全极化数据进行基于散射机制的水稻信息增强。图 4.18 给出了不同极化分解方法计算出的水稻及其他主要地物类型对应的二次散射贡献率。从图 4.18 中可以看出, 虽然利用不同的极化分解方法得到的水稻二次散射贡献率存在一定的差异, 但是, 基于这些方法的研究结果都表明水稻的二次散射贡献率比较强, 仅次于城市, 与森林和水体存在较大差异。

从 4.2.1.1 节内容可知, 虽然 Pauli 分解计算出的目标散射机制贡献率的绝对值存在一定的偏差, 但是, Pauli 分解物理意义明确, 对区分不同散射类型是十分有效的, Alberga 等 (2008) 的研究表明, 不论自然或人工目标, 相干分解在分类识别中的效果不亚于非相干分解。而且 Pauli 分解保持了雷达图像的原始分辨率, 分解结果可以有效地增强水稻信息。图 4.19 给出了 Pauli 分解三分量的彩色合成图, 其中红色通道对应二次散射, 绿色通道对应体散射, 蓝色通道对应单次散射。由于水稻的二次散射贡献比较大, 所以在 Pauli 分解合成图中呈现红色。由于在 Pauli 分解中, 森林的单次散射贡献最大, 其次是体散射, 所以森林呈现蓝绿色。从图 4.19 中还可以看出, 城市区域呈现两种颜色, 其

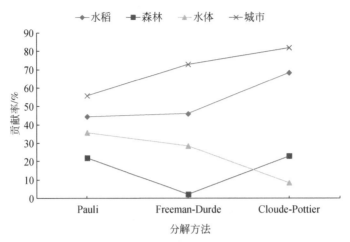

图 4.18　2009 年 7 月 26 日水稻和其他典型地物类型对应的二次散射贡献率

中玫红色区域高大建筑物比较多，二次散射比较强，偏红色；黄色区域的多为矮小的建筑物，而且相对稀疏，道路比较多，绿化带也比较多，因此该区域体散射贡献增大，所以在图中颜色偏黄。由于水体对应的三种散射强度都很小，所以在图中呈现黑色。从 Pauli 分解结果可以看出水稻和其他三种主要地物类型差异比较大，能够比较容易地区分开来。

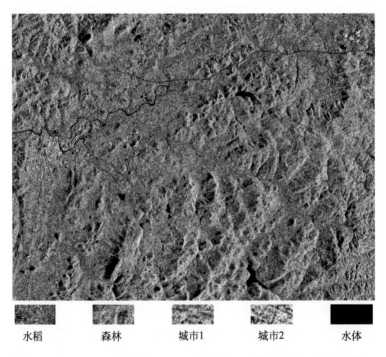

图 4.19　Pauli RGB 合成图（R＝二次散射、G＝体散射、B＝单次散射）

从 3.3.1.1 节分析可知，Freeman 分解对水稻散射机制及其时域变化特征给予很好地解释，而且由于水稻二次散射贡献比较大，利用 Freeman 分解二次散射分量百分比可以有效地增强水稻信息，如图 4.20 所示。从图 4.20 中看出，城市区域最亮，因为其二次散射分量百分比远远高于其他地物类型，水稻的次之，森林和水体的都比较低。因此，利用 Freeman 分解二次散射分量百分比可以较好地将水稻识别出来。但是，经过 Freeman 分解后，图像的分辨率降低了，损失了一部分信息。

图 4.20　Freeman 分解二次散射分量百分比图像

从 Cloude-Pottier 分解 H-α 平面图中可以看出（图 4.15），水稻的分布状况与其他三种主要地物类型存在一定的差异，而且水稻的主导散射机制为中熵二次散射，与其他三种主要地物类型都不相同，这为水稻识别提供了依据。但是，在 H-α 平面图中，水稻和森林还存在一些交叠区域，影响区分程度，因此，在 H 和 α 对应的图像中，水稻和森林不能较好地区分开。因此，引入了另一个参数反熵 A（Anisotropy）。反熵 A 与散射熵 H 具有一定的互补意义，从式（3.36）可见，当 λ_2 和 λ_3 具有一定差异时，反熵可以为图像的解译提供一些物理解释（图 4.21）。因为在一些情况下，地物的散射熵可能近似相同，而反熵具有明显差异，从而可以判定该地物的散射中存在的散射机制的差异。

引入反熵 A 后，可以利用散射熵 H 和反熵 A 的组合增强对目标散射机制的解译。散射熵 H 和反熵 A 的组合主要包括四种，$(1{-}H)(1{-}A)$、$H(1{-}A)$、HA 和 $(1{-}H)A$，如图 4.22 所示。根据这四个组合参数可以对图像中地物的散射机制进一步理解和推断，不同地物目标的散射特征对应 H 和 A 的不同组合。

$(1{-}H)(1{-}A)$ 图像对应于只存在一种主导散射机制的情况，熵和反熵都比较小，第二和第三特征值接近于 0；因此，地物目标越单纯，图像上显示越亮。

$H(1{-}A)$ 图像对应三种散射机制并存的情况，即一种随机散射。这种情况下熵值高，但是反熵很小，三个特征向量对应的特征值几乎相等，也就是说三种散射机制对总的散射贡献差不多；散射体越粗糙，地物结构越复杂则图像显示越亮。

HA 图像对应于存在两种散射机制的情况，而且这两种散射机制对总的散射的贡献相当。这种情况下，熵和反熵值都很高，对应的第三个特征值为 0；一般地物结构越复杂，

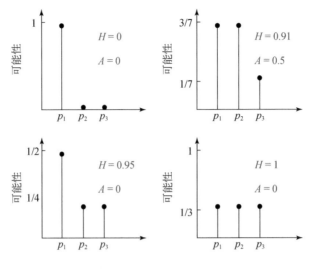

图 4.21 熵和反熵的组合

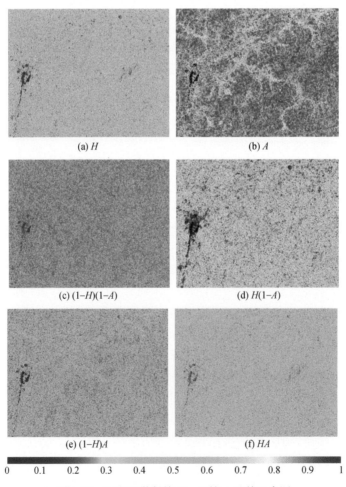

图 4.22 研究区散射熵 H、反熵 A 及其组合图

其 HA 图像显示越亮。

$(1-H)$ A 图像对应于存在两种散射机制,而且这两种散射机制中,有一种的贡献较大,起主导作用的情况。

实验区对应的散射熵 H、反熵 A 及其组合如图 4.22 所示。由于水稻的散射熵大于 0.7,说明第二、第三特征向量受到噪声干扰比较小,即第二、第三特征向量对应的散射机制对总的后向散射的贡献是不可忽略的。因此,引入反熵 A 来分析水稻散射机制是有意义的。在反熵 A 图中,水稻与其他主要地物类型差异比较大,其值在 0.49 左右,这说明水稻的第二、第三特征向量对应的散射机制对总的散射的贡献差异比较大,二者贡献的比例关系大约为 3∶1,这种现象在前面水稻散射机制分析中得到验证。

HA 表示熵与反熵相乘,HA 图像对应于存在两种主要散射机制的情况,而且这两种散射机制对总的散射的贡献相当。这种情况下,熵和反熵值都很高,对应的第三个特征值为 0。由前面 Cloude-Pottier 分解散射机制分析可知,水稻的第一特征向量的贡献约为 68.45%,第二特征向量约为 23.81%,第三特征向量约为 7.74%。虽然水稻是前两种散射机制的贡献很大,但是这两种散射机制的贡献并不相当,第一特征向量贡献大约是第二特征向量的 3 倍。因此,水稻的散射机制与 HA 图像对应的散射机制差异较大,所以水稻在 HA 图像上的值并不高,与其他主要地物类型的差异也不大,不适合用于提取水稻信息。

H $(1-A)$ 图像对应一种随机散射。这种情况下熵值高,但是反熵很小,对应三种散射机制,而且它们对总散射的贡献差不多。这与水稻的散射机制差异比较大,因此水稻在 H $(1-A)$ 图像中的值比较小。但是,由于实验区以森林为主,而森林散射的随机性高,所以在 H $(1-A)$ 图像中的值较高,与水稻的差异比较大,其他地物与水稻的差异也比较明显,它为水稻信息提取提供依据。

$(1-H)$ $(1-A)$ 图像对应只存在一种主导散射机制的情况,而且熵和反熵都比较小,地物目标越单纯,其对应的图像值越高。由于水稻及其他三种主要地物目标都比较复杂,即使是水体,由于悬浮颗粒和浮游植物比较多,对应的图像值也比较低。因此,在 $(1-H)$ $(1-A)$ 图像中水稻的值很小,而且在 $(1-H)$ $(1-A)$ 图像中,水稻与其他地物的差异也比较小,不适合用来识别水稻。

$(1-H)$ A 图像对应于存在两种主要散射机制的情况,而且这两种散射机制中,有一种的贡献较大,起主导作用;另一种的贡献比较小,而水稻的两个主导散射机制的贡献差异较小。因此,在 $(1-H)$ A 图像中,水稻的值也比较小,而且在 $(1-H)$ A 图像中,典型地物的值都比较低,水稻与其他地物难以区分开来,也不适合利用 $(1-H)$ A 图像来提取水稻信息。

此外,从图 4.23 中可以看出,β 角图中的蓝色区域(低值区域)与水稻田吻合较好。因此,在本实验区,利用 β 角提取水稻信息是可行的。β 角是极化方位角的两倍,Lee 等 (1999a) 和 Pottier 等 (1999) 发现 β 角与地形存在一定的相关性。本研究主要实验区位于云贵高原腹地,地形起伏较大,山包比较多,因此对应的 β 角也比较大。然而,该区域的水稻主要种植在山包间的平地和干枯的河道中,所以,水稻田对应的 β 角相对较小。鉴于这种现象,在山区,β 角对水稻识别非常有利。

总的来说,Cloude-Pottier 分解参数 H $(1-A)$ 和 β 对水稻信息比较敏感,可以有效地增强水稻信息。但是 Freeman-Durden 和 Cloude-Pottier 分解之前需要进行集合求平均运算,

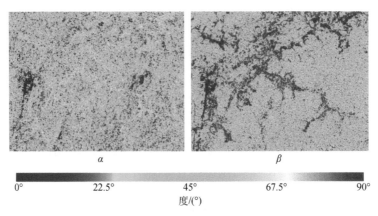

图 4.23 Cloude-Pottier 分解 α 和 β 角

降低了图像分辨率，会损失一些信息，从而能影响水稻识别效果。Pauli 分解是通过对每个独立像元进行计算，能够保持图像原有的分辨率不变。因此，将 Pauli 分解与 Freeman-Durden 和 Cloude-Pottier 分解结合起来，可以弥补信息的损失，得到更好的效果。

鉴于此，首先基于统计分析获取水稻在 Freeman 分解二次散射分量、Cloude 分解 H $(1-A)$ 和 β 图像中的均值和方差，然后基于 3σ 原则提取水稻信息。接着，将 Pauli 分解的二次散射分量分别与基于三个参量的信息提取结果像进行直方图匹配，然后再融合得到三幅水稻信息增强图像。最后为了进一步提高图像质量，引入保持图像分辨率的 Pauli 分解结果，将它们分别与 Pauli 分解体散射和面散射分量进行假彩色合成，如图 4.24 ~ 图 4.26 所示。从三幅水稻信息增强图像中可以看出，水稻与其他主要地物类型的差异较大，水稻信息得到有效的增强。

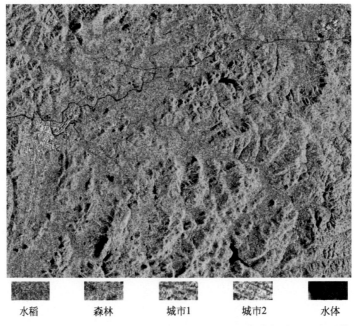

图 4.24 基于 Freeman 分解二次散射百分比和 Pauli 分解二次散射分量的水稻信息增强图像

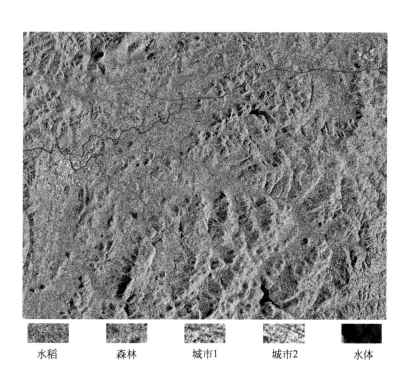

水稻　　　森林　　　城市1　　　城市2　　　水体

图 4.25　基于 Cloude-Pottier 分解参数 H（$1-A$）和 Pauli 分解二次散射分量的水稻信息增强图像

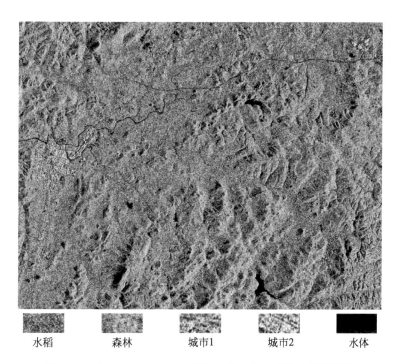

水稻　　　森林　　　城市1　　　城市2　　　水体

图 4.26　基于 Cloude-Pottier 分解参数 β 的水稻信息增强图像

4.2.2　基于散射机理的农作物分类识别与面积提取

4.2.2.1　极化 SAR 图像分类方法

极化 SAR 数据不仅能够提供目标后向散射强度的差异，还能够通过极化分解反映出目标散射机理的差异，进而更好地实现目标分类识别。Lee 等（1999b）在 Cloude 的研究成果上（Cloude and Pottier, 1997），发展了 H-α 空间全极化 SAR 分类方法，提出了基于 $H/\alpha/A$-Wishart 的非监督分类方法，细化了 H-α 平面分割的类别。继而在保持初始基本散射机制不变的情况下，提出了基于 Freeman 分解和 Wishart 分类器的分类方法（Lee et al., 2004），该方法能在分类结果中保持目标的极化散射特性。为了提高分类精度，决策树（张继超等，2019）、神经网络（Pottier and Saillard, 1991）、支持矢量机（Fukuda and Hirosawa, 2001）等分类方法也都被相继应用到了全极化 SAR 图像分类中。

1. 决策树分类

决策树分类算法的基本思想是按照一定的规则把遥感数据集逐级往下细分以得到具有不同属性的各个子类别。决策树由一个根节点和一系列内部节点和终极节点组成，每一个内部节点只有一个父节点以及两个或多个子节点。在每一个内部节点处根据一定的规则将该节点处的数据集划分为两个或多个子集，不断重复直到所有数据被分为预期设定的各个子集为止。判断规则根据先验知识设定或者按照一定算法自动获取（刘勇洪等，2005）。决策树方法具有结构清晰，运行速度快，可以有效处理高维数据和非线性关系，并且能够有效地抑制样本噪声对分精度造成的影响等优点（巴桑等，2011），是极化 SAR 数据分类的常用算法。McNairn 等（2009）基于多时相 ASAR、RADARSAT-1 和全极化 ALOS-PALSAR 数据，使用决策树分类，比较 Cloude 分解、Freeman 分解和 Krogager 分解对加拿大渥太华附近的玉米、大豆、谷物（小麦、大麦和燕麦）进行识别的精度，总体精度达到88.7%。Qi 等（2015）基于多时相的 RADARSAT-2 数据，提出一种新的四分量算法，使用面向对象结合决策树分类，对广州市番禺区土地覆盖（稻田、香蕉地、裸地等地）进行分类及变化监测，最终精度达到了86.64%。

2. $H/\alpha/A$-Wishart 非监督分类

与基于光谱特征分类的光学遥感图像相比，全极化 SAR 图像分类主要基于地物目标的散射机理，以及极化特征参数的可分性。H-α 特征空间从散射机理的角度，给出了散射介质的物理解释，并划分成了 8 种不同散射机理的空间，因此，H-α 平面空间的划分实际上是一种简单的非监督分类。由于 H-α 空间边界的划分并不唯一（Lee and Pottier, 2009），且不能表达所有的极化信息，分类粗糙。因此，Lee 等（1999b）在 H-α 分类的基础上，结合基于复 Wishart 分布的最大似然分类器，提出了 H/α-Wishart 分类方法，该方法结合了散射机理和全极化多视数据 Wishart 分布特征，之后 Pottier 和 Lee（1999）在 H/α-Wishart 分类过程中进一步引入反熵 A，发展了 $H/\alpha/A$-Wishart 分类方法（Ferro-Famil et al., 2001）。

在图像分类中，最大似然分类法是一种常用的方法，该方法建立在贝叶斯准则基础上，分类错误概率小。分类的前提是假定每个类别的概率分布呈高斯分布或多元正态分布，自然地物一般都符合这种分布规律。基本原理为图像上每个像素的特征向量 x 对应多元特征空间中的一个点，概率 $p(\omega_i \mid x)$ 给出在位置 x 上，像元正确分类到类 ω_i 的似然率，而不属于其他类 ω_j 的条件是：$p(\omega_i \mid x) > p(\omega_j \mid x)$，$i \neq j$。

$H/\alpha/A$-Wishart 分类是经过 H/α-Wishart 初始分类后，设定一个阈值，将初步分类得到的 8 个聚类中心进一步分成 16 个聚类中心。然后用这 16 个聚类中心来初始化第二次最大似然 Wishart 分类过程，以提供精细的分类结果。

3. 基于支持向量机的监督分类

支持向量机（support vector machine，SVM）是从线性可分情况下的最优分类面发展而来的，是一种基于统计学习理论的机器学习算法，通过解算最优化问题，在高维特征空间中寻找最优分类超平面，从而解决复杂数据的分类及回归问题。

从 1995 年 Vapnik 首次介绍 SVM 开始（Vapnik，1995），SVM 分类方法已被成功应用于模式识别和机器学习领域。SVM 算法具有小样本训练、支持高维特征空间的特点，充分利用多维信息，避免维数灾难和过学习问题（Hughes，1968）。SVM 以样本间的某种距离作为划分依据的模式识别方法，分为线性可分问题和线性不可分问题。

对于线性可分问题，设样本集为 (x_i, y_i)，$i = 1, \cdots, n$，$x_i = \{+1, -1\}$ 表示 x_i 的类别。根据训练样本的信息，找到由 ω 和 b 确定的超平面

$$(\omega x) + b = 0 \tag{4.1}$$

SVM 分类器定义为

$$f(x) = \mathrm{sgn}\left[(\omega x) + b\right] \tag{4.2}$$

其中，sgn 为符号函数，可对式（4.2）的判别函数归一化，使两类所有样本都满足 $|f(x)| \geqslant 1$，距离超平面最近的样本满足 $|f(x)| = 1$，两类分类边界的间隔等于 $2/\|\omega\|$，所以两类分类边界的距离最大等价于 $\|\omega\|$ 最小。利用拉格朗日乘子，最优决策函数就变为

$$f(x) = \mathrm{sgn}\left[(\omega x) + b\right] = \mathrm{sgn}\left[\sum_{i=1}^{n} y_i a_i^* (x_i \cdot x) + b^*\right] \tag{4.3}$$

式中，a_i 为拉格朗日乘子。

对于线性不可分问题，需要将低维输入空间数据通过非线性映射函数映射到高维属性空间，从而把分类问题转化到高维属性空间进行（王超等，2008）。SVM 理论最初来自对数据二值分类问题的处理，对于多类问题，构造分类器时主要有一对多和一对一两种解决方案。

实验结果表明（Fukuda and Hirosawa，2001；Fukuda et al.，2002；Lardeux et al.，2006），当只考虑极化相干矩阵的各元素时，SVM 在 L 波段与基于最大似然准则的分类结果相似，在 P 波段精度则要稍逊一些，当再加入其他极化参数，如散射熵 H、平均散射角 α、反熵 A、圆极化强度、功率等时，其分类精度要优于基于最大似然准则的分类结果。即对于全极化 SAR 数据，当充分考虑能体现散射机制差异的参数时，SVM 分类的精度会明显提高，体现了 SVM 分类的优势。

4.2.2.2　基于散射机理和决策树算法的农作物物候期分类识别

本节以水稻为例，基于紧致极化 SAR 模拟数据，根据散射机理的特点，利用决策树算法进行物候期分类识别。紧致极化 SAR 是介于全极化和双极化 SAR 之间的一种 SAR 数据，它发射一种极化电磁波，接收两种正交极化波，同时获取相位信息，也能够进行目标散射机理分析（Raney, 2006）。这里使用的紧致极化 SAR 模拟数据发射右旋圆极化，接收水平和垂直极化。图 4.27 给出了紧致极化 SAR 特征参数随籼稻（杂交稻）和粳稻两类水稻田物候期变化的规律，根据特征参数的变化来分析水稻的散射机理及其变化规律。

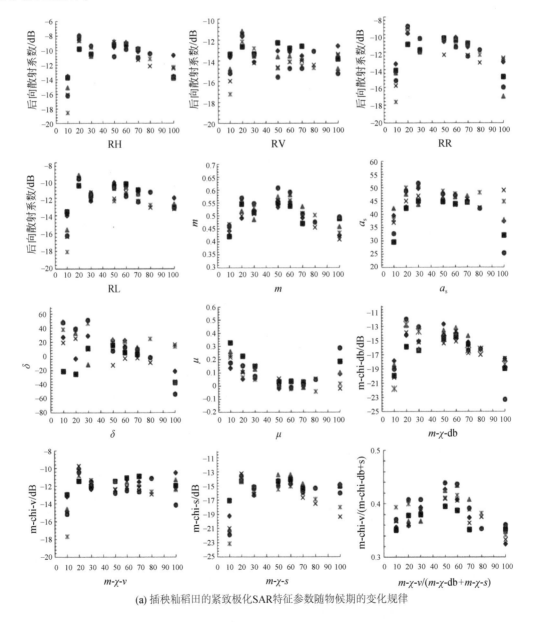

(a) 插秧籼稻田的紧致极化SAR特征参数随物候期的变化规律

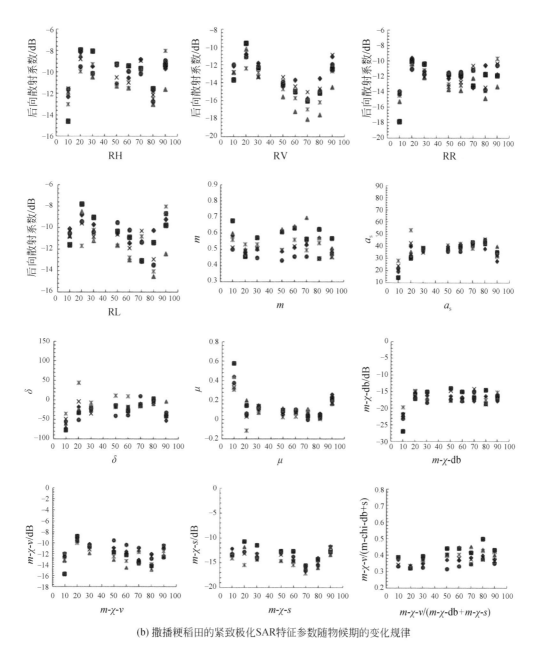

(b) 撒播粳稻田的紧致极化SAR特征参数随物候期的变化规律

图 4.27　两种水稻田的紧致极化 SAR 特征参数随物候期的变化规律

每一个散点代表对应物候期内一块水稻样本田的紧致极化 SAR 特征值，横坐标表示物候期

　　图 4.27 中每一个散点代表对应物候期内一块水稻样本田的紧致极化 SAR 特征参数值，可以看出，在幼苗期所有极化方式下后向散射系数均处于很低的水平，因为此时水稻植株矮小且下垫面容易引起镜面散射。该时期内籼稻田和粳稻田的占优散射分量分别是体散射和面散射。由于面散射作用导致散射波的相位在入射波的相位基础上发生旋转（Raney，2006），对于粳稻田而言，RL 后向散射系数值比 RR 后向散射系数高。随着水稻的生长，

所有极化方式下的后向散射系数明显上升，在分蘖期的时候到达峰值。从分蘖期到拔节期，后向散射系数出现略微的下降。在拔节期，由于茎秆变高、变粗，由茎秆与下垫面引起的二次散射增强。同时，由于拔节期内水稻垂直方向生长迅速，对入射波在垂直方向上的衰减明显增大，导致 RV 后向散射系数比 RH 后向散射系数低。从抽穗期至成熟期，后向散射系数值相对稳定，变化相对平缓。对于籼稻田，随着叶子的逐渐枯黄和凋谢，植株含水量急剧降低，体散射和二次散射均下降，各极化方式下的后向散射系数均缓慢下降。在籼稻田收割后，田地里没有植株，只有稻茬和裸土或一层干枯的秸秆，因此各极化方式下的后向散射系数处于较低水平。对于粳稻田，各极化方式下的后向散射系数在乳熟期附近达到局部最低，这是由于水稻冠层过密导致衰减太大。随着叶子逐渐枯黄和脱落，尽管体散射变小，但二次散射和来自下垫面的面散射增加，因此完熟期内各后向散射系数相比蜡熟期反而有所回升。

对于籼稻田，极化度 m 的变化可分为三个阶段。幼苗期—拔节期：m 为 0.41 ~ 0.55；抽穗期—乳熟期：m 为 0.47 ~ 0.61；蜡熟期—完熟期：m 为 0.41 ~ 0.50。总体来说，籼稻田的散射对应中熵散射。抽穗期—乳熟期 m 值相对较高，意味着该阶段散射熵较低。该阶段茂密的水稻冠层对二次散射和来自下垫面的面散射有很大的衰减作用。对于粳稻田，m 在整个生长周期内相对稳定，平均值在 0.55 左右，比籼稻田稍高，对应中低熵散射，主要原因可能是粳稻田种植密度比籼稻田大，水稻冠层相对更加密集，体散射贡献始终占比很大，散射类型相对单一，因此散射熵处于中低水平。对于散射角 α_s，两种水稻田从拔节期到蜡熟期 α_s 的均值都处于 40° ~ 45°，意味着在这些物候期内两种水稻田均以体散射为主（Cloude et al., 2012）。幼苗期、完熟期和收割期，α_s 的均值相对较低，说明在这些物候期内两种水稻田表现出来面散射相比在其他物候期内的更高。更多物理机制分析与极化度 m 的类似，不再赘述。相对相位角 δ 在很多物候期内（比如分蘖期至抽穗期）均存在较强的随机性，这是由于电磁波在与水稻田内各要素相互作用过程中，很多因素影响了衰减和散射的相位，导致了相位的随机性，从而 RH 和 RV 之间的相对相位角 δ 标准差很大，存在较强的随机性。一致性系数 μ 所表征的散射机制与散射角 α_s 类似，但两者的取值范围不同。对于籼稻田，整个生长周期内一致性系数 μ 在 -0.04 和 0.32 之间，说明籼稻田在整个生长周期内的散射总体上为体散射占优。从幼苗期到拔节期，随着水稻茎秆变粗变高，茎秆和下垫面之间的二次散射有所增加，导致了 μ 有所下降。在抽穗扬花期，水稻田封垄，且形成了稻穗层，水稻冠层达到最密集的状态，因此体散射明显占优，μ 值在 0.1 左右。从乳熟期起，水稻开始枯萎，来自下垫面的面散射有所增加，导致 μ 有所上升。到收割期，主要散射机制为面散射，μ 进一步增大。对于粳稻田，幼苗期时 μ 高于 0.3，对应于占优的面散射机制，接着由于二次散射和体散射的增加，μ 有所下降，在抽穗期到乳熟期，μ 稳定在 0.1 左右，对应着体散射占优。在蜡熟期和完熟期，由于冠层引起的衰减降低，下垫面的面散射有所增加，导致 μ 有所回升。

图 4.27 中 m-χ-db 为 m-χ 分解结果随两类水稻田物候变化规律。m-χ 分解（Raney et al., 2011）是基于物理模型的分解，可以得到二次散射、体散射和面散射三个分量。图 4.27 同时也给出了体散射与其余两种散射分量之和的比值，用以定量表征体散射的占比。从总体趋势上看，所有散射分量在幼苗期处于很低的水平，在分蘖期达到最大值，接着逐

渐下降直到水稻收割。具体而言，籼稻田在幼苗期到蜡熟期内体散射分量占优，收割期内面散射分量占优。粳稻田在幼苗期内面散射占优，从分蘖期到完熟期内体散射占优。对于两种水稻田，二次散射分量从幼苗期到分蘖期有明显上升，接着保持稳定至抽穗期，然后逐渐下降至最后。体散射分量在绝大部分物候期内占优，但小于二次散射和面散射之和。

根据两类水稻田不同物候期的散射机理分析，不难发现一些紧致极化 SAR 特征参数对物候期变化较为敏感。基于不同物候期水稻散射机理的特点，结合决策树算法，构建了两类水稻田 7 个不同物候期的分类识别算法，如图 4.28 所示，不同的颜色表征不同的物候期。

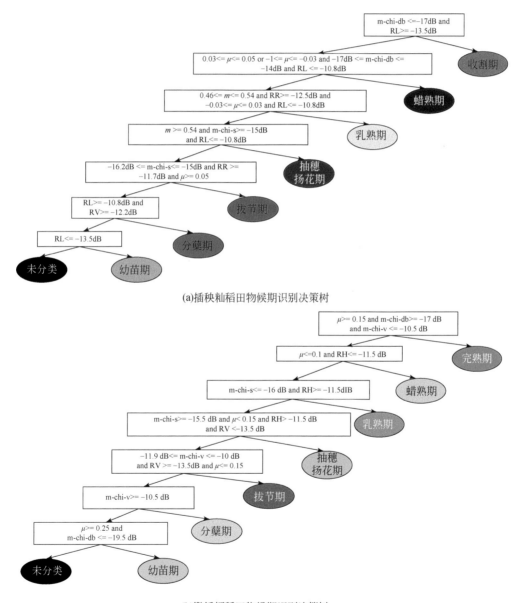

(a)插秧籼稻田物候期识别决策树

(b)撒播粳稻田物候期识别决策树

图 4.28 不同物候期识别的决策树

利用图 4.28 所示的决策树算法对水稻物候期进行分类识别，结果如图 4.29 所示，可以发现对于同种水稻田，不同田块之间的物候期变化规律相似，但是，在一些时相内，同种水稻田的不同田块的物候期明显不同。如 2012 年 8 月 4 日，一些籼稻田处于抽穗扬花期，而其他籼稻田处于拔节期。在 10 月 15 日，位于研究区西南部和东部的大部分籼稻田已经收割，但在研究区中央区域的籼稻田大多处于蜡熟期。2012 年 8 月 28 日和 9 月 21 日，大部分粳稻田处于抽穗扬花期，但是在研究区东南部三角地带的大部分粳稻田处于乳熟期。不同田块物候期存在差异的原因可能是不同区域的水稻田种植时期、灌溉条件和环境温度等方面存在差异。

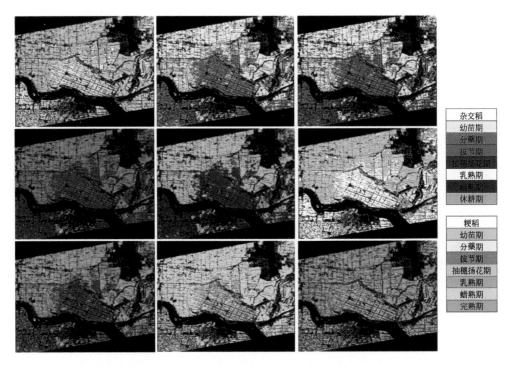

图 4.29　两种稻田不同物候期分类识别结果图

两类水稻田物候分类识别精度评价如图 4.30 所示。可以看出，大部分物候期的精度在 85% 以上，部分的精度在 90% 以上。精度较差的情况出现在乳熟期、蜡熟期和完熟期，这是因为乳熟期、蜡熟期和完熟期三者之间的散射响应非常相似。幼苗期、分蘖期和收割期容易识别，识别精度很高。

4.2.2.3　基于散射机理的 Wishart 农作物分类识别方法

以冬小麦为例介绍基于散射机理的 Wishart 农作物分类识别。图 4.31 给出了冬小麦不同物候期 $H/\alpha/A$-Wishart 非监督分类结果，可以看出分类结果比较精细，但由于缺乏特定对象的物理解释，使得很多精细的分类不易确定具体的地物类型，而太多的没有意义的聚类中心往往会造成分类的失败和图像理解的困难。

样本点号	百分比	2012-6-27	2012-07-11	2012-07-21	2012-08-04	2012-08-28	2012-09-21	2012-10-15	2012-10-25	2012-11-08
TRF-7	正确率	92.2177%	92.1169%	92.5202%	92.3185%	92.3185%	89.6976%	93.2258%	93.2258%	93.2258%
	错误率	1.3105%	1.4113%	1.2096%	1.3105%	1.3105%	3.8306%	0.3024%	0.3024%	0.3024%
	未分类率	6.4718%	6.471 8%	6.4718%	6.4718%	6.4718%	6.4718%	6.4718%	6.4718%	6.4718%
TRF-8	正确率	94.2638%	94.0831%	92.7281%	92.7281%	90.3794%	90.0958%	89.4634%	93.3604%	93.3604%
	错误率	0.2710%	0.4517%	1.8067%	1.8067%	4.1553%	4.4390%	5.0713%	1.1743%	1.1743%
	未分类率	5.4652%	5. .4652%	5.4652%	5.4652%	5.4652%	5.4652%	5.4652%	5.4652%	5.4652%
TRF-15	正确率	94.3051%	94.0678%	92.5763%	92.5763%	92.6102%	89.8983%	89.2712%	93.7627%	93.7627%
	错误率	0.5424%	0.7797%	2.2712%	2.271 2%	2.2373%	4.9491%	5.5763%	1.0847%	1.0847%
	未分类率	5.1525%	5.1525%	5.1525%	5.1525%	5.1525%	5.1525%	5.1525%	5.1525%	5.1525%
TRF-17	正确率	92.6847%	93.3949%	93.3949%	92.6847%	90.7670%	90.3352%	92.6136%	92.6136%	92.6136%
	错误率	0.9233%	0.2131%	0.2131%	0.9233%	2. 8409%	3.2727%	0.9943%	0.9943%	0.9943%
	未分类率	6.3920%	6.3920%	6.3920%	6.3920%	6.3920%	6.3920%	6.3920%	6.3920%	6.3920%
TRF-23	正确率	90.2564%	90.1709%	90.1709%	89.6581%	89.5726%	89.4872%	90.0855%	90.0855%	90.0855%
	错误率	1.1111%	1. 1966%	1.1966%	1.7094%	1.7949%	1. 8804%	1.2821%	1.2821 %	1.2821%
	未分类率	8.6325%	8.6325%	8.6325%	8.6325%	8.6325%	8.6325%	8.6325%	8.6325%	8.6325%
TRF-37	正确率	92.8544%	91.1303%	91.0345%	91.0345%	90.1724%	89.11 88%	88.6877%	92.4234%	92.4234%
	错误率	0.0958%	1. 8199%	1.9157%	1.9157%	2.77 78%	3.8314%	4.2625%	0.5268%	0.5268%
	未分类率	7.0498%	7.0498%	7.0498%	7.0498%	7.0498%	7.0498%	7.0498%	7.0498%	7.0498%
DRF-26	正确率	90.7363%	90.4537%	90.4537%	89.4176%	87.9733%	87.9733%	87.3673%	87.2873%	86.4976%
	错误率	1.0361%	1.3187%	1.3187%	2.3548%	3.7990%	3.7990%	4. 4051%	4.4851%	5.2747%
	未分类率	8.2276%	8.2276%	8.2276%	8.2276%	8.2276%	8.2276%	8.2276%	8.2276%	8.2276%
DRF-27	正确率	91.1417%	90.7034%	90.7034%	89.4617%	88.8042%	88.8042%	87.3433%	90.1921%	89.3156%
	错误率	1.6801%	2.1103%	2.1103%	3.3601%	4.0175%	4.0175%	5.4785%	2.6297%	3.5062%
	未分类率	7.1782%	7.1782%	7.1782%	7.1782%	7.1782%	7.1782%	7.1782%	7.1782%	7.1782%
DRF-30	正确率	191.1075%	88.3692%	883692%	87.4354%	87.9919%	87.9919%	87.3550%	87.8032%	87.2535%
	错误率	2.3327%	5.0710%	5.0710%	5.9838%	5.4483%	5.4483%	6.0852%	5.6369%	6.1866%
	未分类率	6.5598%	6.5598%	6.5598%	6.5598%	6.5598%	6.5598%	6.5598%	6.5598%	6.5598%
DRF-32	正确率	91.9002%	92.3833%	923833%	88.6795%	89.1626%	89.1626%	89.2899%	89.4847%	89.0821%
	错误率	1.0467%	0. 5636%	0.5636%	4.2673%	3.7842%	3.' 7842%	3.6570%	3.4622%	3.8648%
	未分类率	7.0531%	7.0531%	7.0531%	7.0531%	7.0531%	7.0531%	7.0531%	7.053 1%	7.0531%
DRF-33	正确率	91.9427%	91.8933%	91.8933%	90.5593%	91.3498%	91.3498%	86.6067%	88.6818%	88.2372%
	错误率	0.7905%	0.8399%	0.8399%	2.1739%	1.3834%	1.3834%	6.1265%	4.0514%	4.4960%
	未分类率	7.2668%	7.2668%	7.2668%	7.2668%	7.2668%	7.2668%	7.2668v.	7.2668%	7.2668%
DRF-34	正确率	91.8413%	91.7143%	91.7143%	90.8889%	90.5079%	90.5079%	89.2857%	88.7460%	88.4762%
	错误率	0.1429%	0.2698%	0.2698%	1.0953%	1.4763%	1.4763%	2.6984%	3.2381%	3.5079%
	未分类率	8.0159%	8.0159%	8.0159%	8.0159%	8.0159%	8.0159%	8.0159%	8.0159%	8.0159%

图 4.30　12 块样本田（插秧籼稻田和撒播粳稻田各 6 块）的物候期精度评价

每个田块物候期识别的正确率用粗体表示，物候期颜色与图 4.29 中的一致

4.2.2.4　基于散射机理分割和 SVM 的农作物分类识别方法

以冬小麦为例介绍基于散射机理分割和 SVM 的农作物分类识别。在冬小麦 $H/\alpha/A$-Wishart 非监督分类/分割结果的基础上，结合实地调查结果，找到图像中可以解释的地物类型，以此为依据建立训练区，利用 SVM 分类方法进行监督分类（图 4.31）。

因为需要在原始数据上运算，$H/\alpha/A$-Wishart 分类方法是在没有地理编码的数据上进行的，对于地块偏小的华北地区来说，难以确定已知对象的训练区，不易进行监督分类。在已知散射机理差异的情况下，可以根据实地调查结果，在进行过地理编码的图像上采用监督分类的方法，把确定的对象分类到已知目标中。SVM 分类法可以在经过地理编码的图像上分类，便于利用实地调查结果。训练区的建立依据 $H/\alpha/A$-Wishart 非监督分类结果中比较明显的地类分为村镇、作物、裸露耕地、休耕地与河道四种。休耕地为没有耕作行为的耕地，研究区的河道为多年无水的干枯河道，两者的地表特征较为相似，即地表粗糙度很小、表层土壤湿度低，所以将休耕地和河道分为一类。

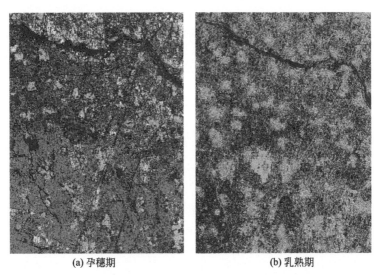

(a) 孕穗期　　　　　　　　　(b) 乳熟期

图 4.31　冬小麦不同物候期 $H/\alpha/A$-Wishart 非监督分类结果

此外，在分类中加入了强度信息，即

$$\text{Span} = T_{11} + T_{22} + T_{33} \tag{4.4}$$

已有研究表明，加入强度信息能够有效地提高分类的结果（Kimura et al., 2003；Cao et al., 2007；曹芳等，2008）。Cloude 分解是一种有效的极化信息提取方法，提取的极化信息能够覆盖整个散射机理的范围，并且给出散射机理的分布，但它不能表征不同像素点之间的散射机理的大小关系。T_3矩阵包含 S 矩阵中所有元素之间的偏差与相干信息，矩阵对角线的三项分别表示了面散射、二次散射和多次散射 3 种分量的能量，利用这些信息能综合考虑散射机理和散射强度信息，优化分类结果。

在基于散射机理分割的基础上，冬小麦孕穗期和乳熟期的 SVM 分类结果如图 4.32 所示。冬小麦孕穗期分类精度见表 4.3。

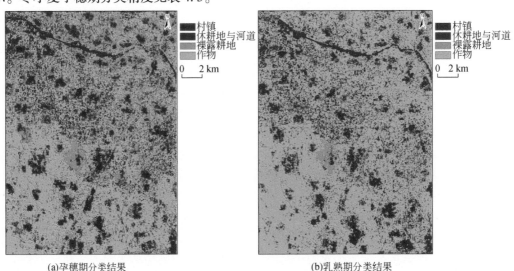

(a)孕穗期分类结果　　　　　　　　　(b)乳熟期分类结果

图 4.32　冬小麦孕穗期和乳熟期基于散射机理分割和 SVM 监督分类结果对比

表 4.3　基于 SVM 分类的冬小麦孕穗期分类结果混淆矩阵

类别	村镇	休耕地与河道	裸露耕地	作物
村镇/%	96. 37	3. 63	0. 00	0. 00
休耕地与河道/%	1. 85	83. 52	11. 21	3. 42
裸露耕地/%	0. 00	2. 34	85. 65	12. 01
作物/%	0. 00	3. 47	7. 32	89. 21
面积（像素）/个	8.176×10^5	8.782×10^5	1.785×10^6	2.957×10^6

冬小麦孕穗期的 SVM 分类结果显示，村镇分类效果最好，精度达到 96.37%，作物次之，精度为 89.21%，然后是裸露耕地和河道与休耕地。村镇具有明显的二面角散射机理，在 H-α 空间上与其他地物差异很明显，散射强度也明显高于其他地类，所以容易分出来。作物和裸露耕地之间的错分比较明显，主要是因为当耕地的粗糙度增大时，其散射机理趋向于作物，与花生之类的低矮作物的散射差异不明显。休耕地与河道因为多年干涸无水，与休耕地相比较，表面粗糙度都较小，表现为相似的散射机理，分作一类。

冬小麦乳熟期临近夏季，相对于孕穗期，其他一些矮小作物生物量明显增加，使作物地类面积增大，裸露耕地面积显著减小，作物面积显著增大。分类精度验证的混淆矩阵见表 4.4，四种地类的精度都有所提高。原因在于进入植被生长旺季，植被覆盖面积增大，其他地类面积减小。植被的散射特征与村镇、裸地表、河道的散射特征差异明显，所以各种地类的分类精度都有所提高。

表 4.4　基于 SVM 分类的冬小麦乳熟期分类结果混淆矩阵

类别	村镇	休耕地与河道	裸露耕地	作物
村镇/%	97. 12	2. 88	0. 00	0. 00
休耕地与河道/%	0. 92	89. 12	6. 15	3. 81
裸露耕地/%	0. 00	4. 33	87. 31	8. 36
作物/%	0. 00	2. 14	7. 85	90. 01
面积（像素）/个	7.876×10^5	7.815×10^5	6.630×10^5	4.275×10^6

需要指出的是，在研究区有少量的人工林，因为面积太小，没有单独成为一类，因为其散射机理与作物相近，在冬小麦的孕穗期和乳熟期分类结果中人工林都被分到了作物类别中。

4.2.2.5　基于散射机理差异的农作物种植面积提取

在农业实际应用中，如面积提取、估产等，往往需要更精细的分类。然而，由于不同作物的散射机理差异不大，如油菜、菠菜、花生等，尤其在它们的生物量相近时，基于雷达遥感直接将不同的作物区分出来是比较困难的。以冬小麦为例介绍基于散射机理差异的农作物种植面积提取。由第 2、3 章的分析结果可知，冬小麦不同物候期有明显的散射机理差异，反映散射机理复杂度的散射熵和基高在孕穗期和乳熟期差异很大，基于这种差异，可以确定冬小麦的唯一特征。以作物为分类对象，根据冬小麦不同物候期的散射机理差异，可以进一步分出冬小麦和其他作物，提取出冬小麦的种植面积。

该方法基于 $H/\alpha/A$-Wishart 非监督分类结果，以散射机理差异大的典型地类建立训练区，然后基于 SVM 分类机，得到初始分类结果，再根据孕穗期和乳熟期散射机理的差异提取出冬小麦的种植面积，具体流程如图 4.33 所示。

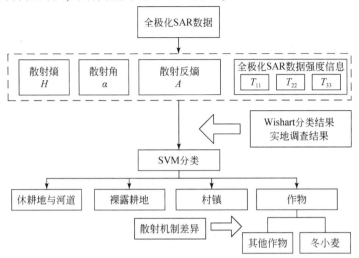

图 4.33　基于不同物候期散射机理差异的冬小麦种植面积提取流程

　　以冬小麦乳熟期 SAR 图像为分类对象，利用 Cloude 分解的结果参数散射熵 H、平均散射角 α、散射反熵 A 为分析源，并引入散射强度信息，得到四种地类。基高可以有效地判定散射目标是以体散射还是多次的面散射为主导，作物中存在着三种散射机理，基高对多次散射最为敏感，McNairn 等（2002）认为当作物散射机理相近且都存在多种散射机理时，基高是区分它们的唯一极化参数，尤其是直立作物的基高增加明显。根据冬小麦两期观测的基高统计结果，以两期基高的最小差值为阈值，提取冬小麦种植面积，处理前要将两幅图像精确配准，误差小于 1 个像元。分类结果如图 4.34 所示。

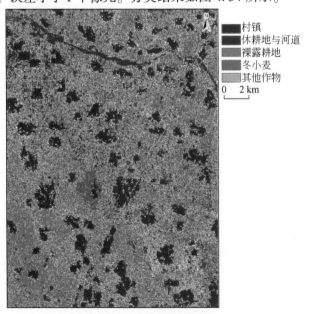

图 4.34　基于不同物候期散射机理差异分析的冬小麦种植面积提取

实地调查时发现，研究区的西南角是冬小麦的主要分布区，西北位置则地块很零碎，没有种植冬小麦的农田较多，图 4.34 的分类结果总体体现了冬小麦种植区域的实际空间分布特征，分类精度见表 4.5。

表 4.5　基于冬小麦孕穗期和乳熟期散射差异分类的混淆矩阵

类别	村镇	休耕地与河道	裸露耕地	冬小麦	其他作物
村镇/%	97.24	1.51	1.25	0.00	0.00
休耕地与河道/%	1.03	88.97	8.96	0.00	1.04
裸露耕地/%	0.00	5.63	86.83	3.22	4.32
冬小麦/%	0.00	1.86	4.30	83.52	10.32
其他作物/%	0.00	1.61	1.87	11.21	85.31
面积（像素）/个	1.080×10^6	4.643×10^5	6.543×10^6	2.613×10^6	1.884×10^6

分类精度最高的仍然是村镇，冬小麦面积的提取精度达到了 83.52%，精度不够高的原因是冬小麦与其他作物存在较高的错分性，达到 11.21%。虽然分类精度达不到令人鼓舞的程度，但分类结果说明了利用作物不同物候期的散射机理差异，可以提取出作物的种植面积。如果加入更多的散射机理分类判据或光学数据的辅助，可以进一步提高冬小麦种植面积的提取精度。

参 考 文 献

巴桑，刘志红，张正健，等，2011. 决策树在遥感影像分类中的应用. 高原山地气象研究，31（2）：31-34.

曹芳，洪文，吴一戎，2008. 基于 Cloude-Pottier 目标分解和聚合的层次聚类算法的全极化 SAR 数据的非监督分类算法研究. 电子学报，3（3）：543-546.

陈劲松，林珲，邵芸，2010. 微波遥感农业应用研究——水稻生长监测. 北京：科学出版社.

刘勇洪，牛铮，王长耀，2005. 基于 MODIS 数据的决策树分类方法研究与应用. 遥感学报，9（4）：405-412.

邵芸，2000. 水稻时域散射特征分析及其应用研究. 北京：中国科学院遥感应用研究所.

谭炳香，李增元，李秉柏，等，2006. 单时相双极化 ENVISAT ASAR 数据水稻识别. 农业工程学报，22（12）：121-127.

王超，张红，陈曦，等，2008. 全极化合成孔径雷达图像处理. 北京：科学出版社.

张继超，周沛希，张永红，2019. 面向对象的多种特征极化 SAR 决策树分类方法. 测绘科学，44（10）：181-189.

Alberga V, Satalino G, Staykova D K, 2008. Comparison of polarimetric SAR observables in terms of classification performance. International Journal of Remote Sensing, 29（14）：4129-4150.

Bouvet A, Le Toan T, Lam-Dao N, 2009. Monitoring of the rice cropping system in the mekong delta using ENVISAT/ASAR dual polarization data. IEEE Transactions on Geoscience and Remote Sensing, 47（2）：517-526.

Cao F, Hong W, Wu Y R, et al., 2007. An unsupervised segmentation with an adaptive number of clusters using the SPAN/H/alpha/A space and the complex Wishart clustering for fully polarimetric SAR data analysis. IEEE Transactions on Geoscience and Remote Sensing, 45（11）：3454-3467.

Cloude S R, Pottier E, 1997. An entropy based classification scheme for land applications of polarimetric SAR. IEEE Transactions on Geoscience and Remote Sensing, 35 (1): 68-78.

Cloude S R, Goodenough D G, Chen H, 2012. Compact decomposition theory. Geoscience & Remote Sensing Letters IEEE, 9 (1): 28-32.

Ferro-Famil L, Pottier E, Lee J S, 2001. Unsupervised classification of multifrequency and fully polarimetric SAR images based on the H/A/alpha- Wishart classifier. IEEE Transactions on Geoscience and Remote Sensing, 39 (11): 2332-2342.

Fukuda S, Hirosawa H, 2001. Support vector machine classification of land cover: application to polarimetric SAR data. IEEE 2001 International Geoscience and Remote Sensing Symposium, Sydney, Australia: 187-189.

Fukuda S, Katagiri R, Hirosawa H, 2002. Unsupervised approach for polarimetric SAR image classification using support vector machines. IEEE International Geoscience and Remote Sensing Symposium and 24th Canadian Symposium on Remote Sensing, 1-4: 2599-2601.

Hughes G F, 1968. On mean accuracy of statistical pattern recognizers. IEEE Transactions on Information Theory, 14 (1): 55-63.

Kimura K, Yamaguchi Y, Yamada H, 2003. Pi-SAR image analysis using polarimetric scattering parameters and total power. IEEE International Geoscience and Remote Sensing Symposium, 1-7: 425-427.

Lardeux C, Frison P L, Rudant J P, et al., 2006. Use of the SVM classification with polarimetric SAR data for land use cartography. IEEE International Geoscience and Remote Sensing Symposium, 1-8: 493-496.

Le Toan T, Ribbes F, Wang L F, et al., 1997. Rice crop mapping and monitoring using ERS-1 data based on experiment and modeling results. IEEE Transactions on Geoscience and Remote Sensing, 35 (1): 41-56.

Lee J S, Pottier E, 2009. Polarimetric radar imaging: from basics to applications. Boca Raton: CRC Press Taylor & Francis Group.

Lee J S, Schuler D L, Ainsworth T L, et al., 1999a. POLSAR data compensation for terrain azimuth slope variation. Geoscience and Remote Sensing Symposium, 1999. Hamburg, Germany, Piscataway, 5: 2437-2439.

Lee J S, Grunes M R, Ainsworth T L, et al., 1999b. Unsupervised classification using polarimetric decomposition and the complex Wishart classifier. IEEE Transactions on Geoscience and Remote Sensing, 37 (5): 2249-2258.

Lee J S, Grunes M R, Pottier E, et al., 2004. Unsupervised terrain classification preserving polarimetric scattering characteristics. IEEE Transactions on Geoscience and Remote Sensing, 42 (4): 722-731.

McNairn H, Champagne C, Shang J, et al., 2009a. Integration of optical and Synthetic Aperture Radar (SAR) imagery for delivering operational annual crop inventories. Isprs Journal of Photogrammetry & Remote Sensing, 64 (5): 434-449.

McNairn H, Shang J L, Jiao X F, et al., 2009b. The contribution of ALOS PALSAR multipolarization and polarimetric data to crop classification. IEEE Transactions on Geoscience and Remote Sensing, 47 (12): 3981-3992.

McNairn H, Duguay C, Brisco B, et al., 2002. The effect of soil and crop residue characteristics on polarimetric radar response. Remote Sensing of Environment, 80 (2): 308-320.

Pottier E, Lee J S, 1999. Application of the H/A/α polarimetric decomposition theorem for unsupervised classification of fully polarimetric SAR data based on the Wishart distribution. Proceeding of Committee on Earth Observing Satellites SAR Workshop.

Pottier E, Saillard J, 1991. On radar polarization target decomposition theorems with application to target classification, by using neural network method. 1991 Seventh International Conference on Antennas and Propagation (ICAP), New York, UK: 265-268.

Qi Z, Yeh A, Li X, et al., 2015. Monthly short- term detection of land development using RADARSAT- 2 polarimetric SAR imagery. Remote Sensing of Environment, 164: 179-196.

Raney R K, 2006. Dual- polarized SAR and Stokes parameters. IEEE Geoscience & Remote Sensing Letters, 3 (3): 317-319.

Raney R K, Spudis P D, Bussey B, et al., 2011. The lunar mini- RF radars: hybrid polarimetric architecture and initial results. Proceedings of the IEEE, 99 (5): 808-823.

Ulaby F T, Sarabandi K, McDonald K, et al., 1990. Michigan microwave canopy scattering model. International Journal of Remote Sensing, 11 (7): 1223-1253.

Vapnik V N, 1995. The nature of statistical learning theory. New York: Springer- Verlag New York, Inc.

第 5 章　基于 SAR 数据的农作物长势监测与估产

农作物长势监测与估产是农业雷达应用研究的核心内容。在农作物生长期内尽早掌握农作物生长状况与产量信息，不仅能为农业生产管理提供信息服务，也是期货市场交易、国家经济宏观决策的重要依据。作物长势与产量是其生长状况的综合反映，受到土壤环境、气象条件、生产管理水平等多种因素的影响。由于 SAR 的穿透性和对介电性质敏感的特点，在农作物下垫面土壤湿度监测中具有独特优势。本章以典型旱地作物小麦为例，首先利用全极化 SAR 数据进行影响长势产量的土壤湿度反演，接着构建长势表征参数，并利用干旱胁迫影响下的长势产量估算模型，实现农作物长势监测与产量估算。

5.1　基于 SAR 数据的农作物覆盖下土壤湿度反演

基于对土壤介电特性的敏感性，雷达遥感是土壤湿度监测的重要手段之一，植被和粗糙度是影响土壤湿度反演精度的主要原因。对于单极化或多极化雷达遥感，后向散射信号是一个整体，无法分离来自植被和地表土壤的散射信息，反演土壤湿度的时候需要辅助数据支持，因此常采用光学数据反演植被参数，转化为植被光学厚度后对植被影响进行去除（杨虎，2003；刘伟，2005；陈权，2008），或采用多角度、多频率、多极化配置的方法来去除粗糙度和植被的影响（Wigneron et al.，2004；Gherboudj et al.，2011），但多源数据的获取给实际应用增加了成本和难度。

全极化 SAR 数据包含完整的通道和相位特征，可以分离来自作物、土壤的回波能量，为利用单景全极化 SAR 图像反演土壤湿度提供了可能。基于全极化 SAR 数据反演植被覆盖区的土壤湿度可以有两种方法：一种是通过极化分解方法，得到与土壤散射的分解量，然后求算出土壤湿度；另一种是利用作物的散射机理，结合水云模型，去除植被的影响，反演出土壤湿度。本节基于 C 波段 RADARSAT-2 全极化数据（入射角为 29.3°），利用上述两种方法进行农作物覆盖下土壤湿度反演。

5.1.1　基于 Freeman 分解的土壤湿度反演方法

以孕穗期和乳熟期冬小麦为例，进行基于 Freeman 分解的土壤湿度反演。依据 Bragg 散射公式，土壤表面的散射模型可以作为低频散射在微波域的近似，表达为（Hajnsek et al.，2009）：

$$S = \begin{bmatrix} S_{HH} & S_{HV} \\ S_{VH} & S_{VV} \end{bmatrix} = m_s \begin{bmatrix} R_H(\theta, \varepsilon_s) & 0 \\ 0 & R_V(\theta, \varepsilon_s) \end{bmatrix} \tag{5.1}$$

其中，R_H、R_V 对应水平和垂直 Bragg 散射系数。

$$R_H = \frac{\cos\theta - \sqrt{\varepsilon_s - \sin^2\theta}}{\cos\theta + \sqrt{\varepsilon_s - \sin^2\theta}}, R_V = \frac{(\varepsilon_s - 1)[\sin^2\theta - \varepsilon_s(1 + \sin^2\theta)]}{(\varepsilon_s\cos\theta + \sqrt{\varepsilon_s - \sin^2\theta})^2} \tag{5.2}$$

R_H、R_V 依赖于地表的介电参数和入射角，对应的 Pauli 散射矢量为

$$\boldsymbol{k}_b = \frac{m_s}{\sqrt{2}}[R_H + R_V, R_H - R_V, 0]^T \tag{5.3}$$

相干矩阵 $\boldsymbol{T}_b$ 构建为

$$\boldsymbol{T}_b = \boldsymbol{k}_b \cdot \boldsymbol{k}_B^+ = f_s \begin{bmatrix} 1 & \beta^* & 0 \\ \beta & |\beta|^2 & 0 \\ 0 & 0 & 0 \end{bmatrix} \tag{5.4}$$

式中，f_s 为散射幅度。

$$f_s = \frac{m_s^2}{2}|R_H + R_V|^2 \beta = \frac{R_H - R_V}{R_H + R_V} \tag{5.5}$$

依据 Freeman 分解，散射矩阵分解为

$$\boldsymbol{T} = f_s \begin{bmatrix} 1 & \beta^* & 0 \\ \beta & |\beta|^2 & 0 \\ 0 & 0 & 0 \end{bmatrix} + fd \begin{bmatrix} |\alpha| & \alpha & 0 \\ \alpha & 1 & 0 \\ 0 & 0 & 0 \end{bmatrix} + \frac{f}{4} \begin{bmatrix} 2 & 0 & 0 \\ 0 & 1 & 0 \\ 0 & 0 & 1 \end{bmatrix} \tag{5.6}$$

通过构建正演表面散射和极化分解分量的表面散射之间的关系即可以反演出地表的土壤湿度。土壤介电参数与土壤湿度间的关系可采用下面的构建方法（Cloude，2010）：

$$\varepsilon_{soil} = 1 + \frac{\rho_b}{\rho_{ss}}(\varepsilon_{ss} - 1) + m_v^\gamma \varepsilon_{fw} - m_v \tag{5.7}$$

式中，m_v 为土壤湿度；ρ_b 为土壤体积密度（土壤与空气的体积比）；ρ_{ss} 为土壤密度；ε_{ss} 为干燥土壤的介电常数。

$y = y_0 - y_1 S + y_2 C$，S 为土壤的沙土含量，C 为黏土含量，系数 y_0、y_1、y_2 根据土壤的构成进行选择（Dobson et al.，1985）；

$\varepsilon_{fw} = 4.9 + 74.1/[1 + i(f/f_0)] - i\sigma_8/2\pi\varepsilon_0 f$ 为土壤介电常数的虚部定义；σ_8 为土壤的导电率，f_0 是松弛频率（由土壤温度决定）；

结合上述公式计算出土壤湿度，反演的土壤湿度与实测土壤湿度的结果对比如图 5.1 所示。

由第 2、3 章的散射机理分析可知，作物后向散射中有来自冠层表面的面散射分量，尤其是当作物的含水量增加时，冠层叶片相对于波长较大时，来自冠层的面散射分量会明显增强，从而使来自土壤表面的面散射比例降低。对于冬小麦而言，其乳熟期冠层顶部的穗子能形成明显的表面散射，从而降低土壤面散射分量对土壤湿度的反演能力。从图 5.1 反演的结果来看，反演的土壤湿度相对真实值都存在偏低的现象，可能是冠层的面散射影响所致，且乳熟期更为明显，反演的精度也比较低，相关系数很低，基本上不具有反演土

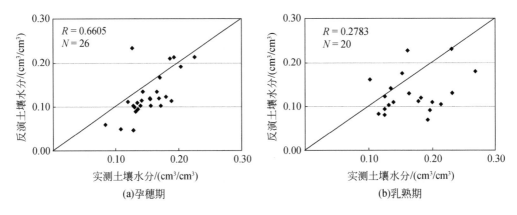

图 5.1 基于面散射分量的冬小麦土壤湿度反演结果对比

壤湿度能力。

另外需要指出的一点是该反演方法的前提条件是面散射机理必须在散射机理中占主导地位，并且 $-1 \leqslant \beta \leqslant 0$；若以二面角散射反演时，需满足 $\alpha > 0$。反演前先要进行条件判别，不满足条件的区域不能反演，这在冬小麦乳熟期，因为体散射显著增加，很多样点无法满足（有效反演面积不到 40%），从而使该方法不能对研究区域进行有效的土壤湿度反演。而且 3.3.2.2 节的分析结果表明：孕穗期基于散射分量研究作物的参数存在不确定性，从而导致采用散射分量反演土壤湿度存在反演结果不确定性，误差增大。

5.1.2 基于极化散射熵与半经验模型的土壤湿度反演方法

水云模型在处理冠层影响时，对冠层的表述采用生物量方法，即认为生物量是影响衰减的直接因素。而对生物量的表述方法也多种多样（Graham and Harris，2003），可以用叶面积指数 LAI、冠层含水量 VWM（kg/m²）或结合 LAI 和冠层含水量构建新的参数 LWAI 来实现（Dabrowska-Zielinska et al.，2007），或是通过光学遥感数据反演的归一化水分指数（NDWI）和植被指数（NDVI）来实现（陈权，2008），进而推导出影响衰减的光学厚度。

上述方法存在两个缺陷：一是即使生物量相同，冠层的衰减也会有差异，因为衰减量与作物结构关系很大，生物量相同而冠层结构有差异时，冠层对土壤散射的衰减可能会不同；二是上述方法需要其他数据支持，如光学数据反演的植被参数或者实测植被参数，给辅助数据获取增加了难度。

由前面的分析可知，散射熵与冬小麦的长势具有很好的相关关系，可以反映植被散射的复杂程度。后向散射由植被层和土壤两部分形成，土壤后向散射因受到植被层复杂程度的差异，其衰减至后向散射中的分量也不同，因此可以考虑采用散射熵表达植被对土壤散射的衰减程度。

不同于单极化反演方法，全极化 SAR 数据包含四个极化通道的回波能量和相位信息，以全极化数据极化散射熵代替作物参数，并考虑到散射熵与作物长势成二次关系，水云模型可以改写为

$$\mathrm{span} = AH^2\cos\theta\left[1-\exp(-2BH/\cos\theta)\right]+\left[\exp(-2BH/\cos\theta)\sigma_s^0\right] \qquad (5.8)$$

$$\sigma_s^0 = C+DSM \qquad (5.9)$$

式中，H 为散射熵；A、B、C、D 为需要拟合的参数；SM 为土壤湿度。

利用孕穗期和乳熟期的全极化 SAR 数据，反演得到的冬小麦土壤湿度和实测值对比如图 5.2 所示。

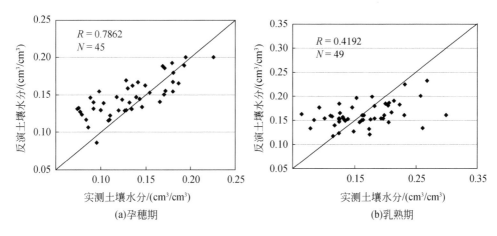

图 5.2　孕穗期和乳熟期冬小麦土壤湿度反演结果

孕穗期的相关系数为 0.7862，说明采用该方法可以较好地反演出冬小麦土壤湿度。乳熟期的反演效果比较差，相关系数只有 0.4192，且在土壤湿度较低或较高时偏差增大。乳熟期由于穗子产生的一次散射和对下层散射的衰减很明显，土壤信息很少，这说明 C 波段不具备反演乳熟期土壤湿度的能力，即使采用的数据入射角较小。综上，在没有穗子影响的情况下，即出穗前，采用该方法，可以使冬小麦的土壤湿度反演达到比较理想的精度。

5.2　基于 SAR 数据的农作物长势监测与估产

作物长势和产量监测涉及粮食安全，历来广受关注，作物长势受到作物品种、管理方式、病虫害、干旱等多种因素的影响，其中难以控制的是干旱因素的影响。华北地区是我国冬小麦的主产区，小麦在我国粮食结构中占有重要地位，2009 年初和 2011 年初，华北地区就经历了两次大旱。因此，研究干旱对作物长势和产量的影响具有重要意义，可为管理部门提供及时的决策依据。

干旱分为气象干旱和墒情干旱两种，其中的墒情干旱更能反映作物的实际受旱情况，应用光学遥感对干旱的监测多是通过植被的蒸腾和潜热变化得到的，对干旱的监测具有一定的滞后性。雷达遥感具有对植被的穿透性和对土壤介电的高度敏感性，可以直接反映土壤湿度的状况，因而开展雷达遥感对农作物的干旱监测更有意义，可作为已有研究方法的有益补充。

本节利用前面土壤湿度的反演方法，以冬小麦孕穗期为研究对象，以乳熟期观测的产量为依据，研究构建冬小麦长势表征参数，分析孕穗期冬小麦长势和干旱对乳熟期长势和产量的影响。

5.2.1 干旱对农作物长势与产量影响模型的建立

由于实验样区位于同一地区，可以认为在区域内不同样点间的土壤属性和作物属性基本一致，即面临相同程度的干旱影响时，反映在作物后期的长势和产量上，会引起相似的影响趋势。

冬小麦因旱灾导致的产量损失率可以表达为 $1-Y_i/Y_{\max}$，Y_i 为乳熟期观测点的实际产量，$Y_{\max}$ 为乳熟期所有观测样点中的最大产量。干旱的程度可以表达为 $1-\mathrm{SM}_i/\mathrm{SM}_{\max}$，$\mathrm{SM}_i$ 为当前样点的土壤湿度，$\mathrm{SM}_{\max}$ 为所有样点中的最大土壤湿度。$\mathrm{SM}_{\max}$ 取值更科学的方法是取田间适合于作物生长的最佳含水量，当 SM_i 高于 $\mathrm{SM}_{\max}$ 时，取 $\mathrm{SM}_i=\mathrm{SM}_{\max}$（受涝情况除外）。

作物产量损失率与干旱的程度具有密切关系，即 $1-Y_i/Y_{\max}$ 与 $1-\mathrm{SM}_i/\mathrm{SM}_{\max}$ 存在以下关系（刘静等，2004）：

$$1-\frac{Y_i}{Y_{\max}}=C\left(1-\frac{\mathrm{SM}_i}{\mathrm{SM}_{\max}}\right) \tag{5.10}$$

C 为影响系数，考虑到作物耗水量与产量一般是抛物线关系（陈玉民，1995），物理意义和适用性更强：

$$1-\frac{Y_i}{Y_{\max}}=C\left(1-\frac{\mathrm{SM}_i}{\mathrm{SM}_{\max}}\right)^2 \tag{5.11}$$

作物的长势和产量受到作物前期长势的影响，因此模型建立为如下形式：

$$1-\frac{Y_i}{Y_{\max}}=C\frac{G_i}{G_{\max}}\left(1-\frac{\mathrm{SM}_i}{\mathrm{SM}_{\max}}\right)^2 \tag{5.12}$$

式中，$G_i/G_{\max}$ 为前一时期作物的长势系数；G_i 为长势；$G_{\max}$ 为该物候期长势最好的样点。

为分析全生育期不同阶段干旱对作物产量的影响，可建立不同物候期干旱影响的累加模型：

$$1-\frac{Y_i}{Y_{\max}}=\frac{1}{m}\sum_{k=1}^{m}C_k\frac{G_{ki}}{G_{\max}}\left(1-\frac{\mathrm{SM}_{ki}}{\mathrm{SM}_{\max}}\right)^2 \tag{5.13}$$

类似地，长势的影响模型可以为

$$1-\frac{G_i}{G_{\max}}=\frac{1}{m}\sum_{k=1}^{m}C_k\frac{G_{ki}}{G_{\max}}\left(1-\frac{\mathrm{SM}_{ki}}{\mathrm{SM}_{\max}}\right)^2 \tag{5.14}$$

式（5.13）中，m 为作物发育期数，累加模型可以反映出每个物候期干旱对后期作物长势和产量的影响程度。

式（5.13）虽然反映了作物缺水与产量损失的关系，但该模型认为各生育阶段干旱对产量的影响相互独立，与实际不符。作物某阶段干旱时，不仅对该阶段生长不利，还影响以后的生长，极端的情况下作物会因为干旱太严重而死亡，这时无论其他时段土壤湿度多充足，最终产量为0。因此，可以考虑采用累乘模型，即

$$\left(1-\frac{Y_i}{Y_{\max}}\right)=\prod_{k=1}^{m}C_k\frac{G_{ki}}{G_{k\max}}\left(1-\frac{\mathrm{SM}_i}{\mathrm{SM}_{\max}}\right)^{\frac{1}{m}} \tag{5.15}$$

作物的产量只与关键物候期的长势和干旱状况存在显著关系,模型建立应该以关键物候期为准,而过多的物候期参与估算会增大模型误差(陈玉民,1995),根据实际发育期资料,按照关键物候期计算意义会更明确。根据实验观测,冬小麦在进入拔节期后便进入需水高峰期,干旱会给作物的长势带来显著的影响,如图 5.3 所示,受旱后冬小麦的生物量明显低于正常生长的冬小麦,并伴有明显的生长期提前趋势,正常样田在进入黄熟期时,干旱样田已经收割,产量也明显低于其他样田(表 5.1)。因此,根据干旱的敏感物候期计算,可以分析出更为理想的结果。这里模型的建立过程以孕穗期的影响为例,以孕穗期的长势、干旱监测结果为依据,评价乳熟期的长势和产量。

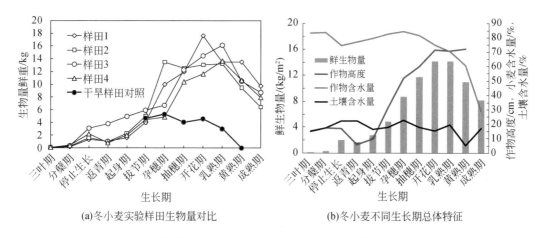

(a)冬小麦实验样田生物量对比　　　　　　　(b)冬小麦不同生长期总体特征

图 5.3　冬小麦实验样田生物量对比和不同生长期的总体特征

表 5.1　冬小麦实验样田产量对比

样田	总籽粒重 /(g/m²)	总茎秆重 /(g/m²)	千粒重 /g	总穗数 /穗	无效穗数/穗	小穗数 /个	不孕小穗数/个	穗粒数 /(粒/穗)
样田 1	673.341	687.048	49.877	650	7	15.6	1.9	29.4
样田 2	815.882	582.396	41.057	692	15	15.4	2.5	35.8
样田 3	834.971	673.647	42.128	914	32	18.6	3.2	24.5
样田 4	775.615	717.755	47.656	752	14	17.5	3.1	27.9
干旱样田	467.110	451.097	34.164	713	28	18.6	4.0	24.9

5.2.2　农作物长势表征参数构建

由于农作物的种类不同,表征农作物长势的特征参数可能存在较大的差异,如何合理地选择用于表征农作物长势的指标是进行农作物长势监测的前提。

在第 2 章的分析中,我们已经得出冬小麦在孕穗期和乳熟期的长势反演方法,即散射熵与冬小麦不同物候期的长势具有很好的对应关系,因此可以用散射熵来表征作物的长势。不同的是,在观测数据的分布范围内,孕穗期散射熵 H 与长势是正响应,而乳熟期散射熵与长势是负响应,即在乳熟期对于长势越好的冬小麦其散射熵越低。

　　长势参数的选择会直接决定长势和产量评估的精度，由前面的分析知道，对极粗糙的地表，同期生长的花生、油菜等作物其散射熵也比较低。冬小麦和其他作物、裸地等之间存在一定的错分性。乳熟期采用散射熵 H 估算长势会出现较低的散射熵 H 得出较好的长势，当出现错分时，整体误差增大，图 5.4 显示错分的低熵区得出长势好的冬小麦区，会导致整体产量估算偏大。因此需要采用与乳熟期长势呈正响应的反演参数，以提高长势反演的总体精度。

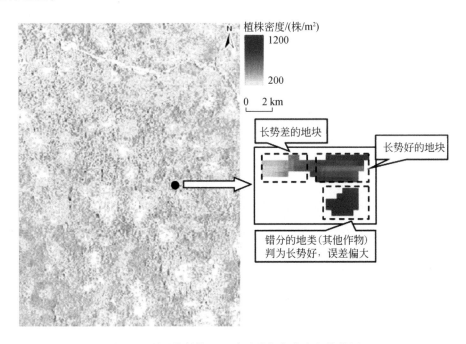

图 5.4　利用散射熵 H 反演孕穗期冬小麦长势结果

5.2.2.1　常用的雷达遥感植被指数

1. 雷达植被指数

　　van Zyl（1993）应用随机方向的圆柱电介质模型分析了植被区域的散射特征，发现相干矩阵分解的第二和第三特征值与该模型相等价，并提出了雷达植被指数（radar vegetation index，RVI）：

$$\text{RVI} = \frac{4\lambda_3}{\lambda_1 + \lambda_2 + \lambda_3} \quad 0 \leqslant \text{RVI} \leqslant \frac{4}{3} \tag{5.16}$$

其中，当 RVI 等于 4/3 时，对应着较细的圆柱；随着 RVI 减小至 0，对应着浓密的圆柱。

2. 基于 Freeman 分解的雷达植被指数

　　对全极化 SAR 数据应用 Freeman 分解，可以得到目标三类散射功率的分量，分别为 f_s、f_d 和 f_v；因此根据三种分量的比例可以推得一种雷达植被指数（王庆，2010）：

$$\text{RVI}_{\text{freeman}} = \frac{f_v}{f_s + f_d + f_v} \tag{5.17}$$

当雷达波照射区域为裸露地面或面状地物时，$\text{RVI}_{\text{freeman}}$ 的取值趋向于零；当观测区包含有树林或灌木时，则 Freeman 分解中的体散射功率将增大，雷达波穿透冠层与地面发生单次散射的概率降低，即 f_s 将减小；同理，雷达入射波在地面-植被茎秆发生二次散射的机会也降低，因此 f_d 也将减小；而体散射功率会增大，致使 $\text{RVI}_{\text{freeman}}$ 的取值趋向于 1。

3. Luneburg 熵

根据 Cloude 极化分解得到的三个特征值，Luneburg 定义了目标随机程度算子：

$$p_{\text{R}} = \sqrt{\frac{3}{2}} \cdot \sqrt{\frac{\lambda_2^2 + \lambda_3^2}{\lambda_1^2 + \lambda_2^2 + \lambda_3^2}} \qquad 0 \leqslant p_{\text{R}} \leqslant 1 \tag{5.18}$$

对于纯目标，如 $S = \begin{bmatrix} 1 & 0 \\ 0 & 1 \end{bmatrix}$，则 $\lambda_1 = 1$，$\lambda_2 = \lambda_3 = 0$，$p_{\text{R}} = 0$；对于完全随机的目标，则 $\lambda_1 \approx \lambda_2 \approx \lambda_3 \approx 0$，于是 $p_{\text{R}} = 1$。其提供的信息量和 Cloude 分解得到的散射熵类似。随着体散射比例的增大，Luneburg 熵值也不断增加，但当体散射所占比例接近 100% 时，Luneburg 熵具有一定的浮动范围。

由这些常用的植被反演参数容易发现，RVI、$\text{RVI}_{\text{freeman}}$、$p_{\text{R}}$ 都是根据散射机理建立的，在明确地物目标的散射机理后，可以建立植被反演的参数，但散射机理的差异，使这些参数具有不同的适用范围。分析乳熟期不同散射特征的变化趋势可以发现，λ_1 随长势趋好有增大的趋势，λ_2、λ_3 都是降低的趋势［图 3.31（d）~（f）］，在这种散射机理下，RVI、$\text{RVI}_{\text{freeman}}$、$p_{\text{R}}$ 表现出来的特征与长势之间的关系都是一种负相关，不适用于冬小麦的长势反演，需要构建一个新的参数来描述冬小麦的长势。

5.2.2.2　冬小麦乳熟期长势表征参数的建立

考虑到 λ_1 和 λ_2、λ_3 随乳熟期冬小麦长势趋好的变化趋势相反，且长势越好的地区差值越大，因此可以构建冬小麦乳熟期的长势参数 L_{m} 为

$$L_{\text{m}} = \frac{2\lambda_1 - \lambda_2 - \lambda_3}{2\lambda_1} \qquad 0 \leqslant L_{\text{m}} \leqslant 1 \tag{5.19}$$

当 $\lambda_1 \gg \lambda_2 > \lambda_3$ 时，$L_{\text{m}} = 1$；当 $\lambda_1 \approx \lambda_2 \approx \lambda_3$ 时，$L_{\text{m}} = 0$。且参数 L_{m} 与长势的变化趋势呈正相关。实验区 L_{m} 的动态范围为 $0.15 < L_{\text{m}} < 0.95$，因此，$L_{\text{m}}$ 对冬小麦乳熟期的长势具有较好的可分性。观测样区 L_{m} 与植株密度的相关性见图 5.5。

可以看出，当长势变好时，L_{m} 与长势的关系趋于收敛，即 L_{m} 与长势的相关性增强。需要指出的是参数 L_{m} 仅适用于冬小麦乳熟期长势的提取，即冬小麦参数的有效反演建立在作物散射机理理解的基础上；L_{m} 与植株密度相关性最强，说明了在决定散射机理的原因中，散射粒子是影响散射特征的主要因素，植株密度决定散射粒子的数量。

利用 L_{m} 反演乳熟期冬小麦的长势结果如图 5.6 所示。可以看出，L_{m} 对长势的表达，避免了错分地类反而理解为长势好的问题，所以，利用新参数 L_{m} 可以使长势好的地块得到更好的反演，而长势差的地块或错分类地块因为赋予了长势差，有利于提高总体反演精度，减小了整体长势反演的误差。

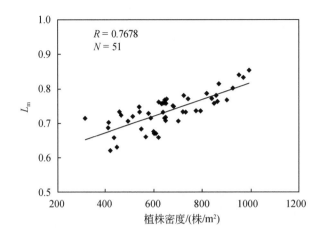

图 5.5　冬小麦乳熟期 L_m 与长势的关系

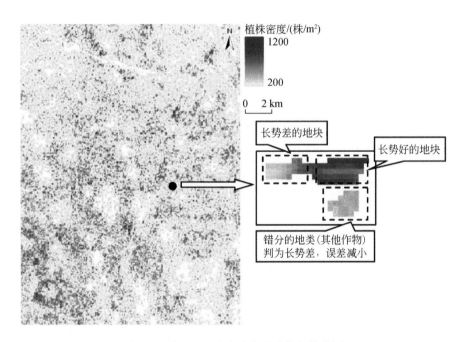

图 5.6　利用 L_m 反演冬小麦孕穗期长势结果

5.2.3　模型求算

模型的求算受数据精度和模型设计合理性的双重影响，本书意在分析基于全极化 SAR 数据源，探索评价干旱对冬小麦长势和产量影响的可行性。因为受观测数据量的限制，仅有两期，模型的建立以冬小麦孕穗期的干旱为依据，计算乳熟期的长势和产量影响。

以式（5.12）为依据，取值方案如下：Y_i、Y_{max} 取乳熟期穗鲜重的实际观测值；G_i、G_{max} 取孕穗期的反演值（以散射熵代替）；SM_i 取孕穗期的反演值。Y_{max} 和 G_{max} 分别取同期数据的最大值，考虑到量纲的不同，所有参数归一化至 0 ~ 1。

最后得到乳熟期的长势模型为

$$G = 1 - 13.379(1 - H_g)(1 - SM_{scale})^2 \qquad (5.20)$$

式中，G 为乳熟期冬小麦的长势，以生物量鲜重计算；H_g 为孕穗期冬小麦的长势参数；SM_{scale} 为归一化后的土壤湿度。

相应地，经过观测数据的拟合，产量的影响模型可以表述为

$$Y = 1 - 11.441(1 - H_g)(1 - SM_{scale})^2 \qquad (5.21)$$

长势与产量的影响模型相似是因为长势直接影响产量，实际观测数据表明长势和产量具有很高的相关性，如图 5.7 所示。

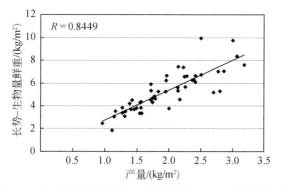

图 5.7　冬小麦乳熟期长势（生物量鲜重）和产量的关系

以冬小麦乳熟期的实际观测值为比照对象，其结果如图 5.8 所示。从预测结果可以看出，以干旱为影响因素分析得到的预测值与实测值具有较好的相关性，说明干旱是影响冬小麦长势的主导因素。以前一时期的长势为基准，考虑干旱影响的情况下，模型具有一定的预测精度，长势的误差为 16.03%，产量的误差为 18.83%。模型预测值普遍偏高的原因，应该是冬小麦的长势和产量还受到其他因素的影响所致，模型只考虑到了干旱影响，忽略了其他因素，从而使预测值偏高。

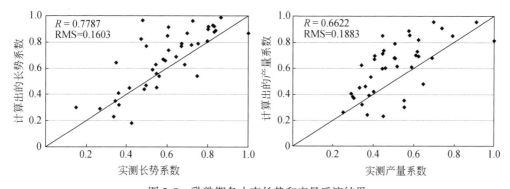

图 5.8　乳熟期冬小麦长势和产量反演结果

土壤湿度对作物的影响是个非常复杂的过程，而且作物本身在不同干旱程度下的自我调节能力也不同（郭海英等，2008），需要进一步研究不断完善干旱对农作物长势影响模型。

参 考 文 献

陈权, 2008. 多角度主动微波遥感数据反演土壤水分算法研究. 北京: 中国科学院遥感应用研究所.

陈玉民, 1995. 中国主要作物需水量与灌溉. 北京: 中国水利水电出版社.

郭海英, 赵建萍, 黄斌, 等, 2008. 冬小麦生产年土壤水分变化及其对农业生产影响分析. 干旱地区农业研究, 26 (1): 246-248.

刘静, 王连喜, 马力文, 等, 2004. 中国西北旱作小麦干旱灾害损失评估方法研究. 中国农业科学, 37 (2): 201-207.

刘伟, 2005. 植被覆盖地表极化雷达土壤水分反演与应用研究. 北京: 中国科学院遥感应用研究所.

王庆, 2010. 基于全极化 SAR 数据的鄱阳湖地区地物散射特性与分类研究. 北京: 中国科学院对地观测与数字地球科学中心.

杨虎, 2003. 植被覆盖地表土壤水分变化雷达探测模型和应用. 北京: 中国科学院遥感应用研究所.

Cloude S, 2010. Polarimetric Application in Remote Sensing. New York: Oxford University Press Inc.

Dabrowska-Zielinska K, Inoue Y, Kowalik W, et al., 2007. Inferring the effect of plant and soil variables on C- and L-band SAR backscatter over agricultural fields, based on model analysis. Advances in Space Research, 39 (1): 139-148.

Dobson M C, Ulaby F T, Hallikainen M T, et al., 1985. Microwave dielectric behavior of wet soil. II. Dielectric mixing models. IEEE Transactions on Geoscience and Remote Sensing, 23 (1): 35-46.

Gherboudj I, Magagi R, Berg A A, et al., 2011. Soil moisture retrieval over agricultural fields from multi-polarized and multi-angular RADARSAT-2 SAR data. Remote Sensing of Environment, 115 (1): 33-43.

Graham A J, Harris R, 2003. Extracting biophysical parameters from remotely sensed radar data: a review of the water cloud model. Progress in Physical Geography, 27 (2): 217-229.

Hajnsek I, Jagdhuber T, Schcon H, et al., 2009. Potential of estimating soil moisture under vegetation cover by means of PolSAR. IEEE Transactions on Geoscience and Remote Sensing, 47 (2): 442-454.

van Zyl J J, 1993. Application of Cloude's target decomposition theorem to polarimetric imaging radar. Proceedings of SPIE—The International Society for Optical Engineering, 1748: 184-191.

Wigneron J P, Parde M, Waldteufel P, et al., 2004. Characterizing the dependence of vegetation model parameters on crop structure, incidence angle, and polarization at L-band. IEEE Transactions on Geoscience and Remote Sensing, 42 (2): 416-425.

第 6 章 基于极化干涉 SAR 数据的 农作物株高反演

农作物株高是反映其长势的重要指标，与品种、产量、气候、土壤、田间管理措施、病虫害、台风等密切相关。准确快速地获取农作物株高，能够为农作物田间管理、长势监测、灾害监测、估产提供可靠依据。极化干涉 SAR（polarimetric interferometry synthetic aperture radar，PolInSAR），能够获取目标的极化信息与干涉信息，已成为新一代对地观测 SAR 系统的重要发展趋势之一（郭华东和李新武，2011）。PolInSAR 在目标垂直结构反演中的应用潜力已经得到广泛认可，尤其是在森林高度和蓄积量反演中。近两年来，随着极化干涉 SAR 数据的丰富，PolInSAR 技术开始被用于农作物株高反演中，但由于受到数据基线和重访周期的限制，相关研究还很少。本章以典型农作物水稻为例，基于 TanDEM-X 双站极化干涉 SAR 数据，研究探索极化干涉 SAR 在农作物株高反演中的应用潜力。

6.1 极化干涉 SAR 理论

6.1.1 极化干涉测量

极化干涉测量是在 SAR 干涉测量的基础上发展起来的。SAR 干涉测量通过两个雷达天线同时观测（单轨双天线模式），或同一天线两次观测（单天线重轨模式），获得同一区域的重复观测数据，即单视复数据对（single look complex，SLC），根据目标与两天线之间的几何关系，提取同一目标对应的两个回波信号之间的相位差，结合观测平台的轨道参数等提取目标高程，利用 SAR 干涉测量技术能够获得高精度、高分辨率的高程信息。

SAR 干涉测量通常利用单极化 SAR 数据对，获取干涉相位进行目标高程估算，是标量干涉测量；而极化干涉 SAR 是在标量干涉的基础上同时引入极化信息，是矢量干涉测量。全极化 SAR 数据能够获取地表散射单元对应的复散射矩阵 S，为了便于对全极化 SAR 数据进行干涉处理，引入 Pauli 基对散射矩阵 S 进行矢量化，则两个不同视角获得的某一场景的两个散射矢量干涉对可表示为

$$\boldsymbol{k}_1 = V(\boldsymbol{S}_1) = \frac{1}{\sqrt{2}}\begin{bmatrix} \boldsymbol{S}_{HH} + \boldsymbol{S}_{VV} & \boldsymbol{S}_{HH} - \boldsymbol{S}_{VV} & 2\boldsymbol{S}_{HV} \end{bmatrix}_1^T \tag{6.1}$$

$$\boldsymbol{k}_2 = V(\boldsymbol{S}_2) = \frac{1}{\sqrt{2}}\begin{bmatrix} \boldsymbol{S}_{HH} + \boldsymbol{S}_{VV} & \boldsymbol{S}_{HH} - \boldsymbol{S}_{VV} & 2\boldsymbol{S}_{HV} \end{bmatrix}_2^T \tag{6.2}$$

假设 $\boldsymbol{\omega}_1$ 和 $\boldsymbol{\omega}_2$ 为两个归一化的单位复向量，代表某一散射机理，Cloude 对其进行了如下描述（Cloude and Pottier, 1997）：

$$\boldsymbol{\omega} = \begin{bmatrix} \cos\alpha \cdot e^{-j\phi} \\ \sin\alpha\cos\beta \cdot e^{-j\delta} \\ \sin\alpha\sin\beta \cdot e^{-j\gamma} \end{bmatrix} \tag{6.3}$$

式中，α 为散射角，代表散射类型，是一个旋转不变量；β 为极化方位角的 2 倍；φ、δ 和 γ 为 Pauli 基各通道的相位。通过这些参数的变化组合，能实现 H、V 极化基描述下的几乎所有的散射机制。在 H、V 极化基下，$\boldsymbol{\omega} = [0, 0, 1]^T$ 对应 HV 极化，$\boldsymbol{\omega} = [1, 0, 0]^T$ 对应单次散射，$\boldsymbol{\omega} = [0, 1, 0]^T$ 对应二次散射。$\boldsymbol{\omega} = [1/\sqrt{2}, 1/\sqrt{2}, 0]^T$ 对应 HH 极化，$\boldsymbol{\omega} = [1/\sqrt{2}, -1/\sqrt{2}, 0]^T$ 对应 VV 极化。

将散射矢量 $\boldsymbol{k}_1$ 和 $\boldsymbol{k}_2$ 分别投影到某一散射机制矢量 $\boldsymbol{\omega}_1$ 和 $\boldsymbol{\omega}_2$ 上，即得到两个新的代表新散射机制的复标量系数 μ_1 和 μ_2：

$$\mu_1 = \boldsymbol{\omega}_1^* \boldsymbol{k}_1, \mu_2 = \boldsymbol{\omega}_2^* \boldsymbol{k}_2 \tag{6.4}$$

由散射矢量 $\boldsymbol{k}_1$ 和 $\boldsymbol{k}_2$ 可以定义一个 6×6 的 Hermitian 半正定矩阵 $\boldsymbol{T}_6$：

$$\boldsymbol{T}_6 = \left\langle \begin{bmatrix} \boldsymbol{k}_1 \\ \boldsymbol{k}_2 \end{bmatrix} \begin{bmatrix} \boldsymbol{k}_1^{*T} & \boldsymbol{k}_2^{*T} \end{bmatrix} \right\rangle = \begin{bmatrix} \langle \boldsymbol{k}_1 \boldsymbol{k}_1^{*T} \rangle & \langle \boldsymbol{k}_1 \boldsymbol{k}_2^{*T} \rangle \\ \langle \boldsymbol{k}_2 \boldsymbol{k}_1^{*T} \rangle & \langle \boldsymbol{k}_2 \boldsymbol{k}_2^{*T} \rangle \end{bmatrix} = \begin{bmatrix} \boldsymbol{T}_{11} & \boldsymbol{\Omega}_{12} \\ \boldsymbol{\Omega}_{12}^{*T} & \boldsymbol{T}_{22} \end{bmatrix} \tag{6.5}$$

其中，$\boldsymbol{T}_6$ 同时包含了两幅干涉复图像之间的极化信息和干涉信息，与 $\boldsymbol{T}_{11}$、$\boldsymbol{T}_{22}$ 一样，都是 Hermitian 半正定矩阵，但 $\boldsymbol{\Omega}_{12}$ 不是。雷达两次成像时，天线到目标的距离会不同，同时目标受到环境的影响也会发生变化，因此，可能存在各类去相干因素的影响，即 $\boldsymbol{k}_1 \neq \boldsymbol{k}_2$，因此 $\langle \boldsymbol{k}_1 \boldsymbol{k}_2^{*T} \rangle \neq \langle \boldsymbol{k}_2 \boldsymbol{k}_1^{*T} \rangle$，即 $\boldsymbol{\Omega}_{12}^{*T} \neq \boldsymbol{\Omega}_{12}$。

由新散射机制下的复散射系数 μ_1 和 μ_2 表示的 Hermitian 半正定相关矩阵 $\boldsymbol{J}$ 为

$$\boldsymbol{J} = \left\langle \begin{bmatrix} \mu_1 \\ \mu_2 \end{bmatrix} \begin{bmatrix} \mu_1^* & \mu_2^* \end{bmatrix} \right\rangle = \begin{bmatrix} \langle \mu_1 \mu_1^* \rangle & \langle \mu_1 \mu_2^* \rangle \\ \langle \mu_2 \mu_1^* \rangle & \langle \mu_2 \mu_2^* \rangle \end{bmatrix} = \begin{bmatrix} \boldsymbol{\omega}_1^* \boldsymbol{T}_{11} \boldsymbol{\omega}_1 & \boldsymbol{\omega}_1^* \boldsymbol{\Omega}_{12} \boldsymbol{\omega}_2 \\ \boldsymbol{\omega}_2^* \boldsymbol{\Omega}_{12}^* \boldsymbol{\omega}_1 & \boldsymbol{\omega}_2^* \boldsymbol{T}_{22} \boldsymbol{\omega}_2 \end{bmatrix} \tag{6.6}$$

这样散射机制 $\boldsymbol{\omega}_1$ 和 $\boldsymbol{\omega}_2$ 的相干系数为

$$\gamma = \frac{|\langle \mu_1 \mu_2^* \rangle|}{\sqrt{\langle \mu_1 \mu_1^* \rangle \langle \mu_2 \mu_2^* \rangle}} = \frac{|\boldsymbol{\omega}_1^* \boldsymbol{\Omega}_{12} \boldsymbol{\omega}_2|}{\sqrt{(\boldsymbol{\omega}_1^* \boldsymbol{T}_{11} \boldsymbol{\omega}_1)(\boldsymbol{\omega}_2^* \boldsymbol{T}_{22} \boldsymbol{\omega}_2)}}, 0 \leq \gamma \leq 1 \tag{6.7}$$

对于双极化干涉 SAR 系统，每个分辨单元为 2×1 的散射矩阵，以 HH-VV 双极化干涉 SAR 系统为例，Pauli 基矢量化后，两个不同的视角获得某一场景的两幅矢量图像表示为

$$\boldsymbol{k}_1' = \frac{1}{\sqrt{2}} [S_{HH} + S_{VV} \quad S_{HH} - S_{VV}]_1^T \tag{6.8}$$

$$\boldsymbol{k}_2' = \frac{1}{\sqrt{2}} [S_{HH} + S_{VV} \quad S_{HH} - S_{VV}]_2^T \tag{6.9}$$

双极化 SAR 系统中，归一化的单位复向量可以表示为（Cloude and Papathanassiou, 1998）：

$$\boldsymbol{\omega}' = \begin{bmatrix} \cos\alpha \\ \sin\alpha e^{-j\varphi} \end{bmatrix}, \begin{cases} 0 \leq \alpha \leq \pi/2 \\ -\pi \leq \varphi \leq \pi \end{cases} \tag{6.10}$$

双极化干涉 SAR 系统中，由新散射机制下的复散射系数 μ_1 和 μ_2 表示的 Hermitian 半正定相关矩阵 $\boldsymbol{J}$ 为

$$\boldsymbol{J} = \left\langle \begin{bmatrix} \mu_1 \\ \mu_2 \end{bmatrix} \begin{bmatrix} \mu_1^* & \mu_2^* \end{bmatrix} \right\rangle = \begin{bmatrix} \langle \mu_1 \mu_1^* \rangle & \langle \mu_1 \mu_2^* \rangle \\ \langle \mu_2 \mu_1^* \rangle & \langle \mu_2 \mu_2^* \rangle \end{bmatrix} = \begin{bmatrix} \boldsymbol{\omega}_1'^* \boldsymbol{T}_{11} \boldsymbol{\omega}_1' & \boldsymbol{\omega}_1'^* \boldsymbol{\Omega}_{12} \boldsymbol{\omega}_2' \\ \boldsymbol{\omega}_2'^* \boldsymbol{\Omega}_{12} \boldsymbol{\omega}_1'^* & \boldsymbol{\omega}_2'^* \boldsymbol{T}_{22} \boldsymbol{\omega}_2' \end{bmatrix} \quad (6.11)$$

在式（6.11）中 $\boldsymbol{T}_{11}$、$\boldsymbol{T}_{22}$、$\boldsymbol{\Omega}_{12}$ 都为 2×2 复矩阵。

$$\boldsymbol{T}_{11} = \langle k_1' k_1'^{*\mathrm{T}} \rangle \quad (6.12)$$

$$\boldsymbol{T}_{22} = \langle k_2' k_2'^{*\mathrm{T}} \rangle \quad (6.13)$$

$$\boldsymbol{\Omega}_{12} = \langle k_1' k_2'^{*\mathrm{T}} \rangle \quad (6.14)$$

散射机制 $\boldsymbol{\omega}_1$ 和 $\boldsymbol{\omega}_2$ 的相干系数为

$$\tilde{\gamma} = \frac{|\langle \mu_1 \mu_2^* \rangle|}{\sqrt{\langle \mu_1 \mu_1^* \rangle \langle \mu_2 \mu_2^* \rangle}} = \frac{|\boldsymbol{\omega}_1'^* \boldsymbol{\Omega}_{12} \boldsymbol{\omega}_2'|}{\sqrt{(\boldsymbol{\omega}_1'^* \boldsymbol{T}_{11} \boldsymbol{\omega}_1')(\boldsymbol{\omega}_2'^* \boldsymbol{T}_{22} \boldsymbol{\omega}_2')}}, 0 \leqslant \tilde{\gamma} \leqslant 1 \quad (6.15)$$

6.1.2　相干性优化

从式（6.15）可见，通过选择不同的极化散射机制 $\boldsymbol{\omega}_1$ 和 $\boldsymbol{\omega}_2$ 会出现不同的极化相干系数，因此存在通过选择特定极化状态组合以获得最优相干性。其实质就是干涉相干系数的最优化问题，即寻找两幅干涉图像的最佳极化状态组合，以期得到最大的相干性。

Cloude 和 Papathanassiou（1998）通过显式的拉格朗日函数来解决此优化问题，构建拉格朗日函数式为

$$L = \boldsymbol{\omega}_1^* \boldsymbol{\Omega}_{12} \boldsymbol{\omega}_2 + \lambda_1 (\boldsymbol{\omega}_1^* \boldsymbol{T}_{11} \boldsymbol{\omega}_2 - C_1) + \lambda_2 (\boldsymbol{\omega}_2^* \boldsymbol{T}_{22} \boldsymbol{\omega}_2 - C_2) \quad (6.16)$$

式中，C_1 和 C_2 为常数；λ_1 和 λ_2 为引入的拉格朗日乘子。

令式（6.16）偏导为 0 可得

$$\boldsymbol{T}_{11}^{-1} \boldsymbol{\Omega}_{12} \boldsymbol{T}_{22}^{-1} \boldsymbol{\Omega}_{12}^{*\mathrm{T}} \boldsymbol{\omega}_1 = \nu \boldsymbol{\omega}_1 \quad (6.17)$$

$$\boldsymbol{T}_{22}^{-1} \boldsymbol{\Omega}_{12} \boldsymbol{T}_{11}^{-1} \boldsymbol{\Omega}_{12} \boldsymbol{\omega}_2 = \nu \boldsymbol{\omega}_2 \quad (6.18)$$

式（6.16）和式（6.17）两个方程具有相同的特征值，矩阵的特征值 ν 与最优相干系数强度的关系为

$$|\gamma_{\mathrm{Opt}}| = \sqrt{\nu_{\mathrm{Opt}}} \quad (6.19)$$

相应的特征向量 $\boldsymbol{\omega}_{\mathrm{Opt1}}$ 和 $\boldsymbol{\omega}_{\mathrm{Opt2}}$ 表征的是最优散射机理，但它们的绝对相位可以任意。为此，增加一个附加条件来唯一确定它们之间的相位差，以使散射机理不会改变干涉应有干涉相位，即

$$\arg(\boldsymbol{\omega}_{\mathrm{Opt1}}^* \boldsymbol{\omega}_{\mathrm{Opt2}}) = 0 \quad (6.20)$$

地物目标的电磁散射过程复杂，分辨单元内存在多种散射机理，所以极化干涉 SAR 最优化处理是在通过极化基的转换以寻找一种极化状态组合，使得在该组合下形成的干涉图相干性最大，这时，分辨单元内的这两种散射机理的散射分量能够得到最大的相关系数。通常，具有最大相关系数的散射机制是该分辨单元内的主要散射机制。除了该算法外，还有多个学者提出了其他的极化干涉相干最优化问题的解法（Colin et al., 2006）。

6.1.3　极化干涉 SAR 农作物株高反演方法

6.1.3.1　基于 RVoG 模型的三阶段法

目前采用的极化干涉 SAR 散射模型以双层散射模型为主。随机体散射（random volume on ground，RVoG）模型是目前极化干涉植被株高反演应用最广泛的模型。

1. RVoG 模型

RVoG 模型将植被场景分为两层，上层为植被层，下层为地表层，该模型将植被层视为随机取向粒子的集合，如图 6.1 所示。植被层厚度为 h_V，设定植被层单位体积的散射幅度为 m_V，地表层的散射幅度为 m_G。RVoG 双层模型受植被层和地表层之间的相互作用影响，不同极化下的地体幅度比（m_V 与 m_G 的比值）会随着极化方式的变化而变化。不考虑各种去相干因素的影响，复相干系数经过距离谱滤波后为

$$\tilde{\gamma} = e^{i\varphi_0} \frac{\gamma_V + m(\omega)}{1 + m(\omega)} \tag{6.21}$$

式中，φ_0 为地表相位；$m(\omega) = m_G(\omega) / m_V(\omega)$ 为地体幅度比；γ_V 为体散射。

$$\gamma_V = \frac{\int_0^{h_V} e^{2\sigma z/\cos\theta} e^{(ik_z)} \, dz}{\int_0^{h_V} e^{2\sigma z/\cos\theta} \, dz} \tag{6.22}$$

式中，k_z 为垂直波数；σ 为消光系数。

垂直波数 k_z 的表达式如式（6.23）所示：

$$k_z = \frac{4\pi\Delta\theta}{\lambda\sin\theta} \approx \frac{4\pi B_\perp}{\lambda R\sin\theta} \tag{6.23}$$

$$\Delta\theta = \tan^{-1}\left(\tan\theta + \frac{B}{h}\right) - \theta \tag{6.24}$$

式中，$\Delta\theta$ 为主辅图像入射角的差值，表达式如式（6.24）所示；θ 为平均入射角；λ 为雷达发射信号的波长。

考虑各种去相干因素的影响，RVoG 模型复相干系数表示为

$$\begin{aligned}
\gamma &= \gamma_{\text{temp}} \cdot \gamma_{\text{geom}} \cdot \gamma_{\text{proc}} \cdot \gamma_{\text{SNR}} \cdot \gamma_{\text{BQ}} \cdot \tilde{\gamma} \\
&= \gamma_{\text{temp}} \cdot \gamma_{\text{geom}} \cdot \gamma_{\text{proc}} \cdot \gamma_{\text{SNR}} \cdot \gamma_{\text{BQ}} \cdot e^{i\varphi_0} \frac{\gamma_V + m(\omega)}{1 + m(\omega)}
\end{aligned} \tag{6.25}$$

由 RVoG 模型的表达式［式（6.25）］可知，地表植被高度由植被层穿透深度和地体幅度比决定，当地表散射幅度为 0 时，即 $m(\omega)$ 为 0 时，模型可简化为

$$\gamma = \gamma_{\text{temp}} \cdot \gamma_{\text{geom}} \cdot \gamma_{\text{proc}} \cdot \gamma_{\text{SNR}} \cdot \gamma_{\text{BQ}} \cdot e^{i\varphi_0} \gamma_V \tag{6.26}$$

当地表散射幅度远大于植被体散射幅度时，即 $m(\omega)$ 接近无穷大，模型可简化为

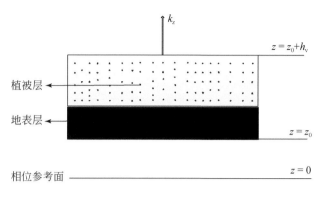

图 6.1　RVoG 植被模型示意图

$$\gamma = \gamma_{\mathrm{temp}} \cdot \gamma_{\mathrm{geom}} \cdot \gamma_{\mathrm{proc}} \cdot \gamma_{\mathrm{SNR}} \cdot \gamma_{\mathrm{BQ}} e^{i\varphi_0} \tag{6.27}$$

由于 RVoG 模型简单，涉及的参数较少，反演精度较高，是极化干涉植被高度反演研究中最常见的模型（Papathanassiou and Cloude，2001；Ballester- Berman et al.，2005；Hajnsek et al.，2009）。

2. 基于 RVoG 模型的三阶段法

Cloude 和 Papathanassiou（2003）提出 RVoG 模型的三阶段算法，将求解过程几何化，利用方程本身的几何性质进行约束，是目前 RVoG 模型反演中的重要算法。当不考虑各种去相干因素的影响，RVoG 模型式（6.21）重写为如下的线性模型：

$$\tilde{\gamma} = e^{i\varphi_0} \left[\gamma_{\mathrm{V}} + \frac{m(\omega)}{1+m(\omega)} (1-\gamma_{\mathrm{V}}) \right] = e^{i\varphi_0} \left[\gamma_{\mathrm{V}} + L(\omega)(1-\gamma_{\mathrm{V}}) \right] \tag{6.28}$$

其中，$L(\omega) = m(\omega)/[1+m(\omega)] \in [0, 1]$。由此可以看出，复相干系数在复平面内应表现为一条直线段。如图 6.2 所示。直线段两个端点对应的复相关系数值分别为 $\gamma_{\mathrm{V}} \exp(i\varphi_0)$ 和 $\exp(i\varphi_0)$，不同的极化对应的复相关系数随着自身地体幅度比 $m(\omega)$ 的变化在该直线

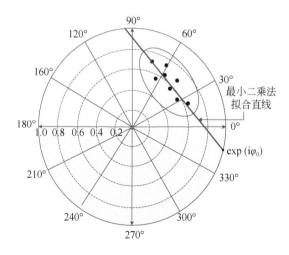

图 6.2　极化干涉相干系数的线性模型

段上分布，构成复平面直线段上的观测值可视长度。该直线分布具有下列特点。

当 $m(\omega)$ 为 0 时，其对应的复相关系数为 $\gamma_v \exp(i\varphi_0)$，在地面干涉相位 φ_0 已知的情况下，可以通过补偿该复相关系数得到植被的纯体相关系数 γ_v。

当 $m(\omega)$ 趋于无穷大时，复相关系数 $\exp(i\varphi_0)$ 对应的相位正好是植被底部地面干涉相位，而且该复相关系数的模正好为 1，该特点在三阶段植被参数反演中得到充分利用，可以用于估计植被底层地面干涉相位。

在实际观测中，地体幅度比不可能为 0，也不可能取无穷大，而是在一定的范围内，因此其对应的复相关系数也必然位于两点之间，所有这些相关系数点构成的线段的长度，称为可视长度。可视长度本质上由地体散射比的变化范围决定，受基线、工作频率以及植被茂密程度等影响。

基于 RVoG 复相关系数模型的分布特征，三阶段算法将反演过程分为最小二乘直线拟合、地形相位求取、植被高度与消光系数估计三个阶段，是从物理意义角度出发进行解析几何求解的典型方法，具有较高的参数反演精度。其反演步骤如下所示。

第一步，复相关系数分布的直线拟合。利用多个极化复相关系数进行直线拟合，直线拟合精度与多个复相关系数的选择有关。双极化干涉 SAR 观测条件下，直线拟合退化为直接计算通过两点的直线。直线拟合的结果，不但与直线拟合的方法有关，还与所选择的极化通道有关。

第二步，确定地面干涉相位。对 RVoG 模型的分析可知，地面干涉相位对应的复相关系数 $\exp(i\varphi_0)$ 必定位于单位圆与复相关系数拟合直线的交点上，因此，对拟合直线与单位圆的两个交点必须确定一个原则以进行地形相位点的选择。式（6.28）表明，地体幅度比 $m(\omega)$ 可以表示相干点与地形相位点的距离，越接近地形相位点 $\exp(i\varphi_0)$，相应的地体幅度比 $m(\omega)$ 也越大。利用对特定极化通道散射特性的了解，该判断准则通过比较体散射较强（地体幅度比较小）的通道与面散射或者二面角散射较强（地体幅度比较大）的通道的相对位置来定。例如，可以通过 HV 极化和 HH 极化进行，也可以选择 HV 极化和 Pauli 基的第一、第二分量在拟合直线上投影的相对位置来确定。靠近 Pauli 第一分量而远离 HV 极化通道的点可以认为是地面干涉相位。

第三步，求取植被高度和消光系数。选择一个体散射极化通道（地体幅度比为零或者近似于零），其观测的复相干系数为 γ，利用第二步获取的地形相位 φ_0，将复相干系数 γ 与 $\exp(-i\varphi_0)$ 相乘去除其中的地形相位进而获取纯体散射相干系数 γ_v。完成这些工作后，求取植被高度和消光系数的原则是确定这两个参数以使通过式（6.22）计算出的纯体散射相干系数值等于去地形相位后得到的纯体散射相干系数 γ_v。常使用的方法有两种，一种是由一个初始值开始，利用迭代搜索算法的收敛来获得未知参数的估计；另一种是使用查找表（LUT）方法，即通过式（6.22）建立体相干性随树高 h_v 和消光系数 σ 变化的一个查找表（LUT）。通过比较 γ_v 与 LUT，就可以获得树高和消光系数的估计值，而不需要加入额外的迭代优化算法。另外，有必要强调的是，所选择的体散射极化通道应是距离地形相位点最远的一个有效观测相干点，且该点代表的极化通道的地体幅度比为零，这才能确保其他所有观测极化状态都有非负的地表散射贡献。事实上，观测极化通道中最远一个有效观测相干点地体幅度比可能不为零，这也影响着树高反演过程的准确性和稳定性。实验研究表明，为了获得 10% 左右的树高估计精度，观测极化通道中的最小地体幅度比需要小于 −10dB（Cloude and Papathanassiou，2003）。

三阶段植被高度反演的基础是极化干涉 SAR 复相关系数 RVoG 模型，其参数估计精度主要取决于实际散射过程与 RVoG 散射模型之间的吻合度。另外，地形相位和体散射的准确性等都影响着三阶段算法的反演结果。

6.1.3.2 基于 PD 算法——DEM 差分法

该方法根据地表相位和植被冠层相位以及垂直波数来直接计算植被高度。为了达到"相位中心不断地分离以达到两相位中心距离最远"的目的，Tabb 等（2002）从极化干涉优化的角度出发，提出了可使相位中心最大限度分离的相干优化方法（phase diversity，PD）。利用该算法得到的具有最大限度相位分离程度的相位，进行通道差分法运算，进而实现植被高度反演。

PD 算法从极化干涉相干性优化的角度出发，找到复相干相位角最大余切值对应的极化组合，如式（6.29）所示。

$$\text{Max}\left\{\cot(\arg\gamma) = \frac{\text{Re}(\gamma)}{\text{Im}(\gamma)} = \frac{\boldsymbol{\omega}^*(\boldsymbol{\Omega}_{12}+\boldsymbol{\Omega}_{12}^*)\boldsymbol{\omega}}{\boldsymbol{\omega}^*[-\text{j}(\boldsymbol{\Omega}_{12}-\boldsymbol{\Omega}_{12}^*)]\boldsymbol{\omega}}\right\} \qquad (6.29)$$

其中，$\boldsymbol{\Omega}_{12}$ 为极化干涉矩阵中的元素，包含有极化信息和干涉信息。

式（6.29）等价于式（6.30）的特征值问题：

$$(\hat{\boldsymbol{\Omega}}_{12}+\hat{\boldsymbol{\Omega}}_{12}^*)\boldsymbol{\omega} = [-\text{j}(\hat{\boldsymbol{\Omega}}_{12}-\hat{\boldsymbol{\Omega}}_{12}^*)]\boldsymbol{\omega} \qquad (6.30)$$

$$\hat{\boldsymbol{\Omega}}_{12} = \boldsymbol{\Omega}_{12}\text{e}^{\text{j}[\frac{\pi}{2}-\arg(\text{tr}\boldsymbol{\Omega}_{12})]} \qquad (6.31)$$

在式（6.30）中特征矩阵第一列对应高相位通道（体散射）极化通道矢量 $\boldsymbol{\omega}_1$，最后一列对应低相位通道（地表散射）极化通道矢量 $\boldsymbol{\omega}_2$。分别求出高相位极化干涉对应的复相关系数和低相位极化干涉对应的复相关系数：

$$\boldsymbol{\gamma}_{\text{High}} = \frac{\boldsymbol{\omega}_1^{*\text{T}}\boldsymbol{\Omega}_{12}\boldsymbol{\omega}_1}{\boldsymbol{\omega}_1^{*\text{T}}T\boldsymbol{\omega}_1} \qquad (6.32)$$

$$\boldsymbol{\gamma}_{\text{Low}} = \frac{\boldsymbol{\omega}_2^{*\text{T}}\boldsymbol{\Omega}_{12}\boldsymbol{\omega}_2}{\boldsymbol{\omega}_2^{*\text{T}}T\boldsymbol{\omega}_2} \qquad (6.33)$$

其中，$T=(T_{11}+T_{22})/2$，$\boldsymbol{\gamma}_{\text{High}}$、$\boldsymbol{\gamma}_{\text{Low}}$ 分别为高相位极化干涉对应的复相干系数和低相位极化干涉对应的复相干系数。

基于 PD 算法得到两个相位分离最大的复相干系数，然后利用 DEM（digital elevation model，数字高程模型）差分法求取植被高度。普通相位差分法的基本思路是通过选择能代表地表和体散射的极化通道，根据垂直波数求取水稻株高，地形相位通道为 $\boldsymbol{\omega}_{\text{S}}$，进而地形相位表达式为

$$\tilde{\varphi}_0 = \arg(\boldsymbol{\gamma}_{\omega_{\text{S}}}) \qquad (6.34)$$

由水稻冠层相位通道为 $\boldsymbol{\omega}_{\text{V}}$，求出水稻冠层相位表达式为

$$\tilde{\varphi}_{\text{V}} = \arg(\boldsymbol{\gamma}_{\omega_{\text{V}}}) \qquad (6.35)$$

直接求出水稻株高：

$$h_V = \frac{\arg(\boldsymbol{\gamma}_{\omega_V}) - \arg(\boldsymbol{\gamma}_{\omega_V})}{k_z} \tag{6.36}$$

式中，k_z 为垂直波数；h_V 为水稻株高。

基于 PD 算法求出了两个相位分离最大复相干系数，高相位通道代表体散射，低相位通道代表地表散射，然后，将两个复相干系数去除干涉去相干影响，得到 $\boldsymbol{\gamma}_{\text{High}}$ 和 $\boldsymbol{\gamma}_{\text{Low}}$。其中，$\boldsymbol{\gamma}_{\text{High}}$ 代替式（6.36）中的 $\boldsymbol{\gamma}_{\omega_V}$，$\boldsymbol{\gamma}_{\text{Low}}$ 代替式（6.36）中的 $\boldsymbol{\gamma}_{\omega_S}$。而对于 DEM 差分法水稻株高求解如式（6.37）所示：

$$h_V = \frac{\arg(\boldsymbol{\gamma}_{\omega_V} \boldsymbol{\gamma}_{\omega_S})}{k_z} \tag{6.37}$$

ω_V 为水稻冠层相位通道，为了克服难以找到植被顶层、底层的极化状态的困难，底层相位中心用地表相位 φ_0 代替。

$$h_V = \frac{\arg(\boldsymbol{\gamma}_{\omega_V}) - \varphi_0}{k_z} \tag{6.38}$$

$$\varphi_0 = \arg[\boldsymbol{\gamma}_{\omega_V} - \boldsymbol{\gamma}_{\omega_S}(1 - L_{\omega_S})], \quad 0 \leq L_{\omega_S} \leq 1 \tag{6.39}$$

$$AL_{\omega_S}^2 + BL_{\omega_S} + C = 0 \tag{6.40}$$

$$A = |\boldsymbol{\gamma}_{\omega_S}|^2 - 1, \quad B = 2\text{Re}[(\boldsymbol{\gamma}_{\omega_V} - \boldsymbol{\gamma}_{\omega_S})\boldsymbol{\gamma}_{\omega_S}], \quad C = |\boldsymbol{\gamma}_{\omega_V} - \boldsymbol{\gamma}_{\omega_S}|^2 \tag{6.41}$$

式（6.40）中 $|\boldsymbol{\gamma}_{\omega_S}|$ 为地形相位幅度；Re() 为取复数数据的实部。

对于利用 DEM 差分法反演农作物株高，其中利用 PD 算法求出了高相位通道相干性系数代表体散射（PDHigh），低相位通道复相干系数代表地表散射（PDLow），将两个复相干系数去除干涉去相干影响，然后计算地表相位 φ_0，以便得到接近真实的地表相位。从而能得到较高精度的农作物株高。

6.1.3.3 基于 PD 算法——复相干幅度法

通道差分法寻找到的体散射通道往往并不在真正的作物冠层顶部，而在冠层中，有必要对穿透冠层的部分进行高度补偿。高度补偿利用的是通道的复相干系数幅度值。散射中心位置越趋于冠层表面，受去相干因素的影响越小，因而散射强度越大，反之，散射强度越小。

设定 RVoG 模型的消光系数为 0 时，利用 Sinc 函数反演水稻株高。首先，利用 PD 算法得到高相位通道复相干作为体散射复相干，然后将体散射复相干代入式（6.42）。

$$h_V = \frac{2 \, \text{sinc}^{-1}(|\tilde{\boldsymbol{\gamma}}_{\omega_V}|)}{k_z} \tag{6.42}$$

其中，$\tilde{\boldsymbol{\gamma}}_{\omega_V}$ 为 PD 算法计算得到的高相位通道复相干。

6.2 基于 TanDEM-X 数据的农作物株高反演

前面介绍了极化干涉 SAR 植被高度反演的相关理论，这里以典型粮食作物水稻为例，利用 TanDEM-X 双站极化干涉数据，介绍基于极化干涉 SAR 的农作物植株高度反演方法。

6.2.1　TanDEM-X 极化干涉 SAR 数据处理

研究区位于西班牙瓜达尔基维尔河和塞维利亚地区的南部（37.1°N，6.15°W）。该区属于河流冲积平原，地势平坦，平均海拔 1m，土壤肥沃，年降水量在 800mm 左右，属于地中海气候。该区农作物主要为水稻，品种大都是普通栽培稻，大约五月左右种植，十月前后收割，物候期持续 135~150 天，一年一熟。该区水稻播种方式为撒播，播种是通过飞机播撒在已被水淹没的土地上。图 6.3 为利用 QuickBird 卫星数据制作的研究区地理位置与范围图。

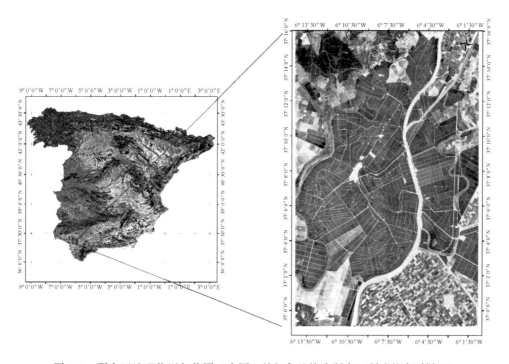

图 6.3　研究区地理位置与范围（右图 4 处红色地块为研究区所选的水稻样区）

2015 年 6~8 月，在研究区获取了 TanDEM-X 双极化干涉 SAR 数据（HH 和 VV），共有 9 个时相的极化干涉数据对，产品级别为配准后的单视斜距复数对（coregistered single-look slant-range complex，CoSSC）。该数据是 TanDEM-X 双站模式数据，TanDEM-X 卫星发射电磁波，TanDEM-X 和 TerraSAR-X 同时接收回波信号，因此可以忽略时间去相干和大气的影响。既发射又接收电磁波的 TanDEM-X 卫星得到的图像作为主图像，只接收电磁波的 TerraSAR-X 卫星得到的图像被视为辅图像。图 6.4 给出了预处理后的 TanDEM-X 双极化数据彩色合成图。

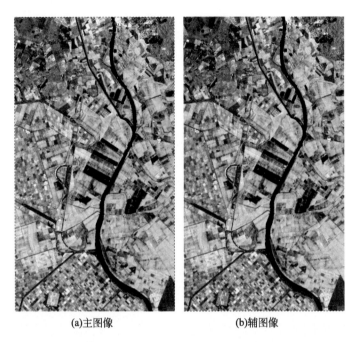

(a)主图像   (b)辅图像

图 6.4 TanDEM-X 双极化彩色合成图

(获取时间 2015 年 7 月 7 日; R = VV、G = HH-VV、B = HH)

    SAR 卫星过境的同时，获取了详细的地面数据。地面数据主要均匀分布于研究区的 4 块水稻样区。图 6.3 中红色方块为样区。对每一个样区，每周的测量包括水稻物候信息（根据 Biologische Bundesanstalt，Bundessortenamt and CHemische Industrie 尺度）和水稻株高数据。图 6.5 给出了 4 块样区采集的水稻株高变化规律。

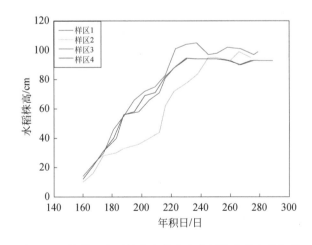

图 6.5 4 块样区水稻株高在整个生育周期内的变化规律

    基于 TanDEM-X 数据的极化干涉 SAR 水稻株高反演技术流程如图 6.6 所示。极化干涉 SAR 数据处理的第一步通常是进行亚像元级精配准，使得主辅图像达到 1/10 像元的配准精度以保证获得较好的结果。由于这里使用的是 TanDEM-X 双站模式获取的 CoSSC 数据，已经完成了主辅图像的精配准，这一步可以省略。

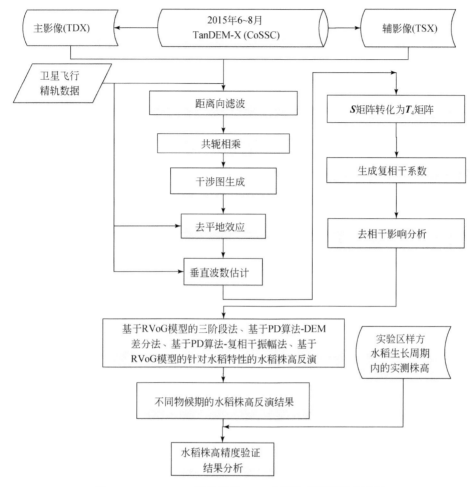

图 6.6　TanDEM-X 极化干涉 SAR 水稻株高反演技术流程

1. 距离向频谱滤波

TanDEM-X CoSSC 模式数据已经完成精确配准，因此数据处理从距离向频谱滤波开始。由于主辅图像在成像时对应同一目标的入射角不同，引起两个回波信号在地距方向发生频谱漂移，进而降低干涉图的质量。考虑到所用的 TanDEM-X 数据空间基线较大，频谱漂移的影响更大，因此必须首先进行距离向滤波，以提高干涉图的质量。基于轨道参数，根据式（6.43）和式（6.44）确定频谱漂移量（Gatelli et al., 1994），对 9 景 TanDEM-X 极化干涉数据进行距离向频谱滤波补偿。

$$\Delta f_{\mathrm{R}} = -\frac{cB_{\perp}}{R\lambda\tan(\theta-\varepsilon)} \approx -\frac{c\Delta\theta}{\lambda\tan(\theta-\varepsilon)} \tag{6.43}$$

雷达载频为 $f_0=c/\lambda$，因此得

$$\Delta f_{R} = -f_{0} \frac{B_{\perp}}{R\tan(\theta-\varepsilon)} = -f_{0} \frac{B_{\perp}\cos\theta}{H\tan(\theta-\varepsilon)} = f_{0} \frac{B\cos(\theta-\alpha)\cos\theta}{H\tan(\theta-\varepsilon)} \tag{6.44}$$

式中，R 为斜距；H 为雷达到地面的高度；ε 为地形坡度角；α 为空间基线与水平方向夹角；θ 为主辅影像视角；B、$B_{\perp}$ 为空间基线距、垂直基线距。从式（6.43）可以看出距离向偏移随基线增加、视角减小而增加，当偏移量超过了距离向带宽时会导致完全的失相干产生，即相干性为 0。

2. 共轭相乘，生成干涉条纹图

接着对频谱滤波后的 9 对双极化主辅图像分别进行共轭相乘，生成干涉条纹图（干涉图）。图 6.7 给出了 2015 年 7 月 7 日获取的 TanDEM-X 数据 HH、VV、HH+VV、HH-VV 极化通道对应的干涉图。从图 6.7 中可以明显看出平地效应的影响，接着去除平地效应的影响。

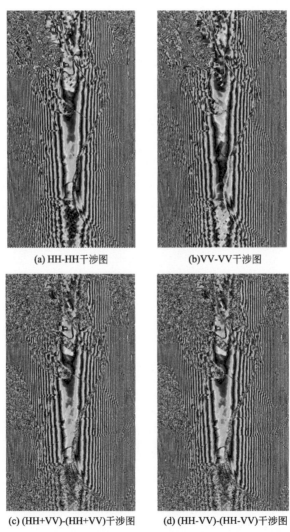

(a) HH-HH干涉图   (b)VV-VV干涉图

(c) (HH+VV)-(HH+VV)干涉图   (d) (HH-VV)-(HH-VV)干涉图

图 6.7　TanDEM-X 数据 HH、VV、HH+VV、HH-VV 极化干涉图（2015 年 7 月 7 日）

3. 去平地效应与垂直波数估计

图 6.8 为 TanDEM-X 极化干涉测量的成像几何，基于数据精确轨道参数，根据式（6.45）~式（6.47）生成平地相位文件，进而去除平地效应的影响。

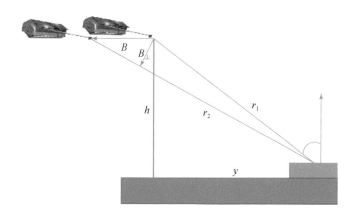

图 6.8　TanDEM-X PolInSAR 数据成像几何

$$e^{i\varphi} = \exp\left[i\frac{4\pi}{\lambda}(r_2 - r_1)\right] \tag{6.45}$$

$$r_1 = \sqrt{h^2 + y^2} \tag{6.46}$$

$$r_2 = \sqrt{h^2 + (y+B)^2} \tag{6.47}$$

同时根据 TanDEM-X 数据精轨参数，利用式（6.48）和式（6.49），计算垂直波数 k_z：

$$\Delta\theta = \tan^{-1}\left(\tan\theta + \frac{B}{h}\right) - \theta \tag{6.48}$$

$$k_z = \frac{4\pi\Delta\theta}{\lambda\sin\theta} \approx \frac{4\pi B_\perp}{\lambda R\sin\theta} \tag{6.49}$$

图 6.9 给出了 2015 年 7 月 7 日 TanDEM-X CoSSC 数据 HH、VV、HH+VV、HH-VV 极化通道去除平地效应后的干涉图。可以看出，除实验区上方地形起伏区域存在一部分干涉条纹外，大部分区域都已经去除了明显的条纹。

4. 计算复相干系数

根据式（6.12）~式（6.14），利用 Boxcar 方法（窗口大小 21×21），将 TanDEM-X 双极化数据对应的 S 矩阵转换为 T_4 矩阵，以提高图像的辐射分辨率。然后根据式（6.15）计算不同极化以及 Pauli 基对应的复相干系数（HH、VV、HH-VV、HH+VV），并利用相干性优化方法，计算两个最优极化的复相干性系数（Opt1、Opt2）和最大相位差分法得到的复相干系数（PDHigh、PDLow）。

5. 去相干影响分析

对于水稻田场景，一般考虑下面 5 类去相干因素的影响。

（1）时间去相干。对于重复轨道干涉测量，两次获取的极化干涉数据时间存在一定间隔，水稻等农作物会受到天气（风、雨、雪）、田间管理（灌溉、收割）等的影响而发生变化，以及自身生长变化，进而造成失相干。因此利用重轨极化干涉数据进行农作物株高

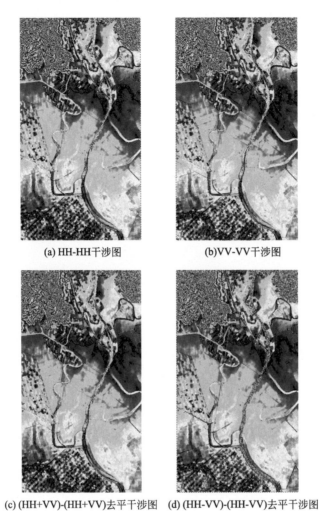

(a) HH-HH干涉图   (b)VV-VV干涉图

(c) (HH+VV)-(HH+VV)去平干涉图   (d) (HH-VV)-(HH-VV)去平干涉图

图 6.9　TanDEM-X 数据 HH、VV、HH+VV、HH-VV 极化去平地
效应后的干涉图（2015 年 7 月 7 日）

反演时，必须考虑时间去相干的影响。时间去相干是一个复杂的过程，相隔时间长短不同，主导因素会有所不同，一般将时间去相干分为 3 类（Askne et al., 1997, 2003; Askne and Santoro, 2005; 李震等，2014）：一是短时间去相干，风是其主要影响因素；二是中时间去相干，介电常数的改变是其主导影响因素；三是长时间去相干，其影响因素很多，如作物生长、人为因素以及自然灾害等。Zebker 和 Villasenor（1992）将时间去相干归一化为运动失相干，公式可表达为

$$\gamma_{\text{temp}} = \exp\left\{ -\frac{1}{2}\left(\frac{4\pi}{\lambda}\right)^2 (\sigma_y^2 \sin^2\theta + \sigma_z^2 \cos^2\theta) \right\} \tag{6.50}$$

式中，σ_y 为地物水平向变化标准差；σ_z 为地物高度变化标准差；θ 为平均入射角；λ 为入射波波长。

由于本节使用的 TanDEM-X CoSSC 模式数据的主辅图像是同时接收成像的，这里不考

虑时间去相干的影响，即 $\gamma_{\text{temp}} = 1$。

（2）空间基线去相干，也称为几何去相干。空间基线的存在使得主辅图像的观测几何、频谱存在一定差异，从而降低了图像之间的相干性。空间基线去相干可以表示为（Zebker and Villasenor, 1992）：

$$\gamma_{\text{geom}} = 1 - \frac{2\,|B|\,R_y\cos^2\theta}{\lambda r} \tag{6.51}$$

式中，B 为垂直空间基线；R_y 为距离向分辨率；θ 为雷达平均入射角；λ 为入射波波长；r 为斜距。

由于水稻株高一般不超过 2m，比一般树木高度低，需要更大的空间基线，这里使用的 TanDEM-X 数据的空间基线为 2~3km。基线较大，对相干性的影响也比较大，因此需要考虑空间极限去相干的影响。

（3）信噪比去相干，是由图像中每个像元的信噪比决定的。信噪比为信号与噪声的比值，其表达式为

$$\text{SNR} = \frac{|c|^2}{|n|^2} \tag{6.52}$$

式中，c 为有效信号；n 为随机噪声。

假设有效信号与噪声不相关，信噪比去相干表达式为

$$\gamma_{\text{SNR}} = \frac{|c|^2}{|n|^2 + |c|^2} \tag{6.53}$$

所以信噪比去相干也表达为

$$\gamma_{\text{SNR}} = \frac{1}{1 + \text{SNR}^{-1}} \tag{6.54}$$

γ_{SNR} 在干涉测量中通常被忽略，因为它只对低后向散射目标或区域影响比较大，后向散射系数大于一定数值，可以忽略信噪比去相干的影响。对于水稻田，其后向散射系数随着生长变化而变化。幼苗期水稻后向散射系数约为 –25dB，随着水稻生长不断增大到 –5dB 左右，然后又因为水稻植株含水量下降而减弱。TanDEM-X 数据的等效噪声水平为 –25 ~ –20dB。因此，幼苗期水稻田的后向散射系数与 TanDEM-X 数据的噪声水平差不多，需要考虑信噪比去相干的影响。

TanDEM-X 标准产品为每个极化通道提供了等效噪声水平（noise equivalent sigma zero，NESZ）（Kugler et al., 2014）。对于每一个极化通道，信噪比 SNR 利用相应的 NESZ 值和后向散射系数来计算。

$$\text{SNR}_{\text{pp}}^i = \frac{\sigma_{0\text{pp}}^i - \text{NESZ}_{\text{pp}}^i}{\text{NESZ}_{\text{pp}}^i} \tag{6.55}$$

其中，pp 为极化通道（HH/VV），$i = 1, 2$ 分别表示主影像、辅影像。主辅图像是由两个卫星获得的，因此计算出的 SNR 也不同。

对于不同极化（HH/VV）及 Pauli 基（HH – VV/HH + VV）对应的 γ_{SNR}，根据式（6.56）~ 式（6.62）计算获得

$$N_i = \begin{bmatrix} \text{NESZ}_{\text{HH}}^i & 0 \\ 0 & \text{NESZ}_{\text{VV}}^i \end{bmatrix} \tag{6.56}$$

其中，$i=1$，2（主影像、辅影像），N_i 以线性的形式表示，可以通过矩阵变换成 Pauli 基。

$$N_i^p = U_2 N_i U_2^{*\mathrm{T}} \tag{6.57}$$

$$U_2 = \frac{1}{\sqrt{2}} \begin{bmatrix} 1 & 1 \\ 1 & -1 \end{bmatrix} \tag{6.58}$$

利用 Pauli 基，噪声能量在不同极化方式下表示为

$$N_i(\boldsymbol{\omega}) = \boldsymbol{\omega}^{*\mathrm{T}} N_i^p \boldsymbol{\omega} \tag{6.59}$$

后向散射系数可以表示为

$$\sigma_{0i}(\boldsymbol{\omega}) = \boldsymbol{\omega}^{*\mathrm{T}} T_{ii} \boldsymbol{\omega} \tag{6.60}$$

每一景图像的 SNR 可表示为

$$\mathrm{SNR}_i(\boldsymbol{\omega}) = \frac{\sigma_{0i}(\boldsymbol{\omega}) - N_i(\boldsymbol{\omega})}{N_i(\boldsymbol{\omega})} \tag{6.61}$$

信噪比去相干 γ_{SNR} 可表示为

$$\gamma_{\mathrm{SNR}(\boldsymbol{\omega})} = \sqrt{\frac{\mathrm{SNR}_1(\boldsymbol{\omega})}{1 + \mathrm{SNR}_1(\boldsymbol{\omega})} \cdot \frac{\mathrm{SNR}_2(\boldsymbol{\omega})}{1 + \mathrm{SNR}_2(\boldsymbol{\omega})}} \tag{6.62}$$

（4）干涉处理过程造成的去相干 γ_{proc}，主要是由配准误差导致的去相干。在一般情况下，配准精度要求高于 0.1 个像素，以便较好地降低干涉处理过程造成的去相干。由于用于水稻株高反演的 TanDEM-X CoSSC 模式数据为严格配准后的产品，这里忽略干涉处理造成的去相干影响，设定 $\gamma_{\mathrm{proc}} = 1$。

（5）比特量化去相干 γ_{BQ}，量化原始数据时会导致一部分相干性损失，这一部分为比特量化去相干。考虑 TanDEM-X 和 TerraSAR-X 数据产品采用的自适应量化方法，且成像区域主要为农田场景，平均相干性损失约为 3.5%，即 γ_{BQ} 为 0.965（Lopez-Sanchez et al., 2017）。

考虑到上述去相干因素的影响，获得真正的水稻相干性：

$$\gamma = \gamma_{\mathrm{temp}} \cdot \gamma_{\mathrm{geom}} \cdot \gamma_{\mathrm{proc}} \cdot \gamma_{\mathrm{SNR}} \cdot \gamma_{\mathrm{BQ}} \cdot \tilde{\gamma} \tag{6.63}$$

其中，γ 为去除上述因素影响的相干性，γ_{temp}、γ_{geom}、γ_{proc}、γ_{SNR}、γ_{BQ} 的范围为 0~1，$\tilde{\gamma}$ 为直接计算的复相干系数。

考虑去相干因素影响后，不同时相水稻 8 个复相干系数在复平面中的表示如图 6.10 所示。可以看出，不同时相水稻的 8 个复相干系数的大小各不相同，但总体来看 6 月 4 日复相干系数较低，6 月 15 日~7 月 7 日复相干系数逐渐增大，7 月 18 日~8 月 31 日复相干系数逐渐降低。6 月 4 日，水稻处于幼苗期，水稻植株矮小、稀疏，水稻植株下垫面为水面，稻田的后向散射接近于水面的后向散射，导致其复相干系数较低。6 月 15 日~7 月 7 日，随着水稻生长，植株逐渐变高、密度增大，水稻田的后向散射增强，其复相干系数较幼苗期增大。7 月 18 日~8 月 31 日，随着水稻继续生长，水稻层体积含水量逐渐降低，后向散射系数减弱，复相干系数也逐渐减小。

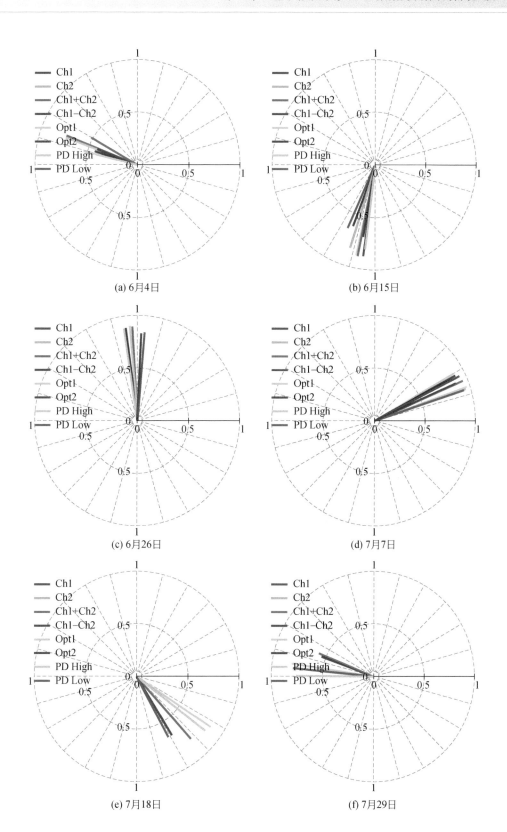

(a) 6月4日

(b) 6月15日

(c) 6月26日

(d) 7月7日

(e) 7月18日

(f) 7月29日

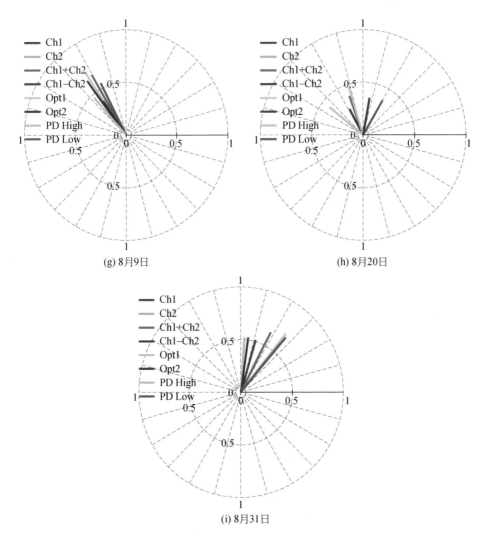

图 6.10　9 个不同时相水稻复相干系数在复平面中的表示
(Ch1 代表 HH 极化通道，Ch2 代表 VV 极化通道)

6.2.2　基于 RVoG 模型的三阶段法水稻株高反演

通过 6.2.1 节一系列数据处理，由每一时相 TanDEM-X 极化干涉数据对可获得 8 个复相干系数，在此基础上利用 6.1.3 节所述的基于 RVoG 模型的三阶段方法实现水稻株高反演，并利用地面实测数据，对反演的结果精度验证与分析。具体流程如下。

第一步：基于最小二乘的直线拟合。基于每一时相的 8 个复相干系数（HH、VV、HH-VV、HH+VV、Opt1、Opt2、PD High、PD Low），利用最小二乘方法进行直线拟合，拟合结果的精度与所选的不同通道复相干系数密切相关。

第二步：确定地表相位点。第一步拟合出的直线与复平面单位圆有两个交点，其中一个点表示地表相位点。利用两个交点与复相干系数在复平面内的位置关系判断两个交点中哪一个为地表相位点。越靠近地表相位点的复相干系数，对应的地体幅度比越大。以 PD High、PD Low 为例，靠近 PD Low，远离 PD High 的那一个交点即认为是地表相位点。

第三步：求取水稻株高和消光系数。根据式（6.28），当地体幅度比为 0 时，相干系数点对应纯体散射，是水稻株高 h_V 的冠层相位点。因此，估算水稻株高 h_V 和消光系数 σ，需要利用第二步获得的地表相位，并根据体相干系数的表达式 [式（6.22）]，寻找拟合直线与水稻株高、消光系数变化曲线的交点。根据式（6.22），当消光系数 σ 固定，水稻株高 h_V 变化时，在复平面内单位圆上可以得到不同的曲线，并于拟合直线得到不同的交点。真实株高和消光系数变化曲线与拟合直线的交点，应是距离地表相位最远的一个有效相干系数点。根据基线数据估计有效垂直波数 k_z，并建立体相干性 γ_V 随水稻株高 h_V 和消光系数 σ 变化的一个查找表，通过比较 γ_V 估值点与查找表的关系，得到水稻株高 h_V 和消光系数 σ 的估计值。

利用 9 个时相的 TanDEM-X 极化干涉 SAR 数据，基于 RVoG 模型的三阶段算法水稻株高反演结果如图 6.11 和图 6.12 所示。从图 6.12 可以看出，当水稻真实株高低于 0.3m 左右时，基于 RVoG 模型的三阶段法反演结果在 1m 左右，明显高于真实值；且水稻生长初期（DOY155-166），水稻株高反演结果基本无明显变化。

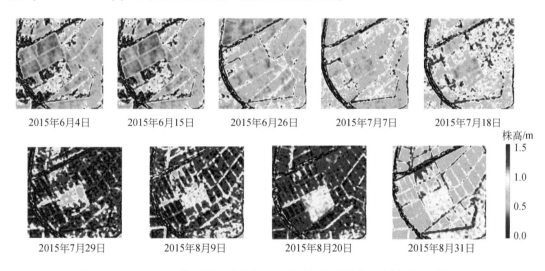

图 6.11　基于 RVoG 模型的三阶段方法 9 个时相水稻株高反演结果图（样区 1）

图 6.13 给出了四个水稻样区对应的 9 个时相水稻株高反演结果与实测数据的对比。可以看出，四个样区的反演结果均在 $y=x$ 直线上方，说明反演结果明显高于真实值，主要有以下两方面的原因：一是基于 RVoG 模型的三阶段法没有考虑水稻场景特殊的散射机理，即水稻的二次散射在多个物候期贡献较大；二是 RVoG 模型假设植被层是由随机方向粒子的集合，而水稻层由于水稻植株的垂直结构，具有明显的方向性。

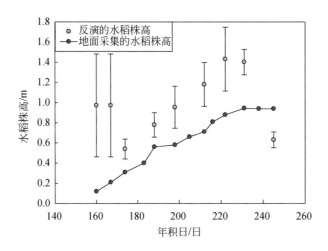

图 6.12　基于 RVoG 模型的三阶段方法水稻株高反演结果与实测数据对比
样区 1，红色圆点折线表示实测水稻株高，绿色圆点表示反演株高结果

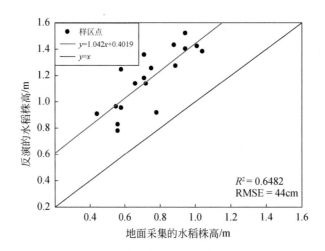

图 6.13　基于 RVoG 模型的三阶段法 9 个不同时相水稻株高反演结果与
实测水稻株高的对比（四个样区）

6.2.3　基于改进的 RVoG 模型的水稻株高反演

6.2.3.1　针对水稻场景改进 RVoG 模型

RVoG 模型将植被层视为随机取向粒子的集合，考虑了植被层体散射和下垫面粗糙面散射，没有考虑植被与下垫面之间的交互作用。但是对于水稻田场景而言，由于水稻植株

具有明显的垂直结构，而且在大部分生长期内，其下垫面有水覆盖，这就造成了水稻层与下垫面之间的二次散射贡献较大。因此，为了更真实地描述水稻场景，Erten 等（2016）和 Lopez-Sanchez 等（2017）改进了传统的 RVoG 模型，如式（6.64）所示，考虑了水稻二次散射以及下垫面为水的特点。

$$\boldsymbol{\gamma}=\mathrm{e}^{\mathrm{i}\varphi_0}\frac{\gamma_\mathrm{V}+\dfrac{\sin k_z h_\mathrm{V}}{k_z h_\mathrm{V}}m_\mathrm{DB}(\boldsymbol{\omega})}{1+m_\mathrm{DB}(\boldsymbol{\omega})} \tag{6.64}$$

式（6.64）可以写为

$$\tilde{\boldsymbol{\gamma}}=\mathrm{e}^{\mathrm{i}\varphi_0}\left[\gamma_\mathrm{V}+\frac{m_\mathrm{DB}(\boldsymbol{\omega})}{1+m_\mathrm{DB}(\boldsymbol{\omega})}\left(\frac{\sin k_z h_\mathrm{V}}{k_z h_\mathrm{V}}-\gamma_\mathrm{V}\right)\right] \tag{6.65}$$

式（6.65）在复平面内也表现为线性模型，但是纯地表散射对应的不再是复平面的单位圆，而是半径为 $\gamma_\mathrm{DB}=\sin k_z h_\mathrm{V}/k_z h_\mathrm{V}$ 的圆，如图 6.14 所示。因此，在确定地表相位时，不再是找拟合直线与单位圆的交点。图 6.14 中椭圆范围内为 8 月 31 日 TanDEM-X 极化干涉对经过去相干处理后的 8 个复相干系数点，基于模型式（6.65），在理想情况下，不同极化通道对应的复相干系数都会落到 $\mathrm{e}^{\mathrm{i}\varphi_0}\gamma_\mathrm{V}$、$\gamma_\mathrm{DB}\mathrm{e}^{\mathrm{i}\varphi_0}$ 为端点的直线上，在实际状况中会有所偏差。

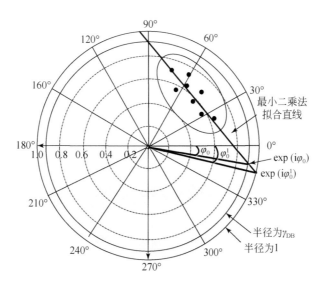

图 6.14　极化干涉相干系数的线性模型

6.2.3.2　基于改进的 RVoG 模型的水稻株高反演算法流程

基于改进的 RVoG 模型的水稻株高反演算法流程如图 6.15 所示。
（1）首先基于每个时相计算出的 8 个复相干系数，利用最小二乘法进行直线拟合。
（2）给定 h_V 初始值，计算 γ_DB，进而计算地表相位。
（3）给定的 h_V、σ、$\gamma_\mathrm{DB}(\boldsymbol{\omega})$ 初始值，根据式（6.65）计算每一个像元的 8 个复相干

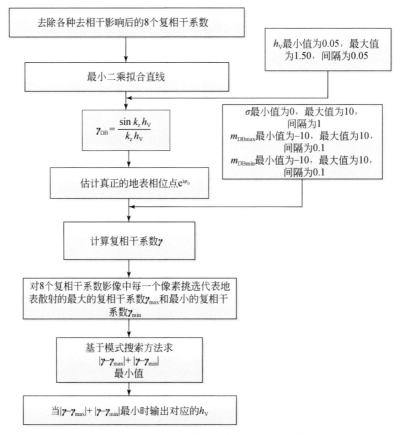

图 6.15　基于改进的 RVoG 模型的水稻株高反演算法流程图

系数。

（4）利用模式搜索方法求出每一个像元 8 个复相干系数中最大、最小值与模拟复相干系数的距离和的最小值。

确定初始点，明确目标函数公式，计算初始点的初始函数值。由式（6.65）以及基于 TanDEM-X 极化干涉 SAR 数据计算的复相干系数得到目标函数 f，如式（6.66）所示：

$$\min_{\varphi_0,h_{\mathrm{V}},\sigma,m_{\mathrm{DBmax}},m_{\mathrm{DBmin}}}\left\|\begin{array}{c}\boldsymbol{\gamma}(k_{\mathrm{z}},\boldsymbol{\omega}_{\max})-\boldsymbol{\gamma}_{\mathrm{sim}}(k_{\mathrm{z}},\varphi_0,h_{\mathrm{V}},\sigma,m_{\mathrm{DBmax}})\\ \boldsymbol{\gamma}(k_{\mathrm{z}},\boldsymbol{\omega}_{\min})-\boldsymbol{\gamma}_{\mathrm{sim}}(k_{\mathrm{z}},\varphi_0,h_{\mathrm{V}},\sigma,m_{\mathrm{DBmin}})\end{array}\right\| \tag{6.66}$$

式中，$\boldsymbol{\omega}$ 为极化通道；$\boldsymbol{\gamma}_{\mathrm{sim}}$ 为利用模型模拟的复相干系数。

目标函数的物理意义为真实地表散射的最大、最小复相干系数与模拟复相干系数的距离和的最小值，式（6.66）中有 4 个待定参数，即求四元函数的极小值 $f(x)$，$x=\{h_{\mathrm{V}},\sigma,m_{\mathrm{DBmax}},m_{\mathrm{DBmin}}\}$，需要根据经验给定 h_{V}、σ、m_{DBmax}、m_{DBmin} 初始值。根据给定的初始点求出式（6.66）的函数值 $f(x_0)$。

①确定轴向方向 E，加速因子 α，缩减率 $\beta\in(0,1)$。由于是三个自变量参数，设定轴向方向为 $E=(0,0,0,1;0,0,0,-1;0,0,1,0;0,0,-1,0;0,1,0,0;0,-1,0,0;1,0,0,0;-1,0,0,0)$，加速因子 α 设为 2，β 设为 0.5。

②确定搜索步长、搜索范围，由于搜索步长影响搜索速度和全局搜索能力，水稻株高

$h_V \in [0.05\text{m}, 1.5\text{m}]$，步长 δ_1 为 0.05m；$\sigma \in [0\text{dB/m}, 10\text{dB/m}]$，步长 δ_2 为 1dB/m；m_{DBmax}，$m_{\text{DBmin}} \in [0\text{dB/m}, 10\text{dB/m}]$，步长 δ_3 为 0.1dB。需要注意的是，消光系数 σ 在代入模型中要进行转换，Cloude（2009）对其进行详细说明。

③计算初始点 x_0 相邻的点的函数值，即 $f[x_i + E(j) * \delta]$，$j \in [1, 3N]$，当 $f[x_i + E(j) * \delta]$ 函数值更接近于 0 时，即 $f[x_i + E(j) * \delta] < f(x_i)$，那么令 $x_{i+1} = x_i + E(j) * \delta$，则 x_{i+1} 为下次搜索的起始点，且以 $\delta = \delta/\beta$ 为步长（$1/\beta > 1$，扩大了搜索的范围），若没有找到这样的点，即 $f[x_i + E(j) * \delta] > f(x_i)$，则表示搜索失败，令 $x_{i+1} = x_i$，以 $\delta = \delta \times \beta$ 为步长，重复本步骤。

④确定终止条件。条件 1：设定迭代次数为 2000 次；条件 2：设定函数阈值为 0.001，当两个终止条件其一达到要求终止迭代。输出函数值最小时对应的水稻株高 h_V。

（5）根据步骤（4）得到真实地表散射的最大、最小复相干系数与模拟复相干系数距离和的最小值后，提取此时给定的 h_V，遍历每个时相图像中的每一个像元，进而得到不同时相的水稻株高 h_V 反演结果。

6.2.3.3　结果分析与精度验证

基于 9 个时相的 TanDEM-X 极化干涉 SAR 数据，利用改进的 RVoG 模型三阶段方法，实现水稻株高反演，4 块水稻样区（图 6.3）的反演结果如图 6.16 ~ 图 6.19 所示。

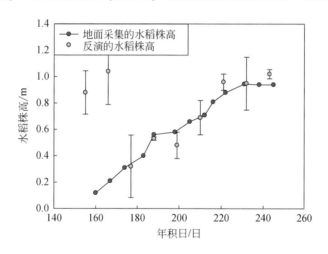

图 6.16　样区 1 水稻株高反演结果与实测数据的对比图

对水稻样区 1 来说，在水稻生长前期（DOY155、DOY166），水稻株高实测数据在 0.1 ~ 0.25m，而反演结果高于 0.8m，明显高于真实值，即反演结果被高估，而且这两个时相反演结果对应的标准差也较大。由此可以看出，在水稻生长前期，当水稻株高较小时（<0.25m），反演精度依然较低，反演结果偏高。随着水稻生长，DOY177 水稻株高在 0.3m 左右，反演结果与实测数据吻合较好，但反演结果标准差较大。在水稻生长中期、成熟期（DOY188 天、第 199 天、第 210 天、第 221 天、第 232 天、第 243 天），水稻株高反演与地面实测值非常接近，绝对差值在 0.1m 之内，并且其标准误差也远低于水稻生长前期。可以看出，当水稻株高大于 0.4m 时，该方法反演精度较高，而且稳定性好。

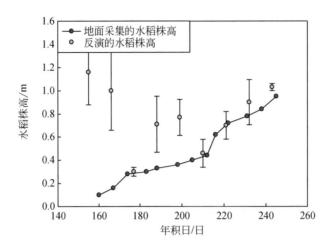

图 6.17　样区 2 水稻株高反演结果与实测数据的对比图

对水稻样区 2 来说，在年积日 DOY155、DOY166、DOY188、DOY199，水稻株高反演结果均比其实测结果高 0.2m 以上。虽然 DOY177 对应的反演结果较好，但是当水稻株高小于 0.4m 时，该方法稳定性较差。在水稻生长期、成熟期（DOY210、221、232、243），水稻真实株高在 0.4~1.0m，反演结果接近于真实株高，与实测株高吻合较好，反演结果与实测值绝对误差在 0.1m 以内，而且反演结果标准差也较小。因此，该方法在水稻株高大于 0.4m 时，反演结果较好，稳定性较高。

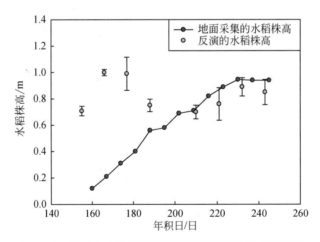

图 6.18　样区 3 水稻株高反演结果与实测数据的对比图

对水稻样区 3 来说，与样区 1 和样区 2 相似，株高在 0.4m 以下时，真实株高被明显高估，株高高于 0.4m 时，该方法能够得到高精度的反演结果，反演结果与真实株高相差 0.1m 以内。

对水稻样区 4 来说，与其他样区相似，水稻株高高于 0.4m 时，反演结果与真实株高相差 0.1m 以内；而在株高低于 0.4m 时（DOY155、DOY166）真实株高与反演株高相差

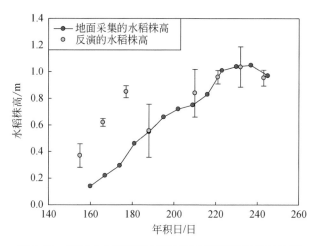

图 6.19 样区 4 水稻株高反演结果与实测数据的对比图

0.2m 左右。

总体来讲，对 4 个水稻样区来说，当株高高于 0.4m 时，利用基于改进的 RVoG 模型方法的反演精度较高而且稳定性较好，与实测值的绝对误差基本在 0.1m 以内，最差不超过 0.15m；但当水稻株高低于 0.4m 时，该方法的反演结果较差，稳定性也不高。为了更好地反映整个生长周期内水稻株高的反演精度，给出了 4 个样区 9 个不同时相下水稻株高反演结果，如图 6.20 所示。可以看出，当真实株高高于 0.4m 情况下，反演结果基本在直线 $y=x$ 两侧，反演结果精度较高；而当真实株高低于 0.4m 情况下，反演结果基本在直线 $y=x$ 上侧，反演结果被明显高估，绝对误差在 0.1~0.8m，因此，基于改进的 RVoG 模型的三阶段水稻株高反演方法更适用于株高高于 0.4m 的情况。图 6.21 给出了水稻株高高于 0.4m 时，4 个样区 9 个时相下的反演的水稻株高结果，当真实株高高于 0.4m 时，反演结果的决定系数 R^2 为 0.86，均方根误差 RMSE 为 6.79cm。

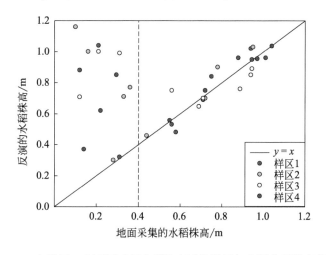

图 6.20 4 个样区 9 个不同时相水稻株高反演结果与实测水稻株高的对比

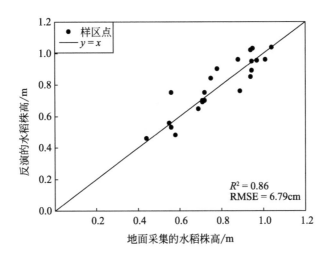

图6.21 实测株高高于0.4m时4个样区9个时相下的反演的水稻株高结果

6.2.4 基于TanDEM-X极化干涉测量的水稻株高反演限制条件分析

通过上述基于TanDEM-X极化干涉SAR数据的水稻株高反演研究分析，发现当水稻株高低于0.4m时，反演效果不理想。这主要是由于所使用的TanDEM-X CoSSC数据，空间基线为2~3km。根据Cloude（2009）提出的株高反演最优范围指数$k_V = k_z h_V/2$（其中k_z为垂直波数，h_V为水稻株高）及其最优范围$1 \leqslant k_V \leqslant 1.5$，结合本研究所使用TanDEM-X数据的$k_z$值，计算得到其最佳高度反演范围为$0.81\text{m} \leqslant k_V \leqslant 1.21\text{m}$。因此，当水稻株高低于0.4m时，与所使用的TanDEM-X数据对应的最佳植被高度反演范围差距较大，无法较好地反映出水稻植株较大的体散射量，进而导致反演结果较差。

对于株高低于0.4m的水稻，基于TanDEM-X数据，利用极化干涉的方法进行株高反演需要考虑两方面因素，一是要尽可能地增大基线，提高数据对目标体散射敏感性；二是要保持较高的相干性，不能无限制增大基线，当TanDEM-X CoSSC数据空间基线为超过3.2km时，相干性将为0。根据这一极限条件，通过k_V最优范围计算得出，当TanDEM-X数据空间基线范围在$2.625\text{km}<B<3.2\text{km}$时，利用极化干涉的方法有可能较好实现高度在0.33~0.4m的水稻株高反演。当株高低于0.33m时，基于TanDEM-X CoSSC数据，利用极化干涉方法，得到理想的水稻株高反演结果比较困难。

参 考 文 献

郭华东，李新武，2011. 新一代SAR对地观测技术特点与应用拓展. 科学通报. 56（15）：1155-1168.

李震，郭明，汪仲琼，等，2014. 星载重轨极化干涉SAR反演森林植被高度. 中国科学：地球科学，（4）：680-692.

Askne J, Dammert P, Ulander L, et al., 1997. C-band repeat-pass interferometric SAR observations of the forest. IEEE Transactions on Geoscience and Remote Sensing, 35（1）：25-35.

Askne J, Santoro M, 2005. Multitemporal repeat pass SAR interferometry of boreal forests. IEEE Transactions on

Geoscience and Remote Sensing, 43（6）：1219-1228.

Askne J, Santoro M, Smith G, et al., 2003. Multitemporal repeat-pass SAR interferometry of boreal forests. IEEE Transactions on Geoscience and Remote Sensing, 41（7）：1540-1550.

Ballester-Berman J D, Lopez-Sanchez J M, Fortuny-Guasch J, 2005. Retrieval of biophysical parameters of agricultural crops using polarimetric SAR interferometry. IEEE Transactions on Geoscience and Remote Sensing, 43（4）：683-694.

Cloude S R, 2009. Polarisation：applications in remote sensing. New York：Oxford University Press.

Cloude S R, Papathanassiou K P, 1998. Polarimetric SAR interferometry. IEEE Transactions on Geoscience and Remote Sensing, 36（5）：1551-1565.

Cloude S R, Papathanassiou K P, 2003. Three-stage inversion process for polarimetric SAR interferometry. IEEE Proceedings−Radar Sonar and Navigation, 150（3）：125-134.

Cloude S R, Pottier E, 1997. An entropy based classification scheme for land applications of polarimetric SAR. IEEE Transactions on Geoscience and Remote Sensing, 35（1）：68-78.

Colin E, Titin-Schnaider C, Tabbara W, 2006. An interferometric coherence optimization method in radar polarimetry for high-resolution imagery. IEEE Transactions on Geoscience and Remote Sensing, 44（1）：167-175.

Erten E, Lopez-Sanchez J M, Yuzugullu O, et al., 2016. Retrieval of agricultural crop height from space：a comparison of SAR techniques. Remote Sensing of Environment, 187：130-144.

Gatelli F, Monti Guarnieri A, Parizzi F, et al., 1994. The wavenumber shift in SAR interferometry. IEEE Transactions on Geoscience and Remote Sensing, 32（4）：855-864.

Hajnsek I, Kugler F, Lee S K, et al., 2009. Tropical-forest-parameter estimation by means of Pol-InSAR：the IN-DREX-Ⅱ campaign. IEEE Transactions on Geoscience and Remote Sensing, 47（2）：481-493.

Kugler F, Schulze D, Hajnsek I, et al., 2014. TanDEM-X Pol-InSAR performance for forest height estimation. IEEE Transactions on Geoscience and Remote Sensing, 52（10）：6404-6422.

Lopez-Sanchez J M, Vicente-Guijalbaa F, Erten E, et al., 2017. Retrieval of vegetation height in rice fields using polarimetric SAR interferometry with TanDEM-X data. Remote Sensing of Environment, 192：30-44.

Papathanassiou K P, Cloude S R, 2001. Single baseline polarimetric SAR interferometry. IEEE Transactions on Geoscience and Remote Sensing, 39（11）：2352-2363.

Tabb M, Orrey J, Flynn T, et al., 2002. Phase diversity：a decomposition for vegetation parameter estimation using polarimetric SAR interferometry. Proceedings of EUSAR, Cologne, Germany.

Zebker H, Villasenor J, 1992. Decorrelation in interferometric radar echoes. IEEE Transactions on Geoscience and Remote Sensing, 30（5）：950-959.